国家级职业教育规划教材
人力资源和社会保障部职业能力建设司推荐
高等职业技术院校煤矿技术类专业

煤矿开采方法

主编　张登明　孙健新

中国劳动社会保障出版社

图书在版编目(CIP)数据

煤矿开采方法/张登明，孙健新主编．—北京：中国劳动社会保障出版社，2011
高等职业技术院校煤矿技术类专业
ISBN 978-7-5045-8929-3

Ⅰ.①煤… Ⅱ.①张…②孙… Ⅲ.①煤矿开采 Ⅳ.①TD82

中国版本图书馆 CIP 数据核字(2011)第 047146 号

中国劳动社会保障出版社出版发行
（北京市惠新东街1号 邮政编码：100029）
出 版 人：张梦欣

*

三河市潮河印业有限公司印刷装订 新华书店经销
787 毫米×1092 毫米 16 开本 15.25 印张 360 千字
2011 年 4 月第 1 版 2026 年 1 月第 7 次印刷
定价：28.00 元

营销中心电话：400-606-6496
出版社网址：http://www.class.com.cn
http://jg.class.com.cn

前　　言

为了满足高等职业技术院校培养煤矿技术应用型人才的需要，我们在充分调研的基础上，开发了煤矿技术类专业系列教材。多数教材编写人员既有多年煤矿企业工作经历，又有丰富教学工作经验，对煤矿企业的生产实际和高等职业技术院校的教学情况非常熟悉。在编写教材时，他们对教材的定位、结构、特点进行了反复研究，努力使教材具有以下特点：

第一，根据煤矿企业职业岗位需要及煤矿技术应用型人才应具备的生产管理能力、煤矿机电设备安装调试维修能力、现场施工和作业能力等职业能力，确定教材的知识结构、能力结构，努力使学生学习的知识和技能真正能够满足企业的需要。

第二，以国家工人技术等级标准为依据，使内容分别涵盖采煤机司机、掘进机司机等相关标准要求，便于“双证书制”在教学中的贯彻和落实。

第三，体现以技能训练为主线、相关知识为支撑的编写思路，较好地处理了理论教学与技能训练的关系，有利于帮助学生掌握知识、形成技能、提高能力。

第四，将行业、企业专家所积累的经验以及新技术、新设备、新材料、新工艺有机地融入到相关模块、课题中，突出教材的先进性和可操作性。

第五，按照教学规律和学生的认知规律，在精选内容的基础上，合理编排教材内容，尽量采用以图代文的编写形式，降低学习难度，从而达到易教、易学的目的。尤其是教材中安排了大量案例，将为学生的入门学习和有关内容的导入铺平道路。

在教材编写过程中，得到了许多大型煤矿企业的鼎力相助，参与教材编写的专家倾注了大量心血，无私地将他们多年的实践经验和教学体会奉献给读者，参与审稿的专家也提出了许多具有建设性的意见和建议。在此，我们表示衷心的感谢！同时，恳切希望广大读者对教材提出宝贵意见和建议，以便修订时加以完善。

人力资源和社会保障部教材办公室

2011 年 3 月

简　介

本书为国家级职业教育规划教材，根据高等职业技术院校煤矿技术类专业教学实际，由人力资源和社会保障部教材办公室组织编写。

本书主要内容包括井田开拓、准备方式、采煤工作面开采工艺、采煤工作面生产技术管理。每部分内容又根据生产实际细化为若干个课题或任务。

本书由张登明、孙健新主编，陈懿、李其生、宋万新、王振瑛参加编写；葛宝臻主审。

目　录

模块 1　井田开拓 …… (1)

课题 1.1　井田划分与井型确定 …… (1)
　1.1.1　井田划分 …… (1)
　1.1.2　矿井储量、生产能力及服务年限 …… (7)
课题 1.2　开拓方式确定 …… (17)
　1.2.1　开拓方式选择 …… (17)
　1.2.2　井筒数目及位置 …… (35)
　1.2.3　开采水平划分 …… (40)
课题 1.3　开采水平布置 …… (46)
　1.3.1　水平大巷布置 …… (46)
　1.3.2　井底车场 …… (52)
课题 1.4　开采顺序设计 …… (66)
　1.4.1　开采顺序设计 …… (66)
　1.4.2　开采水平延深 …… (70)

模块 2　准备方式 …… (75)

课题 2.1　缓倾斜与倾斜煤层准备方式 …… (75)
　2.1.1　单一煤层采区式准备 …… (75)
　2.1.2　多煤层采区式准备 …… (84)
　2.1.3　采区巷道布置 …… (87)
课题 2.2　近水平煤层准备方式 …… (99)
　2.2.1　盘区式准备 …… (100)
　2.2.2　带区式准备 …… (106)
　2.2.3　柱式体系开采准备 …… (110)
课题 2.3　采区初步设计 …… (114)
　2.3.1　采区设计 …… (114)
　2.3.2　采区参数的选择 …… (122)

模块 3　采煤工作面开采工艺 …… (136)

课题 3.1　爆破采煤工艺 …… (136)
　3.1.1　爆破落煤、装煤与运煤 …… (136)
　3.1.2　炮采工作面支护和采空区处理 …… (143)

课题3.2 普通机械化采煤工艺 …… (152)
课题3.3 综合机械化采煤工艺 …… (167)
3.3.1 综采工作面的落、装、运煤 …… (168)
3.3.2 综采工作面支护 …… (172)
3.3.3 综采工作面“三机”配套 …… (178)
课题3.4 厚煤层放顶煤采煤法 …… (183)
3.4.1 放顶煤开采方式选择 …… (183)
3.4.2 综采放顶煤支护设备的选用 …… (186)
3.4.3 放顶煤采煤工艺 …… (193)
课题3.5 其他条件开采工艺 …… (199)
3.5.1 厚煤层倾斜分层长壁开采工艺 …… (200)
3.5.2 倾斜长壁开采工艺 …… (207)

模块4 采煤工作面生产技术管理 …… (212)

课题4.1 采煤工作面生产组织管理 …… (212)
4.1.1 采煤工作面生产组织 …… (212)
4.1.2 采煤工作面作业规程编制 …… (226)
课题4.2 工程质量管理与技术操作规程 …… (231)
4.2.1 采煤工作面工程质量管理 …… (231)
4.2.2 技术操作规程的执行 …… (236)

模块1　井 田 开 拓

煤田是自然形成的大面积连续含煤地带。煤田的范围比较大，煤层埋藏特征变化多，所以在开发煤田时，若由一个矿井来开采，不仅在经济上不合理，而且在技术上也是难以实现的。因此，需要将煤田进一步划分成适合于由一个矿区（或一个矿井）来开采的若干个区域。开发煤田形成的社会区域，称为矿区。矿区的范围仍然很大，需根据煤炭储量、赋存条件、煤炭市场需求量和投资环境等情况，确定矿区规模，划分井田。在矿区内，划归给一个矿井开采的那一部分煤田，称为井田（矿田）。如淮南矿区开发淮南煤田的3个区，这3个区均分布在安徽省淮河两岸。舜耕山区和八公山区是淮南矿区老区，这2个区被鸭背埠断层分开，分别由九龙岗矿，大通矿，李郢孜一矿、二矿和谢家集一、二、三矿以及新庄孜矿，毕家岗矿，李咀孜矿，孔集矿来开采；淮河北岸为淮南矿区新区，目前正在开发潘集、谢桥区，其中的潘集一、二、三矿和谢桥矿均已投产，张集矿正在建设中，并计划建设潘四矿和其他几座矿井。

本模块主要解决井田划分与井型确定、矿井开拓方式、开采水平布置及开采顺序设计等井田开拓所涉及的关键问题。通过本模块的学习使学生逐步掌握如何合理开发一个大的煤田。

课题1.1　井田划分与井型确定

1.1.1　井 田 划 分

技能点

1. 能够进行井田内的再划分；
2. 绘制井田开采范围平面图和勘探线的剖面图。

知识点

1. 煤田划分为井田的基本原则；
2. 井田内再划分的方式；
3. 阶段内的再划分方式。

煤田是自然形成的大面积连续含煤地带。煤田的范围比较大，煤层埋藏特征变化多，所以在开发煤田时，要有计划、合理地将煤田划分为适宜矿井开采的井田，有步骤分别建设矿井进行开采。煤田划分与井田环境、自然条件等方面有关。

一、煤田划分为井田

在煤田划分为井田时，要保证各井田有合理的尺寸和境界，使煤田各部分都能得到合理的开发，井田的这种合理的尺寸和境界称为井田境界。

1. 井田境界划分的原则

（1）根据煤层赋存状况及开采条件和矿井生产能力要求，保证矿井有合理的开采范围和充足的煤炭储量。

对一个生产能力较大的矿井，尤其是机械化程度较高的现代化大型矿井，应要求井田有足够的储量和合理的服务年限。生产能力较小的矿井，储量可少些。矿井生产能力还要与煤层赋存条件、开采技术装备条件相适应，并要为矿井发展留有余地。随着开采技术的发展，根据当前技术水平划定井田范围，可能满足不了矿井长远发展的要求。因此，井田范围应适当划得大些，或在井田范围外留一备用区，暂不建井，以适应矿井将来发展的需要。对于总厚度较大、开采条件好的煤层，为加快矿井建设和节约初期投资而建设的中小型矿井，更应如此。

（2）保证井田有合理的尺寸。

一般情况下，为便于合理安排井下生产，井田走向长度应大于倾向长度。如井田走向长度过短，则难以保证矿井各个开采水平有足够的储量和合理的服务年限，造成矿井生产接替紧张；或者在这种情况下为保证开采水平有足够的服务年限使阶段（水平）高度加大，将给矿井生产带来困难。井田走向长度过长，又会给矿井通风、井下运输带来困难。因此，在矿井生产能力一定的情况下，井田走向长度过长或过短，都将降低矿井的经济效益。

我国煤矿生产实践表明，井田走向长度应达到：小型矿井不小于 1.5 km；中型矿井不小于 4.0 km；大型矿井不小于 7.0 km；特大型矿井可达 10.0 ~ 15.0 km。

（3）充分利用自然条件作为划分井田的边界。

例如，利用大断层作为井田边界，或在河流、铁路、城镇等下面进行开采存在问题较多或不经济，须留设安全煤柱时，可以此作为井田边界。这样，既降低了煤柱损失，又减少了开采技术上的困难，如图 1—1—1 所示。

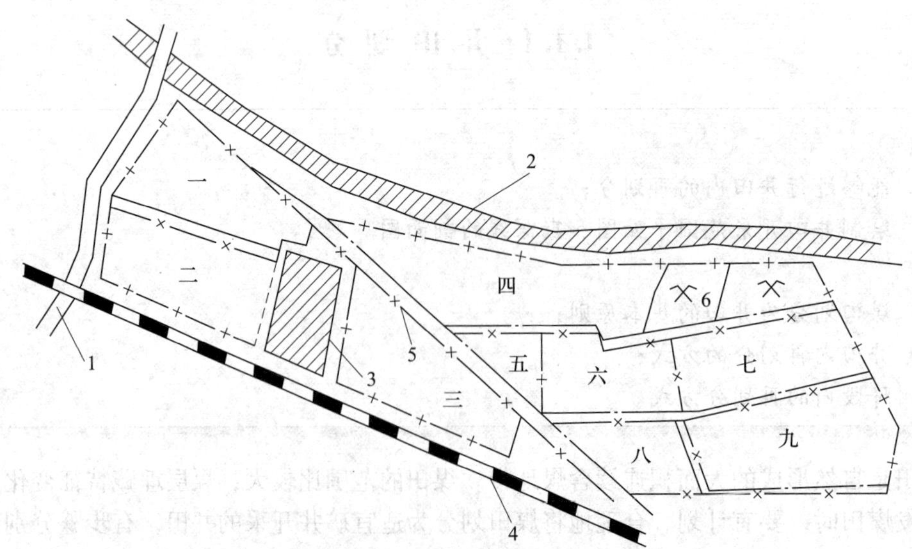

图 1—1—1　利用自然条件作为划分井田的边界

1—河流　2—煤层露头　3—城镇　4—铁路　5—大断层　6—小煤窑

一、二、三、四、五、六、七、八、九—划分的矿井在煤层倾角变化很大处，可以其作为井田边界，便于相邻矿井采用不同的采煤方法和采掘机械，简化生产管理。其他如大的褶曲构造也可作为井田边界。

在地形复杂的地区，如地表为沟谷、丘陵、山岭的地区，划定的井田范围和边界要便于选择合理的井筒位置及布置工业场地。对于煤层煤质、牌号变化较大的地区，如果需要，也可考虑依不同煤质、牌号，按区域划分井田。

（4）合理规划矿井开采范围，处理好相邻矿井之间的关系。

划分井田边界时，通常把煤层倾角不大，沿倾斜延展很宽的煤田，分成浅部和深部两部分。一般应先浅后深，先易后难，分别开发建井，以节约初期投资，同时也能避免浅、深部矿井形成复杂的压茬关系，给开采带来困难。浅部矿井计划年产量及井田范围可比深部矿井小。如煤层赋存浅、层（组）间距大，上下煤层（组）开采无采动影响，为加速矿区建设也可在煤田浅部分煤组同时建井，然后再在深部集中建井。

当需要加大开发强度，必须在浅、深部同时建井，或浅部已有矿井开发，需在深部另建新井时，应考虑给浅部矿井的发展留有余地，不使浅部矿井过早地报废。

2. 井田人为境界的划分方法

除了利用自然条件作为井田境界之外，在不受其他条件限制时，往往要用人为划分的方法确定井田的境界。井田人为境界的划分方法有垂直划分、水平划分、按煤组划分及按自然条件形状划分等几种形式。垂直与水平主要是指各煤层之间的相对关系，对同一煤层来讲垂直与水平区别不大。

（1）垂直划分

相邻矿井以某一垂直面为界，沿境界线各留井田边界煤柱，称为垂直划分。井田沿走向两端，一般采用沿倾斜斜线、勘探线或平行勘探线的垂直面划分，如图 1—1—2 所示。一、二矿之间及三矿左翼边界即是采用垂直划分。

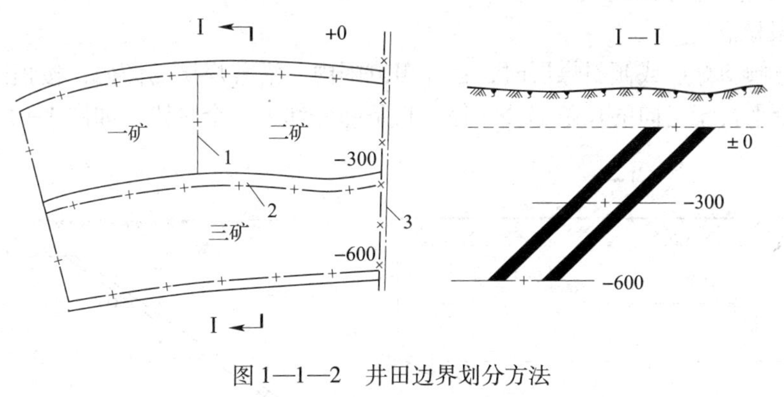

图 1—1—2　井田边界划分方法

1—垂直划分　2—水平划分　3—以断层为界

近水平煤层井田无论是沿走向还是沿倾向，都采用垂直划分法，如图 1—1—3 所示。

（2）水平划分

以一定标高的水平面为界，即以一定标高的煤层底板等高线为界，并沿该煤层底板等高线留置边界煤柱，这种方法称为水平划分。如图 1—1—2 所示，三矿井田上部及下部边界就是分别以 −300 m 和 −600 m 等高线为界，这种方法多用于划分倾斜和急斜煤层以及倾角较大的缓斜煤层井田的上下部边界。

（3）按煤组划分

按煤层（组）间距的大小来划分矿界，即把煤层间距较小的相邻煤层划归一个矿开采，把层间距较大的煤层（组）划归另一个矿开采。这种方法一般用于煤层或煤组间距较大、煤层赋存浅的矿区，如图1—1—4中Ⅰ矿与Ⅱ矿即为按煤组划分矿界并且同时建井。

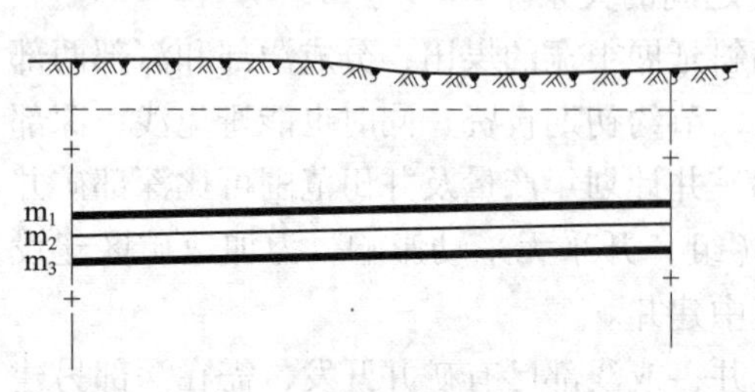

图1—1—3　近水平煤层井田边界划分方法

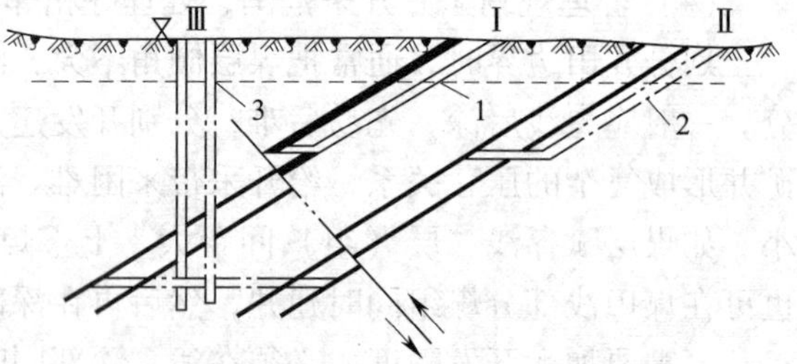

图1—1—4　矿界划分及分组与集中建井

1、2—浅部分组建斜井　3—深部集中建立井

另外，矿界还可以按地质构造条件来划分，例如以断层为矿界，各矿沿断层线留置矿界煤柱。图1—1—4中Ⅲ矿与Ⅰ、Ⅱ矿的矿界，图1—1—2中二、三矿右翼边界即是。

应当指出，无论用何种方法划分井田境界，都应力求做到井田境界整齐，避免犬牙交错，造成开采上的困难。

二、井田内的再划分

一个矿井开采的井田范围相当大，其走向长度可达数千米到万余米，倾斜长度可达数千米。因此，必须将井田划分为若干个更小的部分，才能有规律地进行开采。

1. 井田划分为阶段和水平

（1）阶段概念

在开采急倾斜煤层或倾斜煤层时，在井田范围内，沿着煤层的倾向，按预定标高把煤层划分为若干个平行于走向的长条部分，每一长条部分称为一个阶段，如图1—1—5所示。

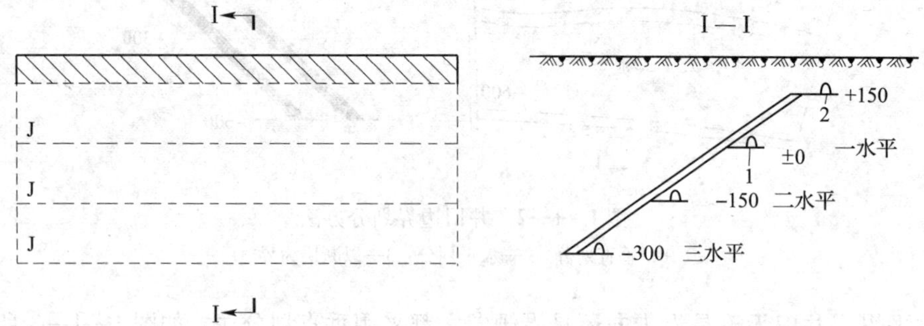

图1—1—5　井田划分为阶段和水平

1—阶段运输大巷　2—阶段回风大巷

阶段的走向长度，为井田在该处的走向全长。

每个阶段均应有独立的运输和通风系统。如在阶段的下部边界开掘运输煤炭、矸石、材料、设备的运输大巷（兼进风），在阶段的上部边界开掘主要回风大巷，为整个阶段服务。上一阶段采完后，该阶段的运输大巷可作为下一阶段的回风大巷使用。

（2）水平概念

阶段与阶段之间是以水平面分界，分界面的标高即为水平。水平一般可用绝对高程（m）表示，如图1—1—5中的±0 m、－150 m、－300 m等。在矿井生产中，为说明水平位置、顺序和作用，相应地称其为±0水平、－150水平、－300水平等；或称为第1水平、第2水平、第3水平等；也有称为回风水平、生产水平和延深水平。通常将设有井底车场、阶段运输大巷并且担负全阶段运输任务的水平称为开采水平（在煤矿井采水平也泛指水平的开采范围）；正在开采的水平称为生产水平；设置回风大巷的水平称为回风水平；正在开拓延伸的下水平高程称为开拓延深水平。

井田内水平和阶段的开采顺序，一般是先上后下，先采上部阶段和水平，后采下部阶段和水平。这样做的优点是建井时间短、生产安全条件好。

2. 阶段内的再划分方式

井田划分为阶段后，阶段内的范围仍然较大，通常需要再划分，以适应开采技术的要求。阶段内的布置（即为开采所需的阶段内准备方式）一般有3种方式：采区式、分段式和带区式。其中分段式布置是采区式布置的一个特例，矿井在走向方向只有一个采区，分段即相当采区内的区段划分。

（1）采区式布置

在阶段范围内，沿走向把阶段分为若干具有独立生产系统的块段，每一块段称为采区。在图1—1—6中，井田沿倾向划分为3个阶段，每个阶段又沿走向布置为4个采区。

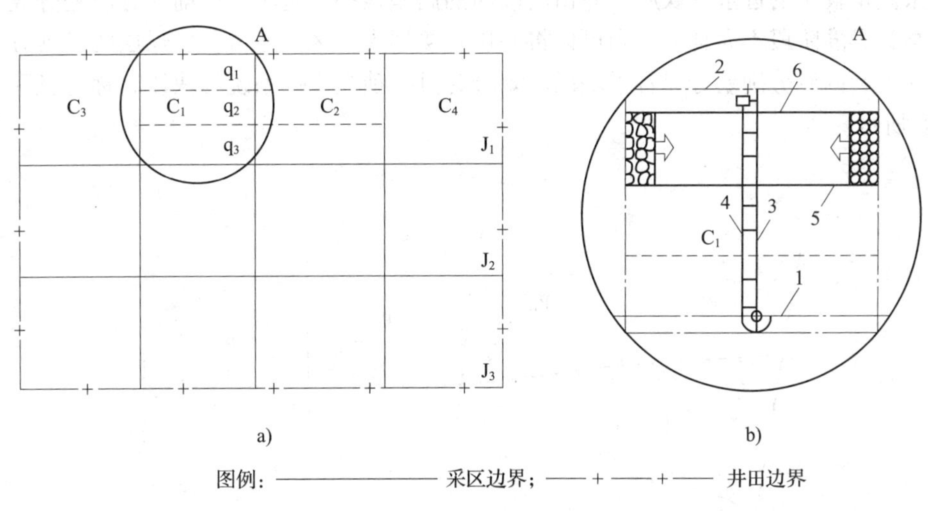

图1—1—6　采区式布置

1—阶段运输大巷　2—阶段回风大巷　3—采区运输大巷
4—采区轨道上山　5—区段运输平巷　6—区段回风平巷

采区的倾斜长度与阶段斜长相等。采区的走向长度一般为800～2 000 m，在一些现代化矿井，有的采区走向长度达到4 000 m以上。采区的斜长一般为600～1 000 m。在这样的斜长范围内，采用走向长壁采煤法，需要沿煤层倾向将采区再划分成若干个长条部分，每一块长条称为区段。如图1—1—6b所示，采区划分为3个区段，每个区段在斜长上是可布置一个采煤工作面的长度。工作面沿走向推进，在每个区段下部边界开掘区段运输平巷，上部边界开掘区段回风平巷，到采区边界后开掘切眼，形成采煤工作面生产系统；各区段平巷通过采区运输上山、轨道上山与开采水平连接，构成采区的生产系统。

（2）带区式布置

在阶段内沿煤层走向划分为若干个具有独立生产系统的带区，带区内可划分成若干个倾斜分带，每个分带布置一个采煤工作面，如图 1—1—7 所示。

分带内，采煤工作面沿煤层倾斜（仰斜或俯斜）推进，即由阶段的下部边界或者由阶段的上部边界向下部边界推进。一般由 2～6 个分带组成一个带区。

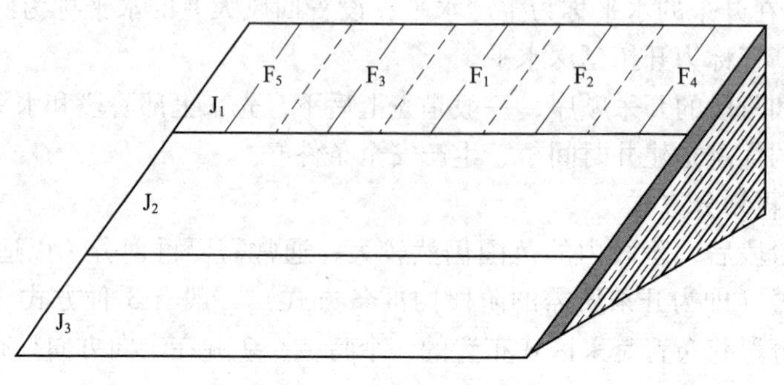

图 1—1—7　带区式布置

J_1、J_2、J_3—阶段　F_1、F_2、…、F_5—带区

3. 井田直接划分为盘区

开采倾角较小的近水平煤层，井田沿倾向的高差很小。这时，以前述方法划分成若干以一定标高为界的阶段不太合适，则可以将井田直接划为盘区。通常，依煤层的延展方向布置大巷，在大巷两侧分别划分成若干块段。划分为具有独立生产系统的块段，称为盘区，如图 1—1—8 所示。

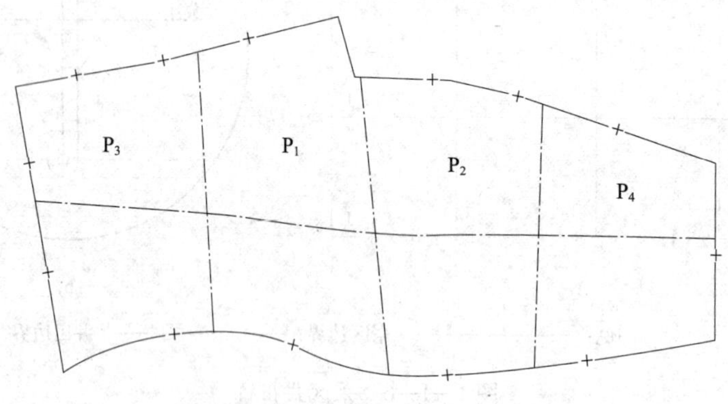

图 1—1—8　井田直接划分为盘区

P_1、P_2、P_3、P_4—第一、二、三、四盘区

盘区内巷道布置方式及生产系统与采区布置基本相同；采区、盘区的开采顺序一般采用前进式，即从井田中央靠近井筒的块段到边界块段顺序开采。先开采井田中央井筒附近的采区或盘区，以有利于减少初期工程量及初期投资，使矿井尽快投产。

1.1.2 矿井储量、生产能力及服务年限

技能点

1. 根据矿井地质报告和周边人文情况计算矿井储量；
2. 确定矿井生产能力和服务年限。

知识点

1. 矿井储量的基本分类；
2. 矿井储量计算原则；
3. 矿井生产能力的确定；
4. 矿井服务年限的计算。

首先是计算矿井储量。可以将地下连续赋存的煤炭想象成一块大的蛋糕，如何计算它的质量（储量）呢？不外乎就是总体积乘以密度。矿井储量计算的基本思路也是一样的，只不过储量又有一些不同的分类，针对不同的分类在计算时又有一些细微的差异（主要是考虑的范围、区域大小等不同），但总的计算思路是一样的。

其次是确定矿井生产能力。生产能力与矿井周围的地质条件、人员状况、机械化程度及各种人文条件等有关，必须结合以上因素综合考虑。

最后是确定矿井服务年限。在已知储量和矿井年产量的情况下，储量除以年产量就很容易得到服务年限。

一、矿井储量

在划定的井田范围内，计算矿井开采煤层的储量，是进行矿井设计和生产建设的依据。

矿井储量可分为矿井地质储量、矿井工业储量和矿井可采储量。

矿井地质储量包括平衡表内储量和平衡表外储量。平衡表内储量是指在目前技术条件下煤层的主要质量指标（如灰分含量、发热量等）和经济技术指标（如煤层的厚度、赋存条件等）都符合工业要求、可供开采的储量。平衡表外储量是指煤层的质量指标或经济技术指标不能满足当前的工业要求，目前暂不能开采，但今后可能利用和开采的储量。

矿井工业储量是指在井田范围内，经过地质勘探煤层厚度和质量均合乎开采要求，地质构造比较清楚，目前即可供利用的可列入平衡表内的储量。

矿井工业储量是进行矿井设计的资源依据，一般即列入平衡表内的 A + B + C 级储量，不包括作为 D 级储量的远景储量。缺煤地区一些煤层赋存不稳定、构造较复杂的煤田，达到高级储量（A、B 级）的勘探工程量太大而井型又小，计算矿井工业储量（Z_c）时可包括一部分 D 级储量。为便于地方小煤矿发展，计算其工业储量时也包括一部分远景储量，均可取为 A + B + C + 0.5D。

矿井可采储量（Z_K）是矿井设计的可以采出的储量，故

$$Z_K = (Z_G - P)\,C$$

式中 Z_K——可采储量，万 t；

Z_G——工业储量，万 t；

P——全矿性煤柱损失及构造地质和水文地质损失，万 t；

C——设计采出率。

二、矿井生产能力

矿井生产能力是煤矿生产建设的重要指标，在一定程度上综合反映了矿井生产技术面貌，是井田开拓的一个主要参数，也是选择井田开拓方式的重要依据之一。

大型矿井的产量大、装备水平高、生产集中、效率高、服务年限长，是我国煤炭工业的骨干。但大型矿井的初期工程量较大，施工技术要求较高，需要较多的设备，特别是现代化的先进设备和重型设备，建井工期较长，生产技术管理也比较复杂。小型矿井的初期工程量和基建投资比较少，施工技术要求不太高，技术装备比较简单，建井期短，能较快地达到设计能力。但生产比较分散、效率低，矿井服务年限较短，而且占地相对较多。我国煤炭工业执行“大、中、小并举”方针，大中小型矿井互为补充，都有很大的发展。随着生产矿井的改扩建及新建矿井的投产，我国国有重点煤矿的矿井平均年产量不断提高，1961 年约为 32. 8 万 t/a，1995 年已提高到 77. 68 万 t/a，随着生产机械化、集中化的发展，我国矿井的生产能力还将有进一步的提高。

矿井生产能力是与井田划分紧密联系并相互适应的，是矿区总体设计应解决的重要原则问题。矿井生产能力主要根据矿井地质条件、煤层赋存情况、储量、开采条件、设备供应及国家需煤等因素确定。

对于储量丰富、地质构造简单、煤层生产能力大、开采技术条件好的矿区应建设大型矿井。当煤层赋存深、表土层很厚、冲积层含水丰富、井筒需用特殊施工时，为扩大井田开采范围，减少开凿井筒数目，节约建井工程量和降低吨煤投资，以建设大型井为宜。对煤层生产能力较大、地形地貌复杂的矿区，工业场地的选择和布置较难，为避免过多的地面工程，井田范围划得大些，也应设计大型矿井。

对于储量不很丰富，煤层生产能力不大；或储量较丰富，但多为薄煤层，开采条件较差；或地质构造比较复杂，以及煤层有煤和瓦斯突出危险，宜建设中小型矿井。

对于具体的矿井，应根据国家需要，结合该矿地质和技术条件，开拓、准备和通风方式，以及机械化水平等因素，在保证生产安全、技术经济合理的条件下，综合计算开采能力和各生产环节所能保证的能力，并根据矿井储量，验算矿井和水平服务年限是否能够达到规定的要求。

（1）开采能力即按矿井开采条件所能保证的原煤生产能力，主要是同时正常生产的采区生产能力的总和。

在具体条件下，根据煤层赋存情况、顶底板岩石性质、所选用的采煤工艺和设备、相应的采煤工作面长度和推进度，可确定采煤工作面的生产能力。在此基础上，根据采区巷道布置类型、采煤工作面接替等因素，并结合采区运输、通风条件，可确定采区内同时生产的采煤工作面数目，从而确定采区生产能力。

为实现合理集中生产、减少初期工程量和基建投资，并能及早投产，一般以开采一个水平来保证矿井设计能力。因此，矿井内同时生产的采区个数，实际上就是一个水平内同时生产的采区个数。

矿井一般分为两翼，每翼有若干个采区。矿井投产后，两翼采区依次投产，逐步接替。一个正常生产的采区开始减产，便要有另一个采区开始接替，接替期间就形成两个采区同时生产。如有两个采区同时正常生产，便至少有一个采区准备接替，还可能有正在收尾的采区和新开拓的采区。这样，正在回采和掘进的采区就在3、4个以上。如要3个采区同时正常生产，则同时回采和掘进的采区就更多，运输、通风管理复杂，采掘相互干扰，对矿井集中生产不利，故矿井每翼同时正常生产的采区数日，一般不宜超过2个，两翼则不宜超过4个。目前不同生产能力矿井的同采采区个数取值可见表1—1—1。

表1—1—1　　不同生产能力矿井的同采采区个数的取值

矿井年生产能力	60万t以下	90～120万t	150～180万t	240万t以上
同采采区个数	1～2个	2个	2～3个	3～4个

（2）各生产环节的能力主要是提升、运输和通风能力以及大巷和井底车场通过能力。

对新井的设计来说，是根据矿井生产能力的需要选用合适的设备和设计大巷及井底车场，这些环节一般不成为限制生产能力的因素。但如果设备受供应条件限定，则有可能按限定的设备能力来确定矿井生产能力。新设计矿井的各生产环节都有30%～50%的储备能力，足以保证矿井开采的要求。当煤层条件较好，或因采用了新技术、新工艺，采煤工作面单产和采区生产能力有了大幅度的提高，增加矿井产量受到原有生产环节能力的限制时，则可进行矿井改建或扩建，改造生产环节，保证矿井有较高的综合生产能力。

（3）储量条件。

矿井生产能力应与其储量相适应，以保证有足够的矿井和水平的服务年限。我国对各类井型的矿井和水平的设计服务年限要求参见表1—1—2。表中列举的数值有一个较大的范围，井型较大时宜取大值，井型较小时可取小值。如井田深部境界以下尚有储量可供开发时，可取较小值。地方小煤矿的装备和设施比较简单，矿井服务年限可较短。

表1—1—2　　2007年设计规范规定的各类井型的矿井服务年限

井型	矿井设计生产能力/（万t/a）	矿井设计服务年限/a	开采水平设计服务年限/a		
			开采0°～25°煤层的矿井	开采25°～45°煤层的矿井	开采25°～45°煤层的矿井
特大	≥600	80	40		
	300～500	70	35		
大	120～240	60	30	25	20
中	45～90	50	25	20	15
小	9～30	各省自定			

大型矿井第1水平服务年限应不低于30 a。

（4）安全生产条件主要是指瓦斯、通风、水文地质等因素的影响。

矿井瓦斯涌出量大，所需风量大，通风能力可能成为限制矿井生产能力的因素。生产矿井也有不少因通风能力不足而改造通风系统，以满足矿井增产需要的例子。矿井涌水量很大时，为减少矿井排水的年限，可适当加大开采强度，缩短开采年限。

在上述四方面因素中，储量是基础，开采能力是关键，各生产环节能力应配套，安全生产条件必须保证。对开采能力预计过高，矿井投产后将长期达不到设计生产能力；对开采能力预计过低，矿井投产后会迅速突破设计生产能力。原有的各生产环节的能力、井田的尺寸和储量不能适应增产要求，又需进行矿井改建，还可能造成某些开采技术上的不合理，这是应当注意避免的。

三、矿井服务年限

在划定的井田范围内，当矿井生产能力 A 一定时，可计算出矿井的设计服务年限 P：

$$P = Z/AK$$

式中 K——矿井储量备用系数，矿井设计一般取 1.4，地质条件复杂的矿井及矿区，总体设计可取 1.5，地方小煤矿可取 1.3。

我国第一个“五年计划”期间设计和建设的矿井没有考虑矿井储量备用系数，相当一部分矿井投产后出现以下情况：

（1）矿井各生产环节有一定储备能力，矿井投产后迅速突破设计能力，提高了年产量。

（2）矿井精查地质报告一般只能查找出落差大于 25 m 的断层，矿井投产后，新发现不少小断层，增加了断层煤柱损失。

（3）有的矿井煤层经井巷揭露后，实际的煤层露头风化带或小煤窑开采深度比设计资料要深，此时开采水平的上山部分可采斜长缩短，可采储量减少。

（4）投产初期缺乏开采经验，采出率达不到规定的数值，增加了煤的损失。

由于上述原因，矿井的实际产量增加，矿井和水平的可采储量减少，矿井第 1 水平的服务年限大大缩短，投产不久，就要进行延深，对于矿井生产不利也不经济。因此，作出了应考虑储量备用系数的规定。

对于生产矿井，经过开采和生产地质工作，掌握了矿井地质变化规律，矿井产量计划已考虑了增产因素，根据矿井的具体情况，可以取较小的或不考虑储量备用系数。

矿井服务年限应与矿井的生产能力相适应。我国一些矿井的服务年限见表 1—1—3。

表 1—1—3　　我国部分大型矿井的设计服务年限

矿井名称	可采储量/亿 t	矿井设计生产能力/（万 t/a）	服务年限/a
兴隆庄	3.94	300	94
云岗	6.2	270	183
燕子山	5.2	400	92
凤凰山	2.8	150	150
西曲	4.0	300	97
芦岭	1.38	150	66
大兴	4.2	300	101
潘集一号	5.8	300	146

对于井型大的矿井，装备水平高，基建工程量大，基本建设投资多，吨煤投资（吨煤生产能力的投资）高。在矿井建设总投资中，矿建工程费用一般占 30% ~50%，地面建筑费占 10% ~20%。这些都属于固定资产投资，为了发挥这些投资的效果，矿井的服务年限就应该长一些。还应该看到，煤矿生产建设是整个工业体系的一个环节，它和其他企业是密切联系的。井型大的矿井，为其服务的选煤厂、以煤为原料或燃料的企业建设规模相应增

大，为使这些企业充分发挥作用，矿井服务年限也应该大一些。从保证矿区均衡生产来看，井型较大的矿井对保证矿区产量起骨干作用，其服务年限长一些也是有利的。小型矿井装备水平低，投资较少，服务年限相应短一些。对缺煤地区，为了最大限度地供应煤炭，加大开发强度，矿井的服务年限可适当缩短。国外矿井设备更新的周期短，矿井服务年限有缩短的趋势，其大型矿井服务年限约为 40 ~ 50 a，见表 1—1—4。

近年来，我国对不同井型的矿井服务年限规定也有缩短的趋势，见表 1—1—2。但因国情不同，比国外仍长一些。

表 1—1—4　　　　　　国外一些大型矿井的设计服务年限

国别	矿井名称	可采储量/亿 t	矿井设计生产能力/（万 t/a）	服务年限/a
英国	铠林莱	1.8	150	35
英国	赛尔比	6.0	1 000	40
前苏联	多尔然	2.0	420	45
前苏联	红军矿	2.5	400	42
前苏联	萨兰斯卡亚	8.5	1 100	55
波兰	皮亚斯特		720	71
德国	瓦恩特矿	3.0	300	30
美国	莫朗二号	0.73	220	25
美国	英斯三号	1.00	750	25
日本	夕张新矿	0.81	150	43

矿井生产能力和服务年限的关系，实质上就是矿井生产能力和矿井储量的关系。在圈定的井田范围内，矿井储量一定，井型越大，服务年限越短；井型越小，服务年限越长。如前所述，井型增大，为全矿开采服务的基建费（如地面设施、井筒等）也增大，分摊到全矿每（采）吨煤的这部分基建费用则要增加。另外，由于生产能力增大和集中生产，提高了效率，一部分生产经营费（如矿井提升、运输、通风、排水及企业管理等费用）并不随产量增大成比例地增加，因此分摊到每（采）吨煤上的费用相对减少。这样，随着生产能力和服务年限的变化，分摊到采出的每吨煤上的这两部分费用也发生变化，并相互消长，当矿井生产能力与服务年限为某数值时，可使吨煤的总费用最低，相近于这个数值范围，则是合理的矿井生产能力和服务年限。但由于与矿井生产能力有关的生产费用及其间的关系难以查明，并由于生产技术的发展，新设备、新工艺的采用，各项费用与矿井生产能力的关系本身也在不断变化，故上述方法难以实际应用。在具体矿井设计中，为求得到合理的矿井生产能力，往往提出几个方案进行技术经济比较，从中选择较合理的方案。

四、示例

附图一为郑家庄矿区煤层底板等高线，试根据以下地质条件计算矿井储量、确定矿井生产能力并计算矿井服务年限。

郑家庄井田位于山西省中部的交城县境内，行政区划属交城县洪相乡管辖。地理坐标：北纬 37°34′00″ ~ 37°37′15″，东经 112°01′45″ ~ 112°05′30″。郑家庄井田范围以勘察许可证的范围为准，由以下 6 个拐点坐标连线圈定：

1. $X=4\ 165\ 985.000$ $Y=19\ 590\ 860.000$

2. $X=4\ 166\ 005.000$ $Y=19\ 592\ 699.000$

3. $X=4\ 163\ 230.000$ $Y=19\ 592\ 730.000$

4. $X=4\ 163\ 272.000$ $Y=19\ 596\ 410.000$

5. $X=4\ 160\ 035.000$ $Y=19\ 596\ 448.000$

6. $X=4\ 159\ 972.000$ $Y=19\ 590\ 926.000$

井田呈“L”形，走向长约6.013 km，倾斜宽约5.522 km，面积22.96 km^2。

井田内参加储量计算的煤层共有2层，即2和4号煤层。计算范围同井田境界。

井田内地层平缓，倾角一般小于15°。2、4号煤层密度分别为1.41 t/m^3和1.43 t/m^3。

1. 储量计算

(1) 地质储量

按照现行规范计算储量的工业指标：能利用储量最低可采厚度≥0.70 m，最高可采灰分≤40%，最高硫分St·d≤3。

井田内地层平缓，倾角一般小于15°，因此采用铅垂厚度和水平面积计算储量。故采用地质块段法进行储量计算。

$$储量（万\ t）=厚度（m）\times面积（km^2）\times密度（t/m^3）\times10^{-4}$$

根据上述原则，井田范围内2和4号煤层共有资源量179.22 Mt。其中331资源量43.36 Mt，332资源量124.42 Mt，此边际经济以上的资源量168.024 Mt；333资源量11.44 Mt；矿井工业资源/储量178.076 Mt；矿井地质资源量和工业资源/储量汇总见表1—1—5。

表1—1—5　　矿井资源量汇总表　　万 t

序号	煤层编号	煤类	现保有储量/储量类别					331+332 / 331+332+333
			331	332	333	331+332	331+332+333	
1	2	JM	624	762	13	1 386	1 399	99.07%
		SM	587	1 054	57	1 641	1 698	96.64%
		PSM		258	120	258	378	68.25%
		小计	1 211	2 074	190	3 285	3 475	94.53%
		2号煤工业资源/储量=1 211+2 074+190×0.9=3 456						
2	4	JM	470	5 526	954	5 996	6 950	86.27%
		SM	2 655	4 311		6 966	6 966	100.00%
		PSM		531		531	531	100.00%
		小计	3 125	10 368	954	13 493	14 447	93.40%
		4号煤工业资源/储量=3 125+10 368+954×0.9=14 351.6						
3	合计	JM	1 094	6 288	967	7 382	8 349	88.42%
		SM	3 242	5 365	57	8 607	8 664	99.34%
		PSM		789	120	789	909	86.80%
4	总计		4 336	12 442	1 144	16 778	17 922	93.62%
5	矿井工业资源/储量=4 336+12 442+1 144×0.9=17 807.6							

(2) 地表塌陷预防及治理

1) 地表塌陷预防。郑家庄矿井主要煤层为石炭二叠系地层，主要可采煤层为2和4号煤。采煤方法为长壁式全部垮落法。

郑家庄矿井为新建矿井，无本矿井地表变形基本参数。

根据本矿井煤层赋存条件、煤层上覆岩层性、采煤方法，按照原国家煤炭工业局编制的《建筑物、水体、铁路及主要井巷煤柱留设与压煤开采规程》（2000年）（以下简称《开采规程》）选取本矿井地表变形基本参数见表1—1—6。

表1—1—6　　地表移动变形基本参数表

煤层编号	平均采厚/m	平均采深/m	倾角 α/(°)	下沉系数 q	主要影响角正切 $\tan\beta$	拐点偏距 S/m	开采影响传播角 θ/(°)	水平移动系数 b
2	1.39	1 340	5	0.60	2.00	134	86.6	0.31
4	4.46	1 344		0.65	2.15	134		

井田内村庄下煤层的采深情况见表1—1—7。

表1—1—7　　井田内村庄下煤层基本参数表

序号	村庄名称	地表标高/m	煤层底板标高/m		煤层厚度/m	
			2号	4号	2号	4号
1	落子岭	1 390	60	52	1.0	5.16
2	申家庄	1 250	188	170	1.0	4.42
3	西岭村	1 370	90	78	0.2	5.16
4	槐湾村	1 350	200	185	1.42	4.0

按村庄下煤层埋深和煤层预计开采后地表移动变形见表1—1—8。

表1—1—8　　开采后地表移动变形最大值参数表

村庄名称	煤层编号	采深/m	W_{cm}/mm	i_{cm}/(mm/m)	k_{cm}/(10^{-3}/m)	U_{cm}/mm	ε_{cm}/(mm/m)	破坏等级
落子岭	2	1 329	597	0.90	0.002	179	0.44	Ⅰ
	4	1 333	3 341	5.39	0.013	1 002	2.46	Ⅱ
	叠加值		3 938	6.29	0.15	1 181	2.90	Ⅲ
申家庄	2	1 061	597	1.13	0.003	179	0.51	Ⅰ
	4	1 073	2 862	5.73	0.017	858	2.62	Ⅱ
	叠加值		3 459	6.86	0.020	1 037	3.13	Ⅲ
西岭村	2	1 028	0	0	0	0	0	
	4	1 035	3 084	5.96	0.018	925	2.72	Ⅱ
	叠加值		3 084	5.96	0.018	925	2.72	Ⅱ
槐湾村	2	1 148	848	1.48	0.004	254	0.67	Ⅰ
	4	1 159	2 590	4.47	0.012	777	2.04	Ⅱ
	叠加值		3 438	5.95	0.016	1 031	2.71	Ⅱ

由表1—1—8中数值可以看出，按煤层最大厚度作采高预计的地表最大变形值中，开采4号煤层引起的地表移动变形值较大。对比《开采规程》中建筑物不同保护等级所允许的地表最大变形值（见表1—1—9），单一煤层开采后对村庄建筑物的破坏等级2号煤层采后为Ⅰ级，4号煤层采后为Ⅱ级；采动叠加后对村庄建筑物的破坏等级为Ⅱ级和Ⅲ级，各两个村庄。

表1—1—9　　砖混结构建筑物损坏等级

<table>
<tr><th rowspan="2">损坏等级</th><th rowspan="2">建筑物损坏程度</th><th colspan="3">地表变形值</th><th rowspan="2">损坏分类</th><th rowspan="2">结构处理</th></tr>
<tr><th>水平变形
ε/（mm/m）</th><th>曲率
k/（10^{-3}/m）</th><th>倾斜
i/（mm/m）</th></tr>
<tr><td rowspan="2">Ⅰ</td><td>自然间砖墙上出现宽度1～2 mm的裂缝</td><td rowspan="2">≤2.0</td><td rowspan="2">≤0.2</td><td rowspan="2">≤3.0</td><td>极轻微损坏</td><td>不修</td></tr>
<tr><td>自然间砖墙上出现宽度小于4 mm的裂缝，多条裂缝总宽度小于10 mm</td><td>轻微损坏</td><td>简单维修</td></tr>
<tr><td>Ⅱ</td><td>自然间砖墙上出现宽度小于15 mm的裂缝，多条裂缝总宽度小于30 mm；钢筋混凝土梁、柱上裂缝长度小于1/3截面高度；梁端抽出小于20 mm；砖柱上出现水平裂缝，缝长大于1/2截面边长；门窗略有歪斜</td><td>≤4.0</td><td>≤0.4</td><td>≤6.0</td><td>轻度损坏</td><td>小修</td></tr>
<tr><td>Ⅲ</td><td>自然间砖墙上出现宽度小于30 mm的裂缝；多条裂缝总宽度小于50 mm；钢筋混凝土梁、柱上裂缝长度小于1/2截面高度；梁端抽出小于50 mm；砖柱上出现小于5 mm的水平错动；门窗严重变形</td><td>≤6.0</td><td>≤0.6</td><td>≤10.0</td><td>中度损坏</td><td>中修</td></tr>
<tr><td rowspan="2">Ⅳ</td><td>自然间砖墙上出现宽度大于30 mm的裂缝；多条裂缝总宽度大于50 mm；梁端抽出小于60 mm；砖柱上出现小于25 mm的水平错动；门窗严重变形</td><td rowspan="2">>6.0</td><td rowspan="2">>0.6</td><td rowspan="2">>10.0</td><td>严重损坏</td><td>大修</td></tr>
<tr><td>自然间砖墙上出现严重交叉裂缝、上下贯通裂缝，以及墙体严重外鼓、歪斜；钢筋混凝土梁、柱裂缝沿截面贯通；梁端抽出大于60 mm；砖柱上出现大于25 mm的水平错动；有倒塌的危险</td><td>极度严重损坏</td><td>拆建</td></tr>
</table>

2）地表塌陷治理。本矿井范围内主要的保护对象是工业建筑及民用建筑，即矿井工业场地和村庄。

根据地表变形预计，对各类建筑物按《开采规程》规定的保护等级（见表1—1—10）采取不同的保护措施。围护带留设宽度按不同等级确定，见表1—1—11。

表 1—1—10　　　　　　　　矿区建（构）筑物保护等级划分

保护等级	主要建（构）筑物
Ⅰ	国务院明令保护的文物和纪念性建筑物；一等火车站，发电厂主厂房，在同一跨度内有两座重型桥式吊车的大型厂房，平炉，水泥厂回转窑，大型选煤厂主厂房等特别重要或特别敏感的、采动后可能导致发生重大生产、伤亡事故的建（构）筑物；铸铁瓦斯管道干线，大、中型矿井主要通风机房，瓦斯抽放站，高速公路，机场跑道，高层住宅楼等
Ⅱ	高炉、焦化炉、220 kV 以上超高压输电线路杆塔、矿区总变电所、立交桥；钢筋混凝土框架结构的工业厂房、设有桥式吊车的工业厂房，铁路煤仓、总机修厂等较重要的大型工业建（构）筑物；办公楼、医院、剧院、学校、百货大楼、二等火车站、长度大于 20 m 的二层楼房和三层以上多层住宅楼；输水管干线和铸铁瓦斯管道支线；架空索道、电视塔及其转播塔、一级公路等
Ⅲ	无吊车设备的砖木结构工业厂房，三、四等火车站，砖木、砖混结构平房或变形缝区段小于 20 m 的两层楼房，村庄砖瓦民房；高压输电线路杆塔，钢瓦斯管道等
Ⅳ	农村木结构承重房屋，简易仓库等

表 1—1—11　　　　　　建（构）筑物各保护等级煤柱的围护带宽度

建（构）筑物保护煤柱等级	Ⅰ	Ⅱ	Ⅲ	Ⅳ
围护带宽度/m	20	15	10	5

矿井工业场地及风井场地为Ⅰ级保护等级，采取留煤柱保护。

村庄民房一般为Ⅲ、Ⅳ级保护等级。对村庄下煤层开采后地表变形为Ⅰ、Ⅱ级破坏等级的村庄，可不留设煤柱保护，对可能造成Ⅱ级破坏影响的民房，依破坏情况可予以小修。对地表叠加变形为Ⅲ级破坏等级的村庄，可在无村庄的区段进行地表移动变形观测，根据观测结果来确定是否留设保护煤柱。若确定不留设保护煤柱，根据开采计划，可采取采前加固，采后维修的措施，在保证人身及财产安全的前提下，最大限度地提高煤炭的采出率。

对受开采影响而破坏的土地，根据破坏程度，对土地进行复垦，以恢复土地耕种，减少水土流失。

为了掌握本矿井地表移动变形规律和采动破坏情况，建议在首采区对首采工作面设立地表移动变形观测站，便于指导生产中地表塌陷治理工作。由于本井田内村庄分布在山坡上或山顶上，在地表移动变形观测时应注意观察是否存在引起滑坡的可能性。

（3）矿井可采储量

1）各种煤柱留设。矿界保安煤柱按 20 m 留设。

根据预测结果，落子岭和申家庄（圪垛村）暂按留设煤柱，槐湾村和西岭村不留设煤柱考虑。村庄、矿井工业场地、风井场地煤柱按围护带宽度 15 m，表土移动角 45°，岩层移动角 72°留设。

主要巷道两侧各留 30 m，巷间煤柱 30 m 加以留设。

采区边界煤柱 10 m。

2）可采储量。矿井可采储量计算方法：矿井设计储量减去工业场地及井下主要巷道保护煤柱后乘以采区采出率。经计算，矿井设计储量为 154.93 Mt，矿井设计可采储量为 105.90 Mt，详见矿井可采储量计算表1—1—12。

表1—1—12　　可采储量计算表　　kt

煤层编号	工业储量	永久煤柱			
		井田境界	断层	村庄煤柱	小计
2	34 560.0	437.4	361.8	4 611.0	5 410.2
4	143 516.0	1 557.1	1 177.3	15 005.0	17 739.4
合计	178 076.0	1 994.5	1 539.1	19 616.0	23 149.6

煤层编号	设计储量	可回收煤柱			开采损失	可采储量
		工业场地及风井场地	大巷	小计		
2	29 149.8	1 398.8	2 617.0	4 015.8	3 770.1	21 363.9
4	125 776.6	4 551.8	8 516.0	13 067.8	28 177.2	84 531.6
合计	154 926.4	5 950.6	11 133.0	17 083.6	31 947.3	105 895.5

2. 矿井生产能力及服务年限

（1）矿井设计生产能力的确定

矿井设计生产能力确定为1.50 Mt/a，其主要理由如下：

1）井田内煤层赋存稳定，储量丰富，矿井设计可采储量为105.90 Mt，2号煤厚度为0.21～2.14 m，平均1.39 m；4号煤厚度为3.85～5.70 m，平均4.46 m。初期开采井田东部的2、4号煤，2号煤东部厚西部薄。

2）井田内地质条件及水文地质条件较简单。井田内共有2条断层，即F4、F6。井田整体为向南西倾斜的单斜构造，地层倾角平缓，一般3°～8°，未见岩浆岩活动，本井田构造属简单类。2、4号煤层，其直接充水含水层为山西组砂岩裂隙含水层，山西组砂岩裂隙含水层属弱富水含水层，煤层埋藏较深，地下水补给条件差。水文地质条件简单，因此其矿床水文地质勘探类型定为二类一型。上述条件均有利于采用综合机械化采煤法。

3）井田内煤质好，煤质为低灰、低硫、高发热量的焦煤，属于稀缺煤种，本井田生产的煤炭主要是作为五麟煤焦开发有限责任公司原料，市场前景良好。

4）矿井有较好的投资效益和较好的服务年限。井型确定为2.00 Mt/a时，服务年限37.8 a，与《煤炭工业矿井设计规范》（GB 50215—2005）规定的矿井服务年限60 a相比，服务年限过短，开发强度偏大。井型确定为1.50 Mt/a时，服务年限50.4 a。井田西部尚有勘探区未划给其他井田，考虑到井田面积扩大到92 km^2后，井型不宜太小，所以井型确定为1.50 Mt/a较合适。

经上述分析论证，矿井设计生产能力所确定的1.50 Mt/a是合理的。

（2）矿井服务年限

矿井服务年限按下式计算：

$$T = Z_k / K \cdot A$$

式中　T——矿井服务年限，a；

Z_k——设计可采储量，Mt；

A——设计生产能力，Mt/a；

K——储量备用系数，取 $K=1.4$。

本矿井服务年限为 $T=105.90/(1.50\times1.4)=50.4$（a）。

课题 1.2　开拓方式确定

矿井开拓方式主要由井筒形式、水平划分与阶段内的布置方式三大部分组成。在煤矿习惯以井筒形式来表示矿井的开拓方式。

1.2.1　开拓方式选择

知识点

1. 矿井生产系统与巷道分类；
2. 矿井开拓方式及主要特点；
3. 矿井开拓方式的合理选择；
4. 综合开拓的特点及应用。

技能点

选择确定矿井开拓方式。

课题 1.1 中解决了井田划分的问题，即解决了将大的井田分割成一个个可独立开采单元的问题。接下来介绍如何针对每一个单元进行开采。

煤炭一般都是蕴藏在地下或山体之中，想对它进行开采就必须首先接近它。根据一定的水文地质条件，如何由地表逐渐接近地下或山体中赋存的煤炭，以便对其进行开发利用就是本节所必须解决的问题。

如何由地表逐渐接近地下或山体中赋存的煤炭？有四种方式：立井开拓、斜井开拓、平硐开拓和综合开拓。通过学习每种开拓方式的适用条件及针对不同的地质条件，就可以选择合理的开拓方式。但是，需要注意的是：面对具体的、复杂的地质条件，在大多数情况下都没有一个绝对正确的选择，都是各种取舍后的选择。有可能随着时间的推移，现在看似合理的选择，几年后变得极不合理。所以在选择开拓方式时，没有“绝对合理”的选择，应尽量解决主要矛盾，搞清楚什么是最重要的，后面的问题也就迎刃而解。

一、井田开拓方式概念及分类

1. 井田开拓方式概念

在一定的井田地质、煤层赋存及开采技术条件下，矿井开拓巷道可有多种布置方式，开拓巷道的布置方式通称井田开拓方式。

2. 井田开拓方式分类

井田开拓方式，是由井筒形式、水平划分与阶段内的布置方式三部分组成。煤矿习惯是根据井筒（硐）形式进行分类，井田开拓方式主要分为立井开拓、斜井开拓、平硐开拓和综合开拓。

二、确定井田开拓方式的原则

在一定的矿山地质和开采技术条件下，根据矿区总体设计的原则规定，井田开拓需要正确解决下列问题：

（1）确定井筒的形式、数目及其配置，合理选择井筒及工业场地的位置。

（2）合理地确定开采水平数目和水平位置。

（3）布置大巷及井底车场。

（4）确定矿井开采程序，做好开采水平的接替。

（5）矿井开拓延深，进行深部开拓及技术改造。

以上问题对整个矿井的开采有长远影响，它不仅关系到矿井的基本建设工程量、初期投资和建设速度，而且更关系到矿井的生产条件和所能达到的技术水平。若这些问题解决不好，工程实施后，想要改变不合理的状况，需要重新进行较多的工程建设，耽误较长的时间。因此，在确定这些问题时，应根据国家的方针政策，针对该井田的地形、地质、水文、煤层赋存等情况，结合井型大小、设备供应、施工技术等条件，综合分析，全面比较，确定合理的方案。在确定井田开拓方式时，应遵循以下原则：

（1）贯彻执行有关煤炭工业的技术政策，为多出煤、早出煤、出好煤、投资少、成本低、效率高创造条件。要使生产系统完善、有效、可靠，在保证生产可靠和安全的条件下减少开拓工程量；尤其是初期建设工程量，节约基建投资，加快矿井建设。

（2）合理集中开拓部署，简化生产系统，避免生产分散，为集中生产创造条件。

（3）合理开发煤炭资源，确保煤炭采出率符合国家规定。

（4）必须贯彻执行煤矿安全生产的有关规定。要建立完善的通风系统，创造良好的安全生产条件，减少巷道维护量，使主要巷道经常保持良好状态。

（5）要适应当前国家的技术水平和设备供应情况，并为采用新技术、新工艺，发展采煤机械化、综合机械化、自动化创造条件。

（6）根据市场需要，应尽量做到不同煤质、煤种的煤层分别开采，以及其他有益矿物的综合开采。

三、井田开拓方式

1. 立井开拓

立井开拓是我国广泛应用的一种开拓方式，立井开拓可分为单水平和多水平开拓。图1—2—1为立井多水平采区式开拓的示例。该井田为缓斜煤层，开采两个煤层，煤层赋存较深。井田沿倾斜划分为两个阶段，阶段下部标高分别为－260 m、－400 m，设置2个开采水平，每个阶段沿走向方向划分为4个采区。

（1）巷道开掘顺序

首先在井田中部开凿一对立井，主副井筒到－260 m第1水平后，开掘井底车场及主石门3，然后，在最下一层煤的底板岩层中开掘主要运输大巷4向两翼伸展，当掘至各采区中部，开掘采区下部车场5、采区运输上山6、采区轨道上山7，与总回风巷9连通形成通风系统，再继续进行采区内巷道的掘进。为加快矿井建设及有利于矿井通风，井田上部边界的风井8、回风石门及总回风巷9，常与大巷等同时开掘。此示例中总回风巷布置在－120 m水平最下部可采煤层的底板岩层中。

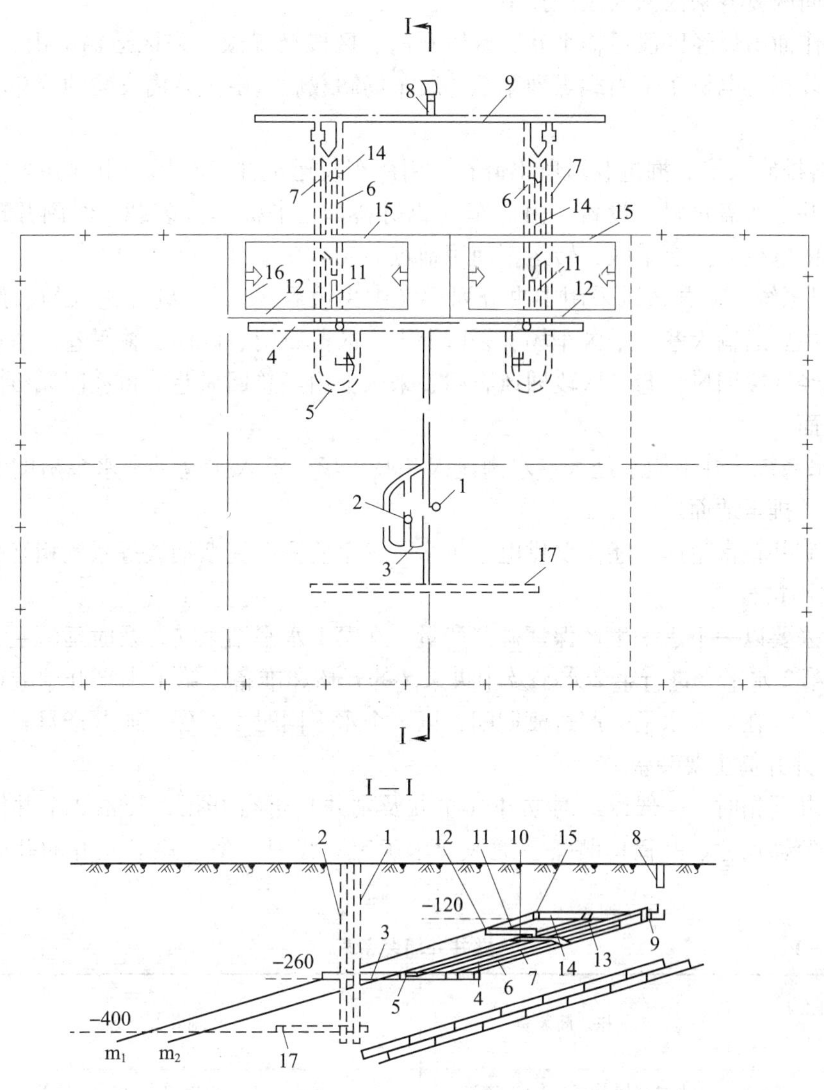

图 1—2—1　立井多水平上山式开拓

1—主井　2—副井　3—井底车场及主石门　4— −260 m 运输大巷　5—采区下部车场

6—采区运输上山　7—采区轨道上山　8—边界风井　9—总回风巷　10—m_2 区段运输平巷

11—区段运输石门　12—m_1 区段运输平巷　13—m_2 区段回风平巷　14—区段回风石门

15—m_1 区段回风平巷　16—采煤工作面　17— −400 m 运输大巷

（2）采区上山布置方式

采区采用集中上山联合布置方式。在采区中部开掘两条上山，连通开采水平与回风水平形成采区生产系统。从采区上山依次掘进各区段的中部车场及区段石门 11，煤层的区段运输平巷 10、12 和区段回风平巷 13、15 到采区的边界，沿煤层倾斜方向开掘切眼，连接区段运输平巷和区段回风平巷，形成采煤工作面。

（3）主要生产系统

1）运煤系统。矿井上、下各生产系统建成并经试运转符合要求后，采区即可投产。随后，从中央向两翼各采区依次投产接替。

采煤工作面出煤经区段运输平巷、区段石门、区段溜煤眼、采区运输上山、采区煤仓，在运输大巷装车，电机车牵引载煤列车至井底车场卸载后，由主井内安装的箕斗将原煤提至地面。

2）运料排矸系统。掘进巷道所出矸石，用矿车装运至井底车场，由副井内安装的罐笼提至地面。井下所需物料、设备，由矿车（或材料车、平板车）装载，经副井罐笼下放至井底车场，由电机车拉至采区，转运至使用地点。

3）通风系统。矿井通风采用中央分列式（中央边界式），由副井进入的新鲜风流，经井底车场、主要运输大巷、采区车场、采区上山、区段石门、区段运输平巷，清洗采煤工作面后的污风经区段回风平巷、区段回风石门、采区上山至总回风巷，再经回风石门，由边界风井排出地面。

4）排水系统。井下涌水经大巷水沟流入井底车场，汇入水仓，由水泵房的水泵，经副井井筒的管道排至地面。

要保证矿井正常生产，还需要供电、供水、安全监测、瓦斯抽放等系统相互配合。

（4）水平接替

矿井开采要以一个水平生产保证矿井产量。在第 1 水平结束前，及时延深主、副井井筒至 -400 m 第 2 水平，进行第 2 水平及中央采区的开拓和准备。第 1 水平开始减产，第 2 水平即投入生产，在 2 个水平生产过渡期间，以 2 个水平同时生产保证矿井产量。

（5）立井井筒主要装备

采用立井开拓时，一般以 1 对立井（主井及副井）进行开拓，装备 2 个井筒。井筒断面根据提升容器尺寸、井筒内装备及通风要求确定。我国大中型煤矿立井的井筒装备见表 1—2—1。

表 1—2—1　　立井井筒装备表

矿井生产能力/（万 t/a）	主井井筒装备	副井井筒装备
30	1 对双层单车（1 t）罐笼	1 对单层单车（1 t）罐笼
60	1 对 6 t 箕斗	1 对双层单车（1 t）罐笼
90	1 对 9 t 箕斗	1 对双层单车（1.5 t）罐笼
120	1 对 12 t 箕斗	1 对双层单车（3 t）罐笼
150	1 对 16 t 箕斗	1 对双层单车（3 t）罐笼
180	1 对 16 t 箕斗	1 对双层单车（3 t）罐笼， 1 个双层单车（3 t）罐笼带重锤
240	2 对 12 t 箕斗	1 对双层双车（1.5 t）罐笼， 1 个双层单车（5 t）罐笼带重锤
300	2 对 16 t 箕斗	1 对双层双车（1.5 t）罐笼， 1 个双层单车（5 t）或双层双车（1.5 t）罐笼带重锤

注：双层双车也有称双层四车，即罐笼分上下两层，每层每次可装 2 车，共计 4 个车。

对于小型煤矿的立井，根据其生产能力的大小和矸石量的多少，主、副井可备装对单层单车（1 t）罐笼；或只装备一个井筒（双层单车或单层单车罐笼），实行混合提升，即提煤、提矸、下料、升降人员均用该套提升设备，故只能用于生产能力较小的矿井。

在煤层倾角较小的条件下，可采用立井单水平上、下山开拓方式进行开采。生产系统和多水平基本相同。

2. 斜井开拓

斜井开拓井筒施工相对简单，在我国应用很广。斜井开拓有多种不同的形式：按斜井与井田内的划分方式的配合不同，斜井开拓主要分为片盘斜井和集中斜井（有的地方也称阶段斜井）。片盘斜井以前是小型矿井主要采用的开拓方式，它从地表开掘斜井，到煤层第一分段后，即沿煤层走向布置回采巷道，形成工作面进行开采。整个矿井相当于一个采区。目前随着运输方式的改变和开采技术的发展，片盘斜井已成为一些大型矿井采用的开拓方式。集中斜井与立井基本一样，主要区别就是井筒形式和提升、运输方式有所不同。集中斜井也分为单水平、多水平和上山式、上下山式等多种开拓方式。

如果煤层倾角较大，井田划分为阶段，则多采用集中斜井开拓。图 1—2—2 即是集中斜井开拓的基本形式。

如图 1—2—2 所示井田为缓倾斜煤层，开采两层煤，煤层埋藏较浅。井田沿倾斜划分为 2 个阶段，其阶段下部标高分别为 －100 m、－280 m，设置 2 个开采水平，每个阶段沿走向方向划分为 4 个采区。

（1）巷道开掘顺序

在井田走向中部自地面向下开掘一对斜井，主斜井 1、副斜井 2 均位于最下一个可采煤层的底板岩层中。当副斜井掘至 +80 m 回风水平后，开掘辅助车场 3 及总回风巷 4。斜井达 －100 m 第 1 水平后，开掘井底车场 6，并在最下部的可采煤层底板岩层中开掘主要运输大巷 7，待其掘至采区中部后，开掘采区车场 8、采区运输上山 9 和轨道上山 10，并继续进行采区内巷道的掘进，其内容与立井多水平上山式开拓示例基本相同。为便于矿井通风，在井田上部边界另掘风井 5，并通过石门与总回风巷相连。

（2）主要生产系统

首先让靠井田中部的采区投产，随后，从中部向两翼发展，各采区依次投产和接替。

从采区运出的煤车在井底车场卸载，原煤由主井内安装的胶带输送机运至地面。掘进巷道所出矸石、井下所需物料、设备，则由副井轨道串车提升和下放。由副井进入的新鲜风流，经井底车场、主要运输大巷至各采区，各采区污风经总回风巷至风井排出地面。矿井各水平的接替与立井多水平上山式开拓示例所述的原则相同，不再赘述。

近水平煤层埋藏不深时，可采用斜井单水平开拓，自地面向下开掘一对斜井至开采水平后，根据井田延展的主要方向布置开采水平大巷，在大巷两侧采用盘区式或带区式进行准备。

（3）斜井井筒装备

采用斜井开拓时，一般以一对斜井进行开拓。根据矿井生产能力、井筒倾角大小不同，井筒装备也不同。

1）对生产能力小的小型斜井，可以只装备 1 个井筒，采用单钩串车提升。

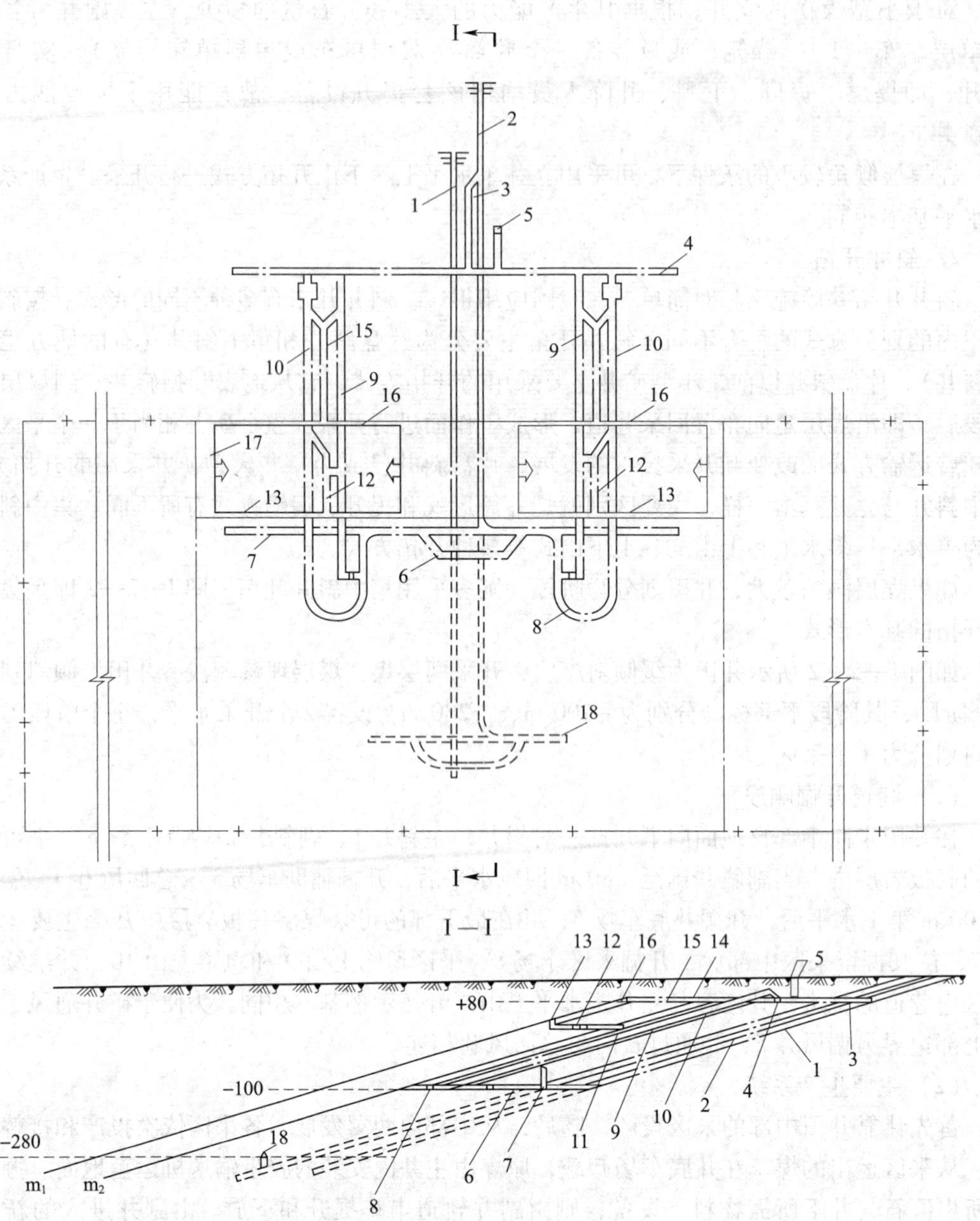

图 1—2—2　斜井多水平上山式开拓

1—主斜井　2—副斜井　3— +80 m 辅助车场　4— +80 m 总回风巷　5—边界风井　6—井底车场
7— −100 m 运输大巷　8—采区下部车场　9—采区运输上山　10—采区轨道上山　11—m_2 区段运输平巷
12—区段运输石门　13—m_1 区段运输平巷　14—m_2 区段回风平巷　15—区段回风石门
16—m_1 区段回风平巷　17—采煤工作面　18— −280 m 运输大巷

2）对中小型斜井，可以装备 2 个井筒，主井用双钩串车提升，副井可采用单钩串车提升，井筒倾角较小时，也可用无极绳提升。

3）对中型斜井，主井可采用箕斗提升，有条件时，也可采用胶带输送机，副井则采用串车提升。

4）对大型斜井，主井宜装备胶带输送机，在其一侧应设检修用的轨道，副井可采用双钩串车提升；对生产能力很大的特大型斜井，主井应采用强力胶带输送机或钢绳胶带输送机；为减少通风阻力和解决辅助提升的不足，可以多打1、2个斜井，装备2个副井。在煤层倾角较小时，目前采用无轨胶轮车运输使辅助运输能力得到很大的提高。

（4）斜井布置的其他要求

斜井提升方式不同，对井筒倾角的要求也不同。采用串车提升时，井筒倾角不宜大于25°。采用箕斗提升时，倾角过缓，箕斗装煤不满；倾角过大，井筒施工较困难，道床结构也较复杂，故一般取25°～35°；为便于井下车场的布置和施工时的通风，主副井筒的倾角最好大体一致。用一般胶带输送机提升时，为防止原煤沿胶带下滑，井筒倾角不超过17°；如井筒无淋水且粉煤较多，井筒倾角亦可达18°。采用适用于较大倾角的新型胶带输送机，井筒倾角可达25°。用无极绳提升的井筒，其倾角超过10°，绳卡极易滑脱，且摘挂钩操作不便，为确保生产安全可靠，井筒倾角一般不大于10°。

斜井开拓时，对井筒的通风也有不同的要求。主井采用胶带输送机运煤时，可兼作进风井，但风速不得超过4 m/s，且不允许兼作回风井；箕斗提升时，井筒通风要求原则上与立井相同。

（5）斜井的布置层位

根据矿井地形、地质、煤层赋存情况和采用提升方式的不同，斜井井筒可沿岩层、煤层布置或采用穿层布置方式。

沿煤层开斜井具有施工较易、掘进较快、初期投资较省、掘进出煤可满足建井期间用煤的需要，且可获得补充地质资料等优点；但井筒维护比较困难，保护井筒的煤柱损失较大，当煤层有自然发火倾向时，对防火和处理井下火灾不利；如煤层沿倾向有波状起伏或断层切割，将造成井筒倾角急剧变化，不利于矿井提升。因此，一般只在开采煤层不厚、地质构造简单、围岩稳定、服务年限不长的小型矿井时，才考虑采用沿煤层斜井。

在一般情况下，斜井井筒应布置在煤层（组）下部稳定的底板岩层中，距煤层的法线距离一般不小于15～20 m，井筒方向一般与煤层倾向基本一致。

当煤层倾角较大或较小与要求的斜井井筒倾角不一致时，可以采用穿层（岩）斜井。开采近水平煤层时，斜井主要从顶板穿入。在煤层倾角较大时，斜井则采用底板穿岩布置方式，如图1—2—3所示。

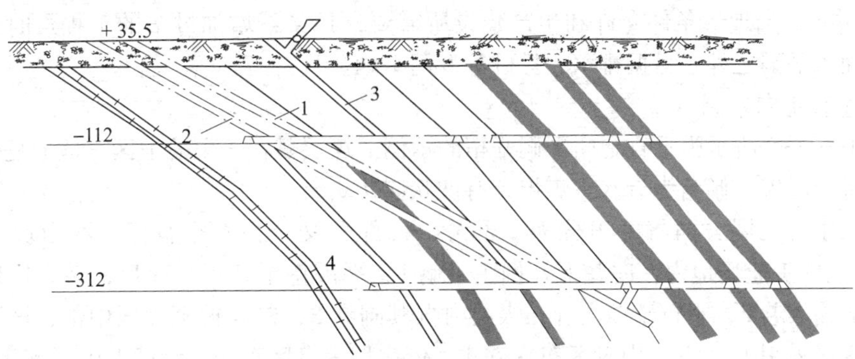

图1—2—3　底板穿岩斜井

1—主井　2—副井　3—风井　4—大巷

由于井筒倾角较煤层倾角小，虽然斜井开始位于煤系底板，而当井筒以原定坡度向下延深时，是逐步由煤组的底部穿向顶部，而且越下越远，不便于井底车场和大巷布置，保护井筒的煤柱损失也将增加，故这种斜井井筒终深应较小。当煤层倾角较大时，也可以在煤组底板岩层内按伪斜方向布置斜井。由于井筒穿过各水平时逐步偏离井田中央，使上下水平两翼井田长度不均，可给两翼配合生产增加一定的困难。另外，也增加了井筒的长度。因此这种布置方式，较少采用。当煤层赋存不深，倾角不太大，井田沿煤层倾向尺寸小，因施工技术和装备条件等原因不便采用立井，而沿煤层倾斜方向布置斜井，又受到矿井上、下条件限制，这时还可采用反斜井，即井筒方向与煤层倾向相反，如图1—2—4 所示。

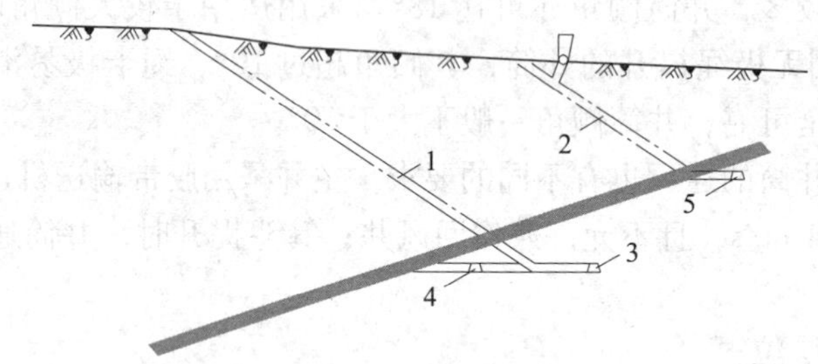

图 1—2—4　反斜井开拓

1—反斜井　2—回风斜井　3—井底车场　4—运输大巷　5—回风大巷

这种方式和上述穿层斜井相比，井筒到达煤层的距离较短，但如要向深部延深井筒，则它离下部煤层越来越远，井筒和石门的工程量都将增加。此时，如采用暗斜井开采其井田下部煤层，又将增加提升的段数和运输环节，故这种布置方式一般不适于在井田倾斜长度较大的矿井使用。

3. 平硐开拓

平硐开拓是最简单、最方便的开拓方式。我国一些地形为山岭、丘陵的矿区，在煤层赋存符合要求时，多采用平硐开拓。平硐开拓根据平硐方向与煤层走向关系不同，分为走向平硐、垂直走向平硐和斜交平硐；条件适合时也可采用阶梯平硐等方式开采井田。

采用平硐开拓时，一般可采用一条主平硐进行井田开拓，主平硐可担负运煤、出矸、运料、通风、排水、敷设管缆及行人等任务；而在井田上部回风水平开回风平硐或回风井（斜井或立井）。当地形条件允许和生产建设所需要，且又不增加过多的工程量时，可以在主平硐、回风平硐之外，另掘排水、排矸等专用平硐。

（1）垂直走向平硐

如图 1—2—5 所示为垂直走向平硐开拓的示例。煤层赋存于山岭地区，地形复杂，井田范围内开采一层煤，倾角为近水平煤层，有波状起伏。

沿煤层主要延展方向将井田分为 2 部分，每部分又分为 6 个盘区。在山坡下标高为+800 m选定的工业场地内，向井下开掘主平硐 1，平硐掘至井田中间后，在煤层底板岩层内掘主要运输大巷 2，平行于该大巷在煤层内掘其副巷 3，二者掘至盘区中部，即可进行盘区准备。盘区采用上（下）山盘区布置方式，依次掘进盘区车场、盘区上山（或下山）、盘区中部车场、区段运输平巷、区段回风平巷和开切眼。为便于通风，盘区运输上山直通地面，井掘出风道，安装通风机。

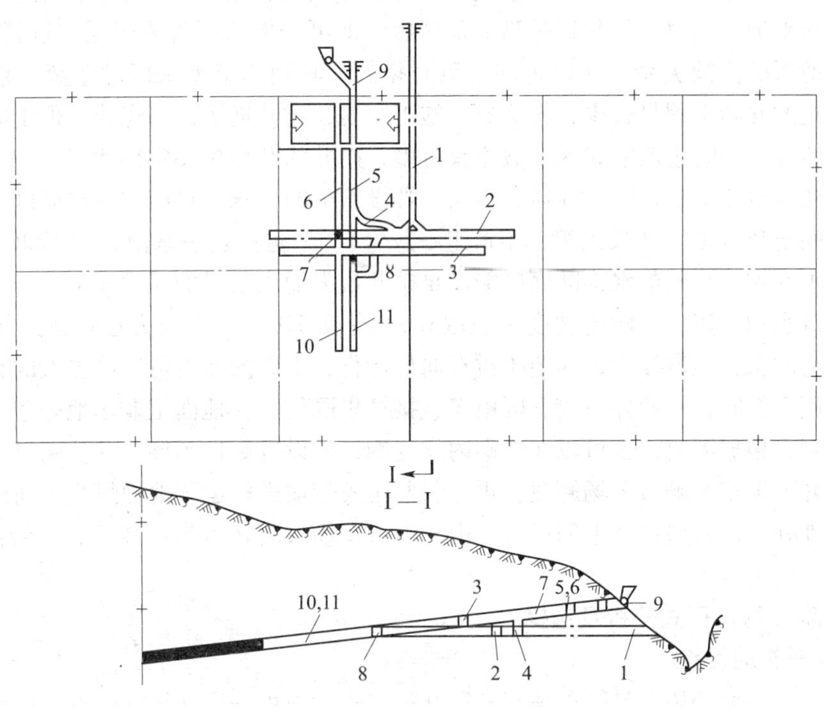

图 1—2—5　垂直走向平硐开拓

1—主平硐　2—主要运输大巷　3—副巷（后期回风巷）　4—盘区上山下部车场　5—盘区轨道上山
6—盘区输送机上山　7—盘区煤仓　8—盘区下山上部车场　9—盘区风井　10—盘区输送机下山　11—盘区轨道下山

靠近平硐的两个盘区首先投产，随后，将主要运输大巷及副巷逐渐向前延伸，其左右两侧的盘区依次准备、投产和接替，直至井田边界。

回采出的煤在盘区车场装车后，由电机车牵引经运输大巷、主平硐至地面。物料则用矿车装载，由电机车牵引送至用料盘区。

新鲜风流自平硐进入，经主要运输大巷入盘区上山，经区段运输巷后清洗工作面；污风经区段回风巷、盘区上山，由盘区风井排出地面。为保证风流畅通，应在适当地点构筑通风设施。下山盘区回风可由盘区下山，经联络风道、相对应的盘区上山、盘区风井排出地面。当其他上山盘区没有设置盘区风井的条件时，可由大巷进风，给盘区供给新风。盘区的污风可经副巷（相当于总回风道）、原有的盘区上山、盘区风井排至地面。

井下涌水经大巷及平硐内的水沟流出硐外。

（2）走向平硐

走向平硐是平硐开拓中应用比较广泛的方式，如图 1—2—6 所示。

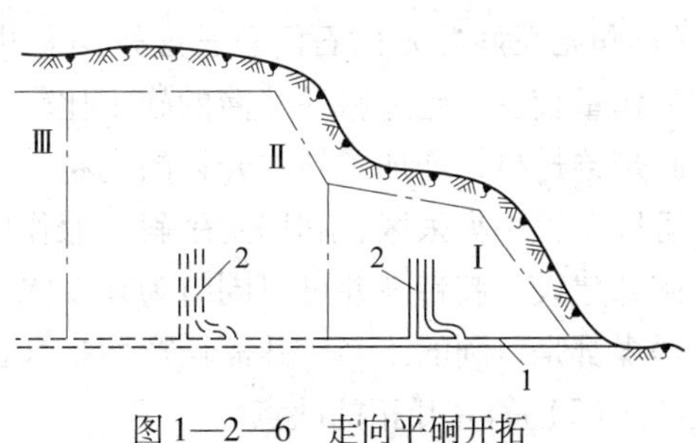

图 1—2—6　走向平硐开拓

1—主平硐　2—盘区上山

采用这种方式时，主平硐一般沿煤层底板岩层掘进。当开采煤层不厚、煤质较硬、围岩稳定时，主平硐也可沿煤层开掘。平硐的硐口部分可直接沿岩层走向掘进。当受地形限制，或平硐所在岩（煤）层露头风化剧烈、不利于巷道维护时，平硐硐口部分可斜交于煤层走向，待进入稳定岩（煤）层后，再改为沿煤层走向掘进。

采用走向平硐开拓时，待其掘过第 1 采区后，即可开掘石门进入煤层，进行采区准备。由于煤层和地形的侵蚀关系，能以走向平硐开拓的，其到达第 1 采区的距离一般较短。因此，这种方式的井巷工程量较少，投资省，施工容易，建井期短，出煤快。但走向平硐具有单翼生产的特点，同时生产的采区个数不宜过多，矿井的井型更要定得适当。

平硐的断面应能满足运输、通风、行人、敷设管缆的要求。在南方一些矿区，平硐穿过富含岩溶水的石灰岩层（如长兴组、茅口组石灰岩），为防止夏季暴雨、井下涌水量突然猛增，造成井下水灾，平硐的水沟断面应能满足矿井最大涌水量时的泄水要求。

为便于流水和行车，平硐的坡度一般取 0.3% ~0.5%。一些地方小煤矿采用非标准矿车，矿车运行的阻力系数较大，为便于重车向外运行，平硐的坡度可以取更大的数值。

采用平硐开拓时，一般井下煤、矸由车直接拉出硐外，在地面工业场地处理。某些生产能力大的平硐，根据需要，也可以在平硐内靠近硐口处设置硐口车场，并从硐口车场以斜井连通地面，井下煤车在硐口车场卸载，再经斜井用胶带输送机运至地面煤仓，而矸石车仍经平硐运出硐外处理，物料仍经平硐运入。由于硐口车场只起转运煤的作用，其线路（巷道）和硐室都比较简单。

四、井筒（硐）形式分析及选择

1. 平硐开拓的优点

如前所述，平硐开拓是最简单最有利的开拓方式。采用平硐开拓的优点是：

（1）井下出煤不需提升转载即可由平硐直接外运，因而运输环节和运输设备少、系统简单、费用低。

（2）平硐的地面工业建筑较简单，不需结构复杂的井架和绞车房。

（3）不需设井底车场，更无须在平硐内设水泵房、水仓等硐室，减少了许多井巷工程量。

（4）平硐施工条件较好，掘进速度较快，可加快矿井建设。

（5）平硐不需要排水设备，对预防井下水灾也较有利。

因此，在地形条件合适、煤层赋存较高的山岭、丘陵或沟谷地区，只要上山部分煤的储量大致能满足同类井型的水平服务年限的要求时，都应采用平硐开拓。

2. 斜井开拓的优缺点

（1）斜井开拓的优点

斜井与立井相比，井筒掘进技术和施工设备比较简单，掘进速度快，地面工业建筑、井筒装备、井底车场及硐室都比立井简单，一般不需要大型提升设备，同类井型的斜井提升绞车也较立井所用的绞车型号小，因而初期投资较少，建井期较短；在多水平开采时，斜井（不包括反斜井）的石门总长度较用立井开拓时短，因而掘进石门的工程量和沿石门的运输工作量较少；延深斜井井筒的施工比较方便，对生产的干扰少；我国研制和使用的新型强力胶带输送机，增加了斜井开拓的优越性，扩大了其应用范围。采用胶带输送机斜井开拓时，可以布置中央采区，利用主副斜井兼作中央采区的上山，从而可减少初期建井工程量，加快矿井建设。胶带斜井可以同时为几个水平服务，这对上下水平过渡时期或多水平同时生产的提煤都是有利的。当矿井需增产而扩大提升能力时，更换胶带机也是比较容易的。

（2）斜井开拓的缺点

与立井相比，斜井的缺点是：在相同的开采条件下，斜井比立井长得多；在围岩不稳固时，斜井井筒维护费用高；采用绞车提升时，提升速度较低、运输能力较小、钢丝绳磨损严重、动力消耗大、提升费用较高，当井田斜长较大时，采用多段绞车提升，转载环节多、系统复杂，更多占用设备和人力；由于斜井较长，沿井筒敷设管路、电缆所需的管线长度较大，有条件时可采用钻孔下管路排水供电，但要为此留保安煤柱，增加煤柱损失；对生产能力特别大的斜井，辅助提升的工作量很大，甚至需增开副斜井。另外，斜井的通风风路较长，对瓦斯涌出量大的大型矿井，斜井井筒断面小，通风阻力过大，可能满足不了通风的要求，不得不另开专用进风或回风的立井兼做辅助提升；当表土为富含水的冲积层或流砂层时，斜井井筒掘进技术复杂，有时难以通过。

（3）斜井的主要适用条件

当井田内煤层埋藏不深、表土层不厚、水文地质情况简单、井筒不需特殊法施工的缓斜和倾斜煤层，一般采用斜井开拓。对采用串车或箕斗提升的斜井，一般以一段提升进行开采有利，也可采用 2 段开采，但不宜采用 3 段提升。随着新型强力胶带输送机和适用于 25°倾角的大倾角胶带输送机的研发，斜井的开采深度将大大增加，斜井的应用范围将更加广泛。

片盘斜井具有地面工业建筑和技术装备简单、井巷工程量少、初期投资省、建井期短、投产和达到设计能力的时间较快等优点。开采浅部时，生产系统简单，增产潜力较大，技术经济指标较好。小型片盘斜井其缺点是：井口分散，占地较多；随开采向深部发展，转入 2 段开采以后，矿井生产环节增多，生产能力下降，技术经济效果较差；由于井型小、开采范围不大，服务年限较短，各井口生产接续频繁，对保证矿区均衡生产不利。小型片盘斜井的适用条件是：煤层浅部、煤层露头发育良好；沿煤层倾向的褶曲和断层切割较少；表土层和煤层风化带的垂深一般不宜超过 20～30 m；水文地质条件简单，倾角较小的薄及中厚煤层。大型片盘斜井是目前地质条件简单，煤层埋藏较浅煤层的首选开拓方式。

3. 立井开拓的优缺点

（1）立井开拓的优点

立井开拓的适应性很强，一般不受煤层倾角、厚度、瓦斯、水文等自然条件的限制，在不能应用于平硐开拓，采用斜井开拓不经济时，可考虑采用立井开拓。立井的井筒短、提升速度快、提升能力大，对辅助提升特别有利；对特大型的矿井，可采用大断面的立井井筒，装备两套提升设备；井筒的断面大，可满足需风量大的要求；由于井筒短，通风阻力较小，对深井更为有利。

（2）立井开拓的缺点

立井开拓的缺点与斜井的优点相对应，不再赘述。

因此，当井田的地形地质条件不利于采用平硐或斜井时，都可考虑采用立井开拓。对于煤层赋存较深、表土层厚，或水文情况比较复杂、井筒需用特殊法施工，或多水平开采急斜煤层的矿井，一般都应采用立井开拓。对于倾斜长度大的井田，采用立井多水平开拓能较合理地兼顾浅部和深部的开采，也是较为有利的。

五、综合开拓

在某些具体条件下，主、副井采用单一的井筒形式开拓，在技术上有困难、经济上不合理时，可以采用不同井筒形式进行综合开拓。

1. 斜井—立井综合开拓

如前所述，斜井开拓具有许多优点，大型斜井以胶带斜井做主井，在技术上和经济上都很优越，但副斜井的辅助提升比较困难，通风也不利（特别是开采深部煤层时，斜井分段提升辅助环节多，能力小；而且通风路线长、阻力大、风量小，不能满足生产要求）。而立井作为副井能弥补这方面的不足，因此就可以斜井为主井、以立井为副井，主斜井－副立井的综合开拓方式是目前大型及特大型矿井主要采用的开拓方式。如图 1—2—7 所示，我国淮南新庄孜矿为大型斜井开拓矿井，转入深部开采后，瓦斯涌出量增加，为解决辅助提升和通风问题，在井田深部位置新打一立井，生产能力扩大至 240 万 t/a。

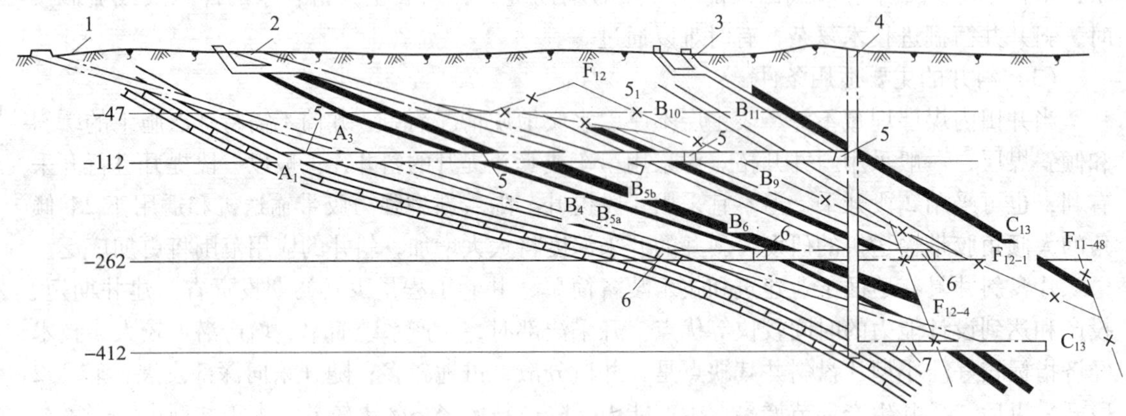

图 1—2—7　斜井－立井综合开拓

1—主斜井（胶带斜井）　2—副斜井　3—斜风井　4—新打副立井　5、6、7—水平运输大巷

近年来，德国、英国、俄罗斯、日本等国家以及国内一些大型矿井的设计或改建也采用了主斜井、副立井相结合的方式。可以认为，这是建设大型和特大型矿井未来发展的方向。由于采用主斜井、副立井综合开拓，斜井的开采深度加大，改变了过去斜井主要用于开采煤田浅部，只能建中、小型矿井的状况。

2. 平硐－立井综合开拓

采用平硐开拓只需开一条主平硐，其回风井筒可以采用平硐、斜井或立井。对于某些瓦斯涌出量很大、主平硐很长的矿井，井下需要的风量大，长平硐通风的风阻大，难以保证矿井通风的需要，条件合适时，可以开通风用的立井。图 1—2—8 所示为重庆中梁山煤矿平硐－立井的综合开拓示意图。

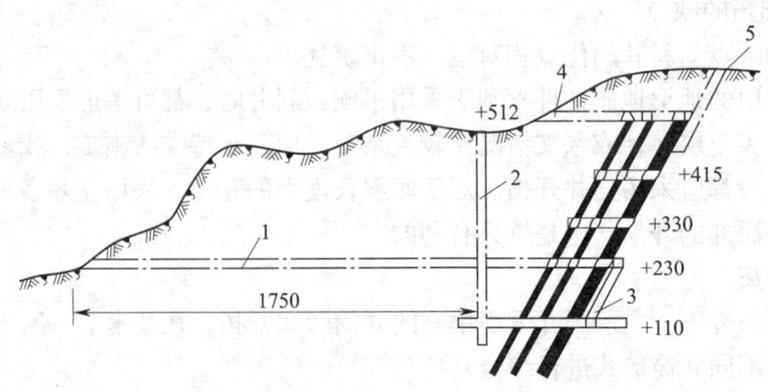

图 1—2—8　平硐－立井综合开拓

1—主平硐　2—副立井　3—暗斜井　4—回风小平硐　5—回风小斜井

主平硐1全长2 000多米，另开副立井2做进风用，并担负平硐与其以下水平之间的辅助提升任务。其下水平出煤则经暗斜井3提至平硐水平，再转运至井外。对于以平硐开拓的矿井深部，如无布置阶梯平硐的条件，根据地形，后期可用立井或斜井开拓，图1—2—9是前期用平硐开拓浅部，后期用立井开拓深部井田的示例。

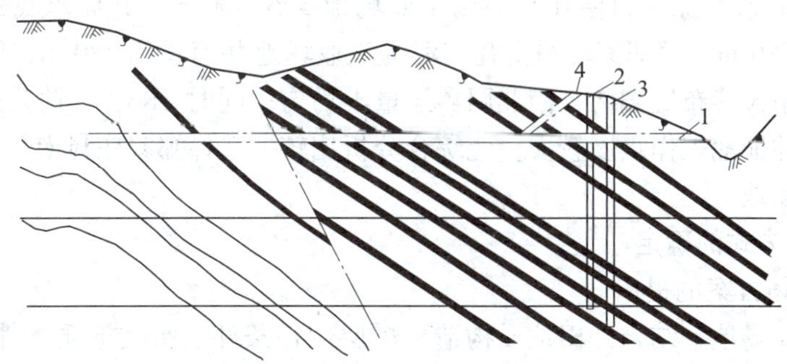

图1—2—9　前期平硐后期立井综合开拓

1—主平硐　2、3—后期立井　4—进风井

当需加大矿区开发强度时，可以同时开发平硐水平上下的煤层，即上部的平硐和下部的斜井（或立井）同时开发，共用一个工业场地，其井下部分相当于两个水平同时生产，但应注意上下水平的压茬关系。

在特殊地形条件下，如地面为自然坡度较大的沟谷，在地面布置斜井井口车场有困难，可以开一段平硐作为通道，以利于布置斜井井口车场，再向下掘斜井。

应该注意，采用综合开拓时，不同形式的井筒在地面及井下的联系与配合是选择的重要因素。以斜井－立井开拓为例，如果井口相近，则井底相距较远，井底车场布置、井下的联系就不太方便；如果井底相近，则井口相距较远，地面工业建筑就比较分散，生产调度及联系不太方便，占地比较多，相应地增加煤柱损失。在具体情况下就必须联系井上下的布置方式，结合开拓的其他问题，寻求合理的方案。

六、示例

为郑家庄矿（参看附图一）设计开拓方案。

设计中存在一些大家尚未学习的知识，但为保证设计的完整性也予以保留。

1. 影响矿井开拓部署的主要因素

（1）井田地处太原断陷盆地的西北边缘。地势总体东部高、西部低，地面相对高差530.0 m。井田内基岩出露较好，植被发育，沟谷纵横，起伏较大，属于侵蚀强烈的中、低山区。工业场地选择受地形影响较大。

（2）本井田煤层赋存稳定、瓦斯含量高、地质构造简单，水文地质条件简单，适合开发井型为1.5 Mt/a的矿井。

（3）井田内2号和4号煤层间距1.38～4.59 m，平均间距3.46 m，倾角平缓，具备联合布置的条件。

（4）煤层埋深较深，拟选定的工业场地处煤层埋深400～600 m，故选择立井开拓较合理。

2. 井口及工业场地位置选择

井田内沟谷纵横，起伏较大，属于侵蚀强烈的中、低山区。经现场踏勘，可供选择的场地仅郑家庄村南瓦窑河沟两侧的台地和 ZK3－1 钻孔东侧的台地。

郑家庄村南瓦窑河沟两侧的台地地势较为开阔，距离 621 号钻孔较近，地质资料比较可靠；地面工程地质条件较好；外运条件较好；结合井田煤层倾向，西低东高，工业场地布置在此处，井筒较短，同时也有利于井下开拓巷道布置。ZK3－1 钻孔东侧的台地，平场后的标高约 +1 300 m，较郑家庄村南瓦窑河沟工业场地高约 300 m，井筒落底标高约 +320 m，单个井筒长度约 980 m，较郑家庄村南瓦窑河沟工业场地井筒长约 380 m；同时场地位于井田东南，井下开拓大巷布置偏南，南北两翼运量不均匀；同时 ZK3－1 钻孔东侧的台地全部为森林覆盖，矿井征地工作难度较大。经综合分析比较，选择郑家庄村南瓦窑河沟两侧的台地作为矿井工业场地。

3. 井田开拓方式的确定

（1）井田开拓方案的提出

在选定的工业场地，结合井田地质构造、煤层赋存条件、水文地质条件、瓦斯等因素，经多方案筛选，提出 3 个具有代表性的开拓方案进行技术经济比较。各方案分述如下：

方案 1（立井开拓上、下山开采方案）：

采用立井开拓方式，矿井初期在工业场地布置 3 个井筒，即 1 个主立井、1 个副立井和 1 个回风立井，后期在 ZK2－0 钻孔附近开凿一个回风立井，共四个井筒开发全井田的 2、4 号煤层。

主立井井筒净径 6.0 m，井口标高 +1 015.3 m，装载水平标高 +451.5 m，井底标高 +395.5 m，垂深 619.8 m（含装载高度及受煤漏斗 56 m），装备一对 12 t 箕斗，担负全矿井煤炭提升任务，兼作矿井进风井。

副立井井底车场布置在 +450.0 m 水平，净径 7.0 m，井口标高 +1 012.2 m，井底标高 +417 m（含井底水窝 33 m），垂深 595.2 m，装备一对 1 t 矿车二层四车四绳非标罐笼（一宽一窄），担负全矿井材料、设备、人员提升任务，另外装备梯子间，作为矿井的安全出口，兼作矿井主要进风井。

回风立井井筒落底于 2 号煤层底板，净径 7.0 m，井口标高 +1 043.551 m，井底标高 +445.0 m，垂深 588.551 m，装备梯子间，担负矿井初期回风任务和安全出口。

井田内 2 号和 4 号煤层间距较近，平均间距 3.46 m，倾角平缓，应采用一个水平开发，即联合开拓的布置方式。副立井井筒落底后沿北偏西 15°方向，布置 +450 m 水平井底车场及硐室，平行井田北部边界布置一组大巷，大巷采用“三巷制”，在大巷东端布置一组下山，开采一采区的煤炭，在大巷西端布置一组上、下山，开采二、三采区的煤炭。上、下山采用“四巷制”，即一条胶带运输上（下）山，一条轨道运输上（下）山，两条回风上（下）山。其中胶带运输大巷（上、下山）、轨道运输大巷（上、下山）沿 4 号煤层布置，回风大巷（上、下山）沿 2 号煤层布置，大巷（上、下山）间距 30 m。

全井田共划分 3 个采区，采用上、下山采区布置方式。

详见附图二。

方案 2（立井开拓走向条带式开采方案）：

采用立井开拓方式，井筒布置同方案 1。

采用一个水平，联合开拓的布置方式。副立井井筒落底后沿北偏西 15°方向，布置 +450 m水平井底车场及硐室，沿井田北部边界布置一组大巷开发全井田的 2、4 号煤层，大巷采用“四巷制”，即一条胶带运输大巷，一条轨道运输大巷，两条回风大巷。其中胶带运输大巷、轨道运输大巷沿 4 号煤层布置，回风大巷沿 2 号煤层布置。大巷（上、下山）间距 30 m。

全井田共划分 2 个采区，采用走向条带布置方式。

煤炭运输、辅助运输、通风方式同方案 1。详见附图三。

方案 3（斜井开拓上、下山开采方案）：

采用斜井开拓方式，矿井初期在工业场地布置 3 个井筒，即一个主斜井、一个副斜井和一个回风立井，后期在 ZK2 -0 钻孔附近开凿一后期回风立井，共四个井筒开发全井田的 2、4 号煤层。

主斜井：倾角 25°，净宽 5.2 m，斜长 1 679 m，净断面 18.42 m^2，装备一条带宽 1 200 mm的大倾角带式输送机，设检修道、台阶、扶手，担负矿井的煤炭提升任务，兼作矿井的进风井和安全出口。

副斜井：倾角 25°，净宽 5.6 m，斜长 1 662 m，净断面 20.72 m^2，装备双勾串车，设台阶、扶手，担负矿井的矸石、材料、设备和人员的提升下放任务，兼作矿井的进风井和安全出口。

回风立井井筒落底于 2 号煤层底板，净径 7.0 m，井口标高 +1 045.0 m，井底标高 +455.0 m，垂深 590.0 m，装备梯子间，担负矿井初期回风任务和安全出口。

井田内 2 号和 4 号煤层间距较近，平均间距仅 3.46 m，倾角平缓，应采用一个水平开发，即联合开拓的布置方式。副斜井落底后，平行井田北部边界布置一组大巷，在井底煤仓位置，布置一组下山，开采一采区的煤炭。在大巷西端，即在井田境界 3 号拐点附近，平行井田东部边界布置一组南北大巷，开采二采区的煤炭。大巷和上、下山均采用“四巷制”，即一条胶带运输巷或上、下山，一条轨道运输巷或上、下山，两条回风巷或上、下山。其中胶带运输大巷（上、下山）、轨道运输大巷（上、下山）沿 4 号煤层布置，回风大巷（上、下山）沿 2 号煤层布置。大巷（上、下山）间距 30 m。

全井田共划分 3 个采区，采用上、下山采区布置方式。

煤炭运输、辅助运输、通风方式同方案 1。详见附图四。

（2）开拓方案的比较

分析 3 个开拓方案，各具特点。

方案 1 的优点是：

1）合理布置上下山，首采区位置合理，矿井初期井巷工程量比较少。

2）利用上下山开采，大巷装载点少，便于大巷维护，大巷维护费用较少。

3）上、下山开采煤炭量相当，较合理。

方案 1 的缺点是：

1）工作面连续推进长度较短，搬家次数多。

2）矿井投产后，开采一采区时，应合理安排大巷开拓，大巷开拓工程量达 10 650 m，否则容易造成矿井衔接紧张。

3）二采区东翼煤炭为反向运输，在 3 个方案中唯一存在反向运输问题。

方案 2 的优点是：

1）工作面连续推进长度较长，搬家次数少，能充分发挥综合机械化的能力。

2）采用走向条带开采，生产环节少，运煤系统和通风系统均较简单，回采工作面技术经济指标好。

3）井筒落底后，利用大巷作为准备巷，就近布置回采工作面，巷道布置简单，井巷工程量小，初期投资低，工期短。

4）矿井开拓系统简单，开拓工程量少。

方案2的缺点是：

1）矿井初期布置两个回采工作面，大巷装载点较多。大巷开口较多，增加了大巷维护难度，维护费用较高。

2）大巷沿下山方向掘进，大巷掘进排水困难，排水费用较高。

方案3的优点是：

1）采用斜井开拓，井筒施工速度快、工期短，只需装备台阶、扶手，即可满足矿井安全出口要求，投资少。

2）利用上下山开采，大巷装载点少，便于大巷维护，维护费用较少。

3）在一、二采区下山口设采区水仓，大巷的涌水自流排至采区水仓后，经管路排至井底水仓，排水系统安全可靠。

方案3的缺点是：

1）主、副斜井长度达1 660多米，井筒工程量大。

2）仅二采区为上山开采，一、三采区均为下山开采，下山开采煤量偏大。

3）工作面连续推进长度较短，搬家次数多。

4）由于副斜井井筒较长，方案3即使雷管在检修班下放，最大班设计作业时间也超过6 h。《煤炭工业矿井设计规范》第11.1.8条："最大班设计作业时间，不宜超过5 h"。

5）副斜井需装备2套提升系统，即1台2JK－5/35E加宽型提升机和1台SJD－32型双速多用绞车。且2JK－5/35E加宽型提升机无现成产品，需进行设计制造。

经济比较详见表1—2—2。

表1—2—2 **开拓方案经济比较表**

序号	工程名称	方案			方案1比方案2		方案1比方案3		备注
		方案1（立井上下山方案）	方案2（立井条带方案）	方案3（斜井上下山方案）	工程量 多+少−	投资 多+少−	工程量 多+少−	投资 多+少−	
1	主井井筒/m	619.8	619.8	1 679	0		−1 059.2		
	投资/万元	1 227.2	1 227.2	2 014.8		0		−787.6	
2	副井井筒/m	595.2	595.2	1 662	0		−1 066.8		
	投资/万元	1 386.8	1 386.8	2 011.0		0		−624.2	
3	回风立井井筒/m	588.6	595	590	−6.4		5		
	投资/万元	1 371.4	1 386.4	1 375.6		−14.9		−4.2	
4	井底车场巷道、硐室/m	340	340	50	0		290		
	投资/万元	836.2	836.2	460.5		0		375.7	

续表

序号	工程名称	方案			方案1比方案2		方案1比方案3		备注
		方案1（立井上下山方案）	方案2（立井条带方案）	方案3（斜井上下山方案）	工程量 多+少-	投资 多+少-	工程量 多+少-	投资 多+少-	
5	大巷或下山/m	4 951	5 194	6 610	-243		-1 416		
	投资/万元	4 208.4	4 376.7	5 618.5		-168.3		-1 410.1	
6	工程量小计/m	7 094.6	7 344	10 591	-249.4		-3 247		
	井巷投资/万元	9 030.1	9 213.3	11 480.4		-183.2		-2 450.4	
7	主井提升系统	JKMD-3.5×4(Ⅲ)	JKMD-3.5×4(Ⅲ)	B=1 200 mm带式输送机					
	投资/万元	1 259	1 259	1 660		0		-401.0	
8	副井提升系统	JKMD-4×4(Ⅲ)E	JKMD-4×4(Ⅲ)E	2JK-5/35E及SDJ-32					
	投资/万元	1 325	1 325	960		0		365.0	
9	主立井装备/万元	257.7	257.7			0		257.7	
10	副立井装备/万元	475.1	475.1			0		475.1	
11	设备投资小计/万元	3 316.8	3 316.8	2 620		0		696.8	
合计		12 346.9	12 530.1	14 100.4	-249.4	-183.2	-3 270	-1 753.6	

从表1—2—2中可以看出，方案1工程量7 094.6 m，投资额12 346.9万元；方案2工程量7 344.0 m，投资额12 530.1万元；方案3工程量10 591.0 m，投资14 100.4万元。方案1工程量较方案2少249.4 m，投资额较方案2少183.2万元；方案1工程量较方案3少3 270 m，投资额较方案3少1 753.6万元。因此，综合分析比较，推荐设计方案1——立井开拓上、下山开采方案。

◎**知识链接**

矿井开拓方式与生产系统由于地质条件、井型和设备的不同而各有特点。现以图1—2—10为例，简要说明矿井开掘过程、生产系统和矿井巷道分类等矿井开采的知识要点。

1. 矿井巷道的开掘顺序

矿井巷道的开掘顺序如下：首先自地面开凿主井1、副井2进入地下；当井筒开凿到第一阶段下部边界开采水平标高时，即开凿井底车场3、主要运输石门4，然后向井田两翼掘进开采水平阶段运输大巷5；直到采区运输石门位置后，由运输大巷5开掘采区运输石门9通到煤层；到达预定位置后，开掘采区下部车场10、采区下部材料车场11；然后，沿煤层自下而上掘进采区运输上山14和轨道上山15。与此同时自风井6、回风石门7，开掘回风大巷8；向煤层开掘采区回风石门17、采区上部车场18、绞车房16，与采区运输上山14及轨道上山15联通。当形成通风回路后，即可自采区上山向采区两翼掘进第一区段的区段运输平巷20、区段回风平巷23、下区段回风平巷21，当这些巷道掘到采区边界后，即可掘进开切眼24，形成工作面。安装好开采、机械设备和进行必要的准备工作后，即可开始采煤。采煤工作面25向采区上山后退回采，与此同时需要适时地开掘第二区段的区段运输平巷和开切眼，保证采煤工作面正常接替。

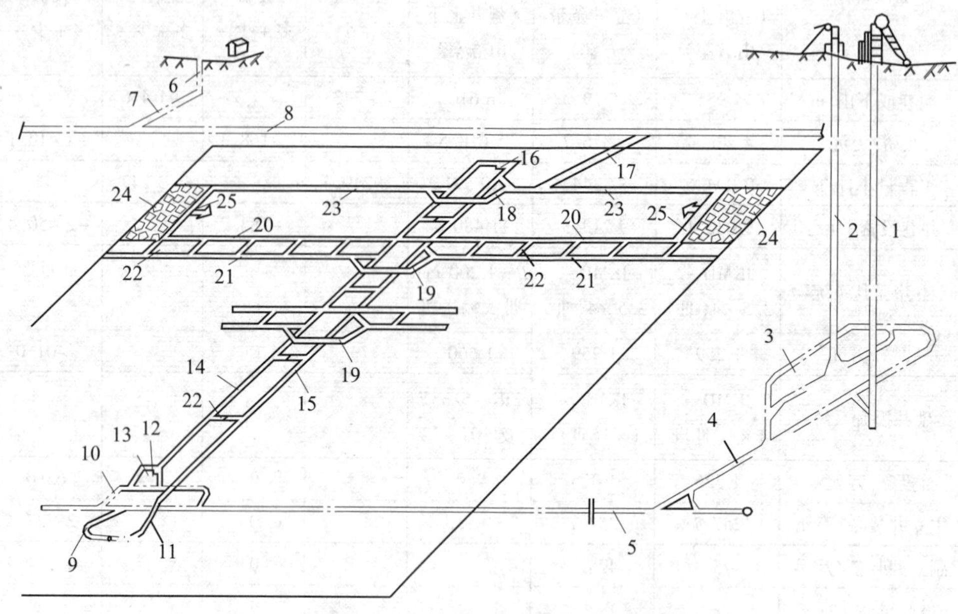

图1—2—10　矿井生产系统示意图

1—主井　2—副井　3—井底车场　4—主要运输石门　5—运输大巷　6—风井　7—回风石门　8—回风大巷　9—采区运输石门　10—采区下部车场　11—采区下部材料车场　12—采区煤仓　13—行人进风巷　14—运输上山　15—轨道上山　16—上山绞车道　17—采区回风石门　18—采区上部车场　19—采区中部车场　20—区段运输平巷　21—下区段回风平巷　22—联络巷　23—区段回风平巷　24—开切眼　25—采煤工作面

2. 矿井生产系统

（1）运煤系统

从采煤工作面25破落下的煤炭，经区段运输平巷20、采区运输上山14到采区煤仓12，在采区下部车场10内装车，经开采水平运输大巷5、主要运输石门4，运到井底车场3，由主井1提升到地面。

（2）通风系统

新鲜风流从地面经副井2进入井下，经井底车场3、主要运输石门4、运输大巷5、采区下部材料车场11、采区轨道上山15、中部车场19、区段运输平巷20进入采煤工作面25。清洗工作面后，污风经区段回风平巷23、采区回风石门17、回风大巷8、回风石门7，从风井排入大气。

（3）运料排矸系统

采煤工作面所需材料和设备，用矿车由副井2下放到井底车场3，经主要运输石门4、运输大巷5、采区运输石门9、采区下部材料车场11，由采区轨道上山15提升到区段回风平巷23，再运到采煤工作面25。采煤工作面回收的材料、设备和掘进工作面运出的矸石，用矿车经与运料系统相反的方向运至地面。

（4）排水系统

排水系统一般与进风风流方向相反，由采煤工作面，经由区段运输平巷、采区轨道上山、采区下部车场、开采水平运输大巷、主要运输石门等巷道一侧的水沟，自流到井底车场水仓，由水泵房的排水泵通过副井的排水管排至地面。

要保障矿井正常生产，还需配有提供电源的供电系统、洒水降尘的供水系统、安全监测的监测系统等从而组成矿井的生产系统。

3. 矿井巷道分类

图 1—2—10 所示的巷道系统，按其作用和服务范围不同，将矿井巷道分为开拓巷道、准备巷道和回采巷道三种类型。

（1）开拓巷道

一般说来，为全矿井、一个水平或若干采区服务的巷道，称为开拓巷道。如井筒、井底车场及硐室、主要石门、运输大巷与回风大巷等。

（2）准备巷道

为一个采区或多个区段服务的巷道，称为准备巷道。如采区上（下）山、采区车场、采区硐室等。

（3）回采巷道

仅为采煤工作面生产服务的巷道，称为回采巷道。如区段运输平巷、区段回风平巷、开切眼等。

1.2.2 井筒数目及位置

技能点

合理选择确定矿井井筒数量与位置。

知识点

1. 矿井井筒数量确定；
2. 井筒位置确定的原则；
3. 走向方向井筒合理位置选择；
4. 倾斜方向井筒合理位置选择。

通过 1.2.1 节的学习，确定了需要选择的开拓方式，可以开始“真正的”采煤了。但是，又出现新的问题：虽然知道了可以使用立井、斜井、平硐或综合开拓等方式开拓井田，但需要“打几眼井”？在什么位置“打井”？这些问题不解决还是没有办法真正“采煤”，这就是本节所需要解决的问题。

井筒数目和开拓方式有关，这是很容易想到的。不同的开拓方式井筒数目是不相同的，井筒数目必须满足矿井生产和安全需求。井筒位置选择对矿井的生产、安全影响很大，首先要考虑矿井位置在生产过程中的安全性，其次要考虑矿井生产的经济性和井筒所在的工业广场压煤情况，最后还要选择有利于井筒施工的条件。具体的确定井筒数目及位置，需要通过下面的学习一一掌握。

一、井筒数目

井筒数目是根据矿井不同的开拓方式以及提升任务大小和通风需要等因素确定的。主井担负矿井煤的提升，副井负责提升矸石、运送材料、设备及人员（即辅助提升）。矿井可由一个或几个井筒来完成各种提升任务。用做提升的井筒可兼作进风或回风井。在高瓦斯矿井，则必须设专用回风井。在具体确定井筒数目时，可根据以下情况进行考虑：

1. 根据开拓方式确定基本井筒数目

（1）平硐开拓

平硐可以铺设轨道，担负矿井的煤炭、矸石以及材料、人员的运送任务，设一条主平硐可以满足矿井运输要求，但必须开设回风的井筒。如煤炭采用胶带运输机运输，则至少需开设2条平硐。

（2）立井开拓

大、中型矿井一般至少设2个井筒，分别为主井和副井。小型矿井采用矿车提煤，可只设1个井筒，但必须有专用的回风井。

（3）斜井开拓

由于斜井的断面有限和辅助运输能力较小，大、中型矿井采用斜井开拓方式，一般至少布置3个井筒，一个是铺设胶带运输机的主提升斜井，另外两个分别是专门提升人员和提升矸石及运送材料设备。小型矿井所需风量不大，辅助运输任务有限，可以设置2个斜井。

（4）综合开拓

主、副井一般情况设置2个即可。

2. 根据提升方式确定井筒数目

（1）双提升井筒开拓

双提升井筒开拓是我国目前采用最多的一种开拓方式。装备2个提升井，1个主井，担负提煤；1个副井，担负人员、设备、材料、矸石等的辅助提升。

（2）多提升井筒开拓

在一个井田中，装备2个以上的提升井筒开拓整个井田。一般适用于以下几种情况：一对矿井不能满足生产的需要，为了适应矿井多水平提升或不同煤种分开提升的要求时；由于井田扩大，矿井生产能力相应增加，原提升井筒能力不能满足生产的需要时；井田范围大、矿井生产能力特别大，实行分区域开拓时。

（3）单提升井筒开拓

单提升井筒开拓是装备一个井筒提升，另设一个通达地面的安全出口。这种方式设备简单、占地少、井巷工程量少，但提升能力受限制。一般适用于小型矿井。

二、井筒位置

井筒位置是与井筒的形式、用途密切联系的。井筒形式确定后，需要正确选择井筒位置。但也有不少情况是井筒位置与形式一起确定的。主、副井井筒（硐）位置与井筒形式确定和施工后，在整个矿井服务期间一般是不再更改。因此，合理确定井筒位置，对于井下开拓部署、地面设施布局及运输线路布置有决定性作用，不仅能减少初期井巷工程量，缩短建井工期，减少占地面积，降低运输费用，节省投资，而且对矿井迅速达产和正常生产接替，提高矿井技术经济效益起着十分重要的作用。

1. 对井下开采合理的井筒位置

对井下开采有利的井筒位置应使井巷工程量、井下运输工作量、井巷维护工作量较少，通风安全条件好，煤柱损失少，有利于井下的开采部署。应分别分析沿井田走向及倾向的有利井筒位置。

（1）井筒沿井田走向的位置

井筒的有利位置应在井田走向的中央，当井田资源（储量）呈不均匀分布时，井筒应布置在资源（储量）中央，以形成两翼资源（储量）比较均匀的双翼井田，可使沿井田走向的井下运输工作量最小，通风网路较短，通风阻力小。若因地面、井下某种因素使井筒不能靠近中央位置需要偏离时，在可能条件下要少偏离，尽量避免井筒偏离。

（2）井筒沿煤层倾斜方向的位置

斜井开拓时，斜井井筒沿井田倾向的有利位置主要是选择合适的层位和倾角。

立井开拓时，井筒沿倾斜方向位置可以有如图 1—2—11 所示的几种方案：井筒位置设于井田中部 B 处，可使石门缩短，沿石门的运输工作量较小；井筒位置设于 A 处时总的石门工程量虽然稍大，但第 1 水平工程量及投资较少，建井期较短；井筒设置于 C 处的初期工程量最大，石门总长度和沿石门的运输工作量也较大，如果煤系基底有含水量大的岩层，不允许井筒穿过时，它可以延深井筒到深部，对开采井田深部及向下扩展有利；而在 A、B 位置，井筒只能打到 1、2 水平，深部需用暗井或暗斜井开拓，生产环节多，运输提升系统复杂。从井筒和工业场地煤柱损失看，井筒越靠近浅部，煤柱的尺寸越小；越靠近深部，则煤柱尺寸越大。

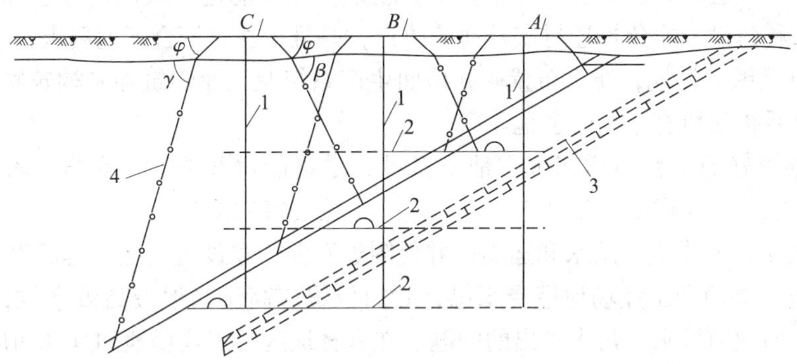

图 1—2—11　井筒沿井田倾斜方向布置示意图

1—井筒　2—石门　3—富含水层　4—井筒及工业场地煤柱

由于井田的地质条件不同，对单水平开采缓斜煤层的井田，从有利于井下运输出发，井筒应布置在井田中部，或者使上山部分斜长略大于下山部分，这对开采是有利的；对多水平开采缓斜或倾斜煤层群的矿井，如煤层的可采总厚度大，为减少保护井筒和工业场地煤柱损失及适当减少初期工程量，可考虑使井筒设在沿倾斜中部靠上方的适当位置，并应使保护井筒煤柱不占初期投产采区；对开采急斜煤层的矿井，井筒位置变化引起的石门长度变化较小，而保护井筒煤柱的大小变化幅度却很大，尤其是开采煤层总厚度大的矿井，煤柱损失将成为严重的问题，井筒宜靠近煤层浅部，甚至布置在煤系底板，如图 1—2—12 所示；对开采近水平煤层的矿井，应结合地形等因素，尽可能使井筒靠近储量中央；对煤系基底有丰富含水层的矿井，既要考虑井筒到最终深度仍不穿过富含水层，又要考虑初期工程量和基建投资，还应考虑工业广场的煤柱损失。

2. 对井筒掘进与维护有利的位置

为使井筒的开掘和使用安全可靠，减少其掘进的困难及便于维护，应使井筒通过的岩层及表土层具有较好的水文、围岩和地质条件。井筒应尽可能不通过或少通过流砂层、较厚的冲积层、较大的含水层、煤与瓦斯突出煤层、较软煤层及高应力区。因为在这些条件下，需要采取特殊凿井的方法进行施工。这不仅使井筒的开凿费用大大增加，而且降低了凿井速度和增加了凿井工期。

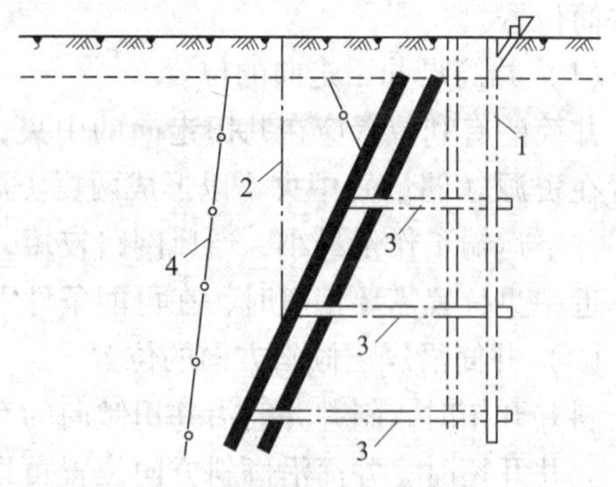

图 1—2—12 急倾斜煤层的矿井井筒沿井田倾斜方向布置示意图

1—井筒位于煤层底板 2—井筒位于煤层顶板 3—阶段石门 4—工业场地煤柱边界线

为便于井筒的掘进和维护，井筒不应设在受地质破坏比较剧烈的地带及受采动影响的地区。井筒位置选择还应考虑使井底车场有较好的围岩条件，便于大型硐室的掘进和维护。

3. 便于布置地面工业场地的井筒位置

因为井筒出口是地面工业场地，故井筒位置必须为合理布置地面工业场地创造有利条件。在选择井筒位置时，要力求合理布置工业场地，尽可能避开农田、林业和经济作物区，不妨碍农田水利建设，避免拆迁村庄及河流改道，并且应注意符合下列要求：

（1）要有足够的场地，便于布置矿井地面生产系统及工业建筑物和构筑物。根据需要，还应考虑为以后扩建留有适当的余地。

（2）要有较好的工程地质和水文地质条件，尽可能避开滑坡、崩岩、溶洞、流砂层、采空区等不良地段，这样既便于施工，也可防止自然灾害的侵袭。

（3）要便于矿井供电、给水和运输，并使附近有便于建设居住区、排矸设施的地点。

（4）要避免井筒和工业场地遭受水患，井筒位置应高于当地最高洪水位，在平原地区还应考虑工业场地内雨水、污水排出的问题。在森林地区，工业场地和森林间应有足够的防火距离。

（5）要充分利用地形，使地面生产系统、工业场地总平面布置及地面运输合理，并尽可能使平整场地的工程量少。

（6）井口和工业场地位置必须符合环境保护的要求。

《煤炭工业矿井设计规范》规定，地面工业场地的面积一般为：大型矿井（1.0～1.2）×10^4 m^2/万 t；中型矿井 1.5×10^4 m^2/万 t；小型矿井 1.8×10^4 m^2/万 t。

综上所述，选择井筒位置既要力求做到对井下开采有利，又要注意使地面布置合理，还要有利于井筒的开掘和维护，而这些要求又与矿井的地质、地形、水文、煤层赋存情况等因素密切相关。在具体条件下，要寻求较合理的方案，必须深入调查研究，分析影响因素，分清主次，综合考虑。一般而言，井筒沿井田走向，位于接近储量中心的井田中部，沿井田倾斜位于浅部或中部稍偏上位置对提高矿井整体效益有利。

三、示例

试根据前述郑家庄矿实例，确定井筒数目及位置。

在 1.2.1 节中已经解决了地面工业广场的相关问题，同时，结合开拓方案确定的过程，已经确定了井筒位置，下面只需解决井筒数目、用途及装备等问题。

1. 井筒数目及用途

根据推荐的井田开拓方案，矿井移交生产及达产时，共布置3个井筒：主立井、副立井和回风立井。三者均位于矿井工业场地。各井筒用途分述如下：

主立井装备1对12 t箕斗，担负全矿井煤炭提升任务，兼作矿井进风井。

副立井装备1对1 t矿车二层四车四绳非标罐笼（一宽一窄），担负全矿井材料、设备、人员提升任务，另外装备梯子间，作为矿井的安全出口，兼作矿井主要进风井。

回风立井装备梯子间，担负矿井初期回风任务兼安全出口。

井筒特征详见表1—2—3。

表1—2—3　　井筒特征表

项目			主立井	副立井	回风立井
井口坐标		X/m	4 163 250.000	4 163 082.000	4 163 077.000
		Y/m	19 596 250.000	19 596 206.000	19 596 084.000
井口标高/m			+1 025.0	+1 012.2	+1 045.0
井筒方位角			180°	75°	
井筒倾角			90°	90°	90°
井筒长度/m			610.0	587.2	595.0
井筒净断面/m^2			28.27	38.48	38.48
净宽度或净径/m			6.0	7.0	7.0
井筒支护	支护方式	表土	砼砌碹	钢筋砼砌碹	钢筋砼砌碹
		基岩	砼砌碹	砼砌碹	砼砌碹
	支护厚度/mm	表土	800	1 000	1 000
		基岩	400	500	500
断面/m^2	净		28.27	38.48	38.48
	掘	表土	45.36	63.63	63.63
		基岩	36.32	50.27	50.27
井筒用途			煤炭提升、进风	辅助提升、进风、兼安全出口	回风兼安全出口
井筒装备			装备12 t箕斗	装备1对双层四车非标罐笼（一宽一窄）及梯子间	梯子间

2. 井筒布置及装备

主立井井筒净径6.0 m，装备1对12 t箕斗。

副立井井筒净径7.0 m，装备1对1 t矿车二层四车四绳非标罐笼（一宽一窄），同时装备梯子间，兼作矿井的安全出口。

回风立井井筒净径7.0 m，装备梯子间。

1.2.3 开采水平划分

技能点

合理选择确定矿井开采水平数量与垂高。

知识点

1. 矿井开采水平划分原则；
2. 阶段垂高合理确定；
3. 上、下山开采的特点；
4. 辅助水平的选用。

在学习新知识之前，先来回顾一下到目前为止学到了什么。

首先，当面对一个大的煤田时，不可以贸然下手，而应先将其进行有计划的分割，将其分割成一个个独立开采的单元，也就是“煤田划分为井田”，这是开发煤炭的第 1 步。

井田就是可独立开发的最小单元，但其面积还是比较大，仍然不能贸然开发，还必须进一步将其分割成一个个相互联系的小单元进行有计划的开发，这就是井田内的再划分。它包括：井田划分为阶段及阶段内的再划分。这是第 2 步。“井田内的再划分”与“煤田划分为井田”的区别是：“煤田划分为井田”中井田是相互独立的；而“井田内的在划分”其内在的各部分相互联系共同为一个井田服务，其生产系统是共有的。

前两步完成之后，煤炭开发大的框架就搭建完成。下面就要开始进行一些具体的工作：井田开拓。

井田开拓的主要目的就是如何由地表“进入”煤层中，这也是要分步骤来完成的。首先，要确定怎么“进入”：“垂直进入”（立井开拓）？“倾斜进入”（斜井开拓）或“水平进入”（平硐开拓）？这是第 3 步。

然后，是确定在哪里“打井”和“打多少井”的问题，即“确定井口位置和数目”，这是第 4 步。

以上就是现在已经掌握的所有知识，接下来该学习什么？既然井口已经确定，也知道了井筒形式，就该解决“井筒要打到什么位置”的问题，也就是本节的标题“开采水平划分”。这是第 5 步。

可以想象一下：面对一块倾斜方向很长、很深的煤炭，大概把井筒打到任何位置都有其不合理的地方，不如将其沿倾斜方向再分为一块一块的小单元，然后，将井筒打至某一小单元所位于的深度，待将这一深度以上的煤采完后，再逐渐开采其下的煤，一步步的来，这样是不是更合理？这就是本任务完成的主要思路，细节问题就需要我们认真学习下面的内容了。

一、开采水平划分及阶段垂高的确定

在井田范围和矿井生产能力确定之后，必须考虑合理的进行开采水平划分与确定开采水平（阶段）垂高，建立开采水平。阶段（水平）垂高即一个阶段（水平）服务范围的上部边界与下部边界的标高差。当矿井开采为单一上山阶段时，水平高度即为阶段高度；当矿井

开采为上、下山开采时，水平高度为上、下阶段高度之和。合理的开采水平垂高应以合理的阶段垂高（倾斜长度）为前提，并使开采水平有合理的服务年限，有利于实现采掘机械化，还要有较好的技术经济效果。

1. 阶段垂高的确定

阶段垂高对矿井生产和技术经济效果有很重要的影响。阶段垂高过大，不仅使开拓投资及运输提升费用增加，延长建井工期，而且给采区上、下山运输和上下人员带来很大困难；阶段垂高过小，则使储量减少，服务年限缩短，造成水平接续紧张，且矿井阶段总数增加，基建开拓工程量增大。因此，应根据地质条件和技术装备水平，通过技术经济条件的分析比较，合理确定阶段垂高。

合理确定阶段垂高，主要考虑以下几个要素：

（1）开采水平服务年限

每个水平必须有合理的服务年限，才能充分发挥水平运输大巷、井底车场及其各种生产设施的作用，提高经济效益。从有利矿井均衡生产和水平接替来看，开拓延深一个新水平，一般需要 3 ~5 a，加上上、下水平生产过渡时间，一般需要 5 ~8 a 以上。为避免水平接替紧张，必须有足够的可采储量以保证水平有合理的服务年限。

（2）采、掘、运机械化程度

在缓斜及倾斜煤层中，阶段斜长取决于沿倾斜布置的区段数目与区段的斜长。区段数目根据煤层倾角，一般划分为 3 ~5 个。区段斜长是结合采煤工作面的长度确定的，采煤工作面长度随着工作面机械化程度提高而增长，一般采煤工作面长度在 100 ~200 m 以内。

采区上山的运输方式和运输设备的能力与阶段垂高有很大关系。阶段垂高越大，采区上山长度也越大。如果采用带式输送机运输，一部带式输送机即可满足上山长度较大的要求；如采用刮板输送机运输，采区斜长大，串联的输送机数目多，运输事故频次也要增加，影响采区正常生产；辅助运输一般采用绞车提升，采区上山则不宜过长，如采区斜长过大，就需要采用多段提升，这样会造成运输环节多，运输系统复杂，运输事故多，不利于采区正常生产。对于急斜煤层，采用自溜运输，溜槽有效长度不宜超过 200 m，溜眼高度不宜超过 70 ~100 m。

在开采近水平煤层的矿井中，采用盘区上（下）山准备时，盘区上山长度一般不超过 2 000 m，盘区下山长度不宜超过 1 500 m。采用石门盘区准备时，斜长一般不受此限止。采用倾斜长壁采煤法时，采煤工作面推进方向的长度一般在 1 000 ~1 500 m 为宜。

（3）煤层赋存条件和地质构造

煤层倾角对阶段垂高影响较大。开采急斜煤层时，煤层间受采动影响，且沿煤层运料、溜煤、行人都比较困难。急斜煤层阶段垂高，一般为 100 ~150 m；水平或近水平煤层，计算阶段垂高实际上已无多大意义，应按水平运输大巷两侧的盘区上、下山长度决定水平的开采范围，并保证开采水平服务年限。倾斜煤层的阶段高度，应根据上山运煤方式与运输设备可能达到的长度，以及采区内分段数（3 ~5 个），尽量减少工程量等因素综合考虑，一般为 150 ~300 m。

当煤层倾角和厚度发生急剧变化的井田，也可尽量利用变化处作为划分阶段的依据。地质构造对阶段高度的影响主要表现在利用褶曲的背、向斜轴及走向大断层等作为划分阶段的界限，如图 1—2—13 所示，Ⅰ、Ⅱ阶段以背斜轴为界，Ⅲ、Ⅳ阶段以断层 F_2 为界。

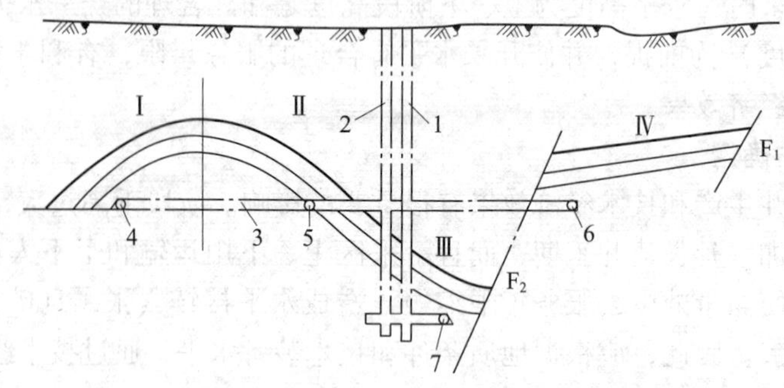

图 1—2—13　以地质构造作为划分阶段界限示意图

1—主井　2—副井　3—水平石门　4、5、6、7—运输大巷

（4）吨煤建设投资和生产费用

合理的阶段垂高应使吨煤投资和生产总费用最低，一般阶段垂高增大，全矿水平数目减少，水平资源/储量增加，分摊到每吨煤上的一部分费用相对减少，如井底车场及硐室、阶段运输大巷、主回风巷、石门与采区车场的掘进费、设备购置费及安装费等；也有一部分费用随垂高加大而增加，如沿上山的运输费、通风费、提升费、排水费及倾斜巷道的维护费等；还有一部分费用与阶段垂高的变化关系不大，如井筒及上山的掘进费等。因此，对一定条件下的矿井，不同的阶段垂高，其吨煤的总费用是不同的，但必然存在一个在经济上最合理的阶段垂高，即吨煤总费用较低的阶段垂高。

在实际工作中，往往把几个不同的阶段垂高方案进行技术和经济综合分析与比较，选择费用最低、生产效果最好的方案作为最佳方案。

综合上述分析，阶段垂高受一系列因素的影响，是矿井开采技术和生产集中程度的综合反映。根据我国煤矿开采经验，设计规范规定：当矿井划分为阶段开采时，其阶段垂高宜为：

1）缓倾斜、倾斜煤层 200 ~ 350 m；

2）急倾斜煤层 100 ~ 250 m。

2. 开采水平的划分

确定开采水平的数目和位置，主要根据井田倾斜长度、阶段高度和是否采用上下山开采方式来决定。此外，煤层倾角、层间距离、地质构造、井底车场处的围岩性质以及提升和排水设备型号等，对开采水平的数目和位置也有很大影响。

对于煤层倾角很小的近水平煤层，可按煤层、煤组间距或煤种不同设置开采水平。如图 1—2—14 所示，该井田含有 5 层煤，m_1、m_2层间距较小，划为一个煤组；m_3、m_4、m_5三层划为一个煤组，两个煤组相距较远，按煤组设两个开采水平。第 1 水平设在 +600 m 标高，开采 m_1、m_2两层煤；第 2 水平设在 +400 m 标高，开采 m_3、m_4、m_5三层煤。F_1断层以西的煤层可用 1、2 水平的集中下山分别开采上、下煤组。

对于倾角小于 16°的煤层，如果井田倾斜长度小于 2 000 m，可设一个水平，实行上、下山开采。开采水平位置可设在沿煤层倾斜的中部或稍靠下，使上山阶段斜长稍大。

对于倾角大于 16°的缓斜煤层，井田倾斜长度较大时，可根据合理的阶段高度和是否采用上、下山开采等因素，设两个或两个以上的开采水平。在水平划分时应尽量减少开采水平的数目。

当井田内地质构造复杂时，可根据地质构造确定开采水平的数目和位置，以断层划分水平如图 1—2—15 所示。

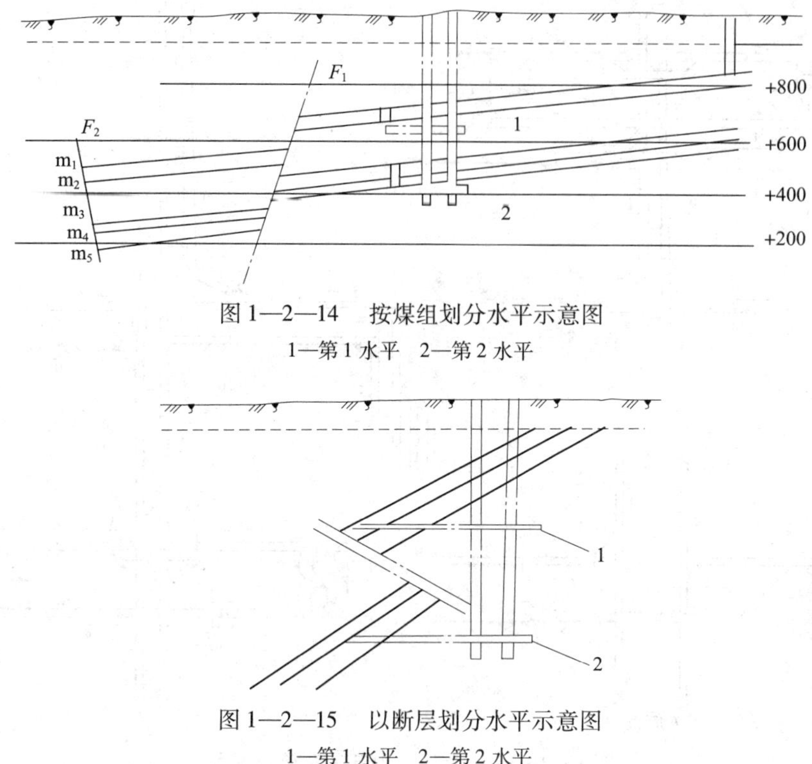

图 1—2—14　按煤组划分水平示意图

1—第 1 水平　2—第 2 水平

图 1—2—15　以断层划分水平示意图

1—第 1 水平　2—第 2 水平

开采水平位置确定以后，必须计算开采水平服务年限，验算是否符合设计规范规定要求：水平服务年限按下面公式进行计算：

$$T = \frac{Z_K}{A \cdot K}$$

式中　T——开采水平服务年限，a；

Z_K——开采水平服务范围内的设计可采储量，万 t；

K——储量备用系数，取 1.1 ~ 1.3；

A——矿井生产能力，万 t/a。

二、下山开采的应用

为扩大开采水平的开采范围，有时除在开采水平以上布置上山采区外，还可在开采水平标高以下布置下山采区，进行下山开采。上山和下山开采主要是以开采水平为基准：开采开采水平标高以上的煤体为上山开采；利用开采水平生产系统开采开采水平标高以下的煤体为下山开采。

1. 上、下山开采的比较

下山开采与上山开采的比较指的是利用原有开采水平进行下山开采与另设开采水平进行上山开采的比较。上山开采和下山开采在采煤工作面生产方面没有太大的差别，但在采区运输、提升、通风、排水和上山（下山）掘进等方面有许多不同之处。上、下山开采巷道系统布置如图 1—2—16 所示。

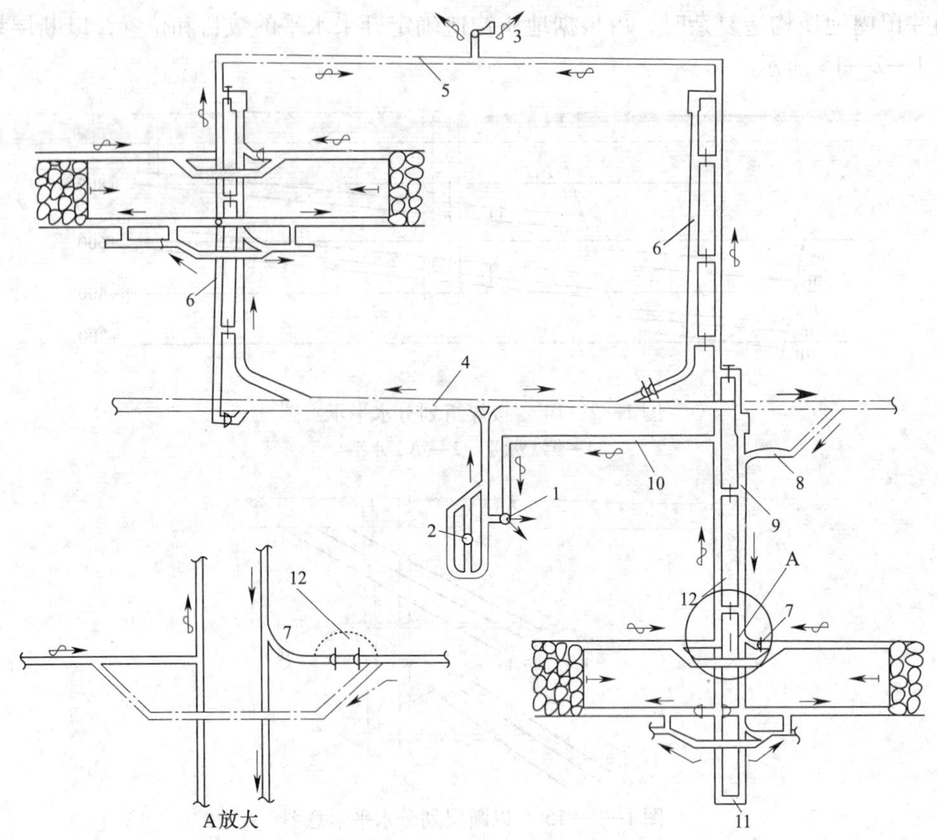

图1—2—16　上、下山开采巷道布置图

1—主井　2—副井　3—回风井　4—运输大巷　5—总回风井　6—采区下山　7—下山采区中部车场
8—下山采区上部车场　9—采区下山　10—大巷配风巷（可为下山采区总回风巷）　11—下山采区水仓　12—漏风处

（1）运输提升方面

上山开采时，煤向下运输，上山的运输能力大，输送机的铺设长度较长，倾角较大时还可采用自溜运输，运输费用较低，但从全矿看，它有折返运输；下山开采煤炭向上运输，运输设备受煤层倾角影响，倾角大时，向上运输困难，运输能力较低。但从整体看，矿井没有折返运输，总的运输工作量较少。

（2）排水方面

上山开采时，采区内的涌水可直接到大巷，经大巷流入井底水仓，一次排至地面，排水系统简单。下山开采时，必须设置排水系统，解决采区内的排水问题。在采区下部设水仓和泵房，将采区内的涌水先排至阶段的上部开采水平，经大巷流入井底水仓，然后再排至地面。如涌水量不大，可在每区段下部设临时排水硐室及水仓，随采掘工作的向下发展，在相应的区段安装排水设备，将采区涌水排至大巷，这样就要多掘排水硐室及增加排水设备。当涌水量较大时，需在采区下山掘至下山阶段下部，开掘水仓、泵房和安装排水设备集中排出采区涌水。这样将增加总的排水工作量和排水费用。当排水系统发生故障时，将影响下山采区的生产，而上山开采则没有这个问题。

（3）掘进方面

下山掘进时装载、运输、排水等工序比上山掘进时复杂，因而掘进速度较慢、效率较低、成本较高，尤其当下山坡度较大、涌水量大时，下山掘进更为困难，而上山掘进一般情况下受涌水影响较小。

（4）通风方面

上山开采时，新鲜风流由进风上山进入采区，清洗工作面后的污风经回风上山流入回风道，新风和污风均向上流动，沿倾斜方向的风路较短；而下山开采时，新鲜风流由进风下山进入采区，清洗采煤工作面后的污风经回风下山到回风道，风流在进风下山和回风下山内流动的方向相反，采区范围内沿倾斜方向的风路长，通风困难。在开采采区的下部时，风路约比上山采区长 1 倍。并且，进风下山和回风下山相距一般约 20 ~ 30 m，下山之间有联络巷道连通，利用风门控制风流，两下山之间的风流压差较大，漏风严重，通风管理比较复杂。当瓦斯涌出量较大时，通风更困难。

（5）基本建设投资方面

采用下山开采时，可以用一个开采水平为两个阶段服务，从而减少了开采水平的数目，延长了水平服务年限，可充分利用原有开采水平的井巷和设施，节省开拓和基本建设投资，有利于矿井整体经济效益的提高。

2. 下山开采的适用条件

下山开采的适用条件可分为基本条件和特殊条件：

（1）下山开采的适用基本条件

1）倾角小于 16°的缓斜煤层。

2）煤层瓦斯含量较小及瓦斯涌出量不大。

3）采区涌水量不大。

（2）在下列特殊条件下，也可考虑采用下山开采

1）煤层倾角不大，采用多水平开拓的矿井，开拓延深后提升能力降低。

2）由于开采强度加大、水平服务年限缩短，造成水平接替紧张，可布置一个或几个下山采区。

3）当井田深部受自然条件限制，储量不多，深部境界不一，设置开采水平有困难或不经济时，可在最终开采水平以下设一部分下山采区。

应当注意，采用上、下山开采时，对应的上、下山采区划分尽可能一致，使下山采区能够利用上山采区的车场巷道、装车站及煤仓；相对应的上、下山采区的上山和下山尽可能靠近，并尽可能利用上山采区巷道作为下山的回风通道。

三、辅助水平的设置

正常情况下，一个阶段由一个开采水平来开采。但当阶段斜长较长时，用一个开采水平开采有一定困难，可在主要开采水平之外的适当位置设一个生产能力小、服务年限短、与主水平大巷相联系的水平，即辅助水平。辅助水平设有阶段大巷，担负辅助水平的运输、通风、排水等任务，但不设井底车场，大巷运出的煤需运至开采水平，经开采水平的运提系统，再运至地面。辅助水平大巷离井筒较近时，也可设简易井底车场，担负辅助水平运料、通风和排水任务。

辅助水平主要作用：

1）水平垂高过大，开采水平以上的上山斜长太大，用一个阶段开采水平技术上有困难，安全上不可靠时，可将开采水平以上的煤分为 2 个阶段，利用辅助水平开采上一阶段。

2）采用多水平上、下山开采的矿井，上一开采水平下山采区排水、通风及采区辅助提升比较困难，下一开采水平的回风问题也需妥善解决，矿井和采区生产能力越大，这些问题就越突出。于是，可在两开采水平之间设辅助水平，使上述问题得到较合理的解决。

3）开采急斜煤层的矿井，为了延长服务年限，增加开采水平的垂高，可在2个阶段之间设置辅助水平，上阶段出煤利用设在井筒附近的溜煤眼溜放到下阶段，集中提出地面。很明显，这种方式增加了阶段运煤的环节和总的提升工作量，长距离溜煤使煤破碎，并有堵眼的危险，而节约的工程量并不多，除非迫不得已，一般不宜采用。

4）一些开采近水平煤层的矿井，采用分煤层开拓，即在主采煤层设开采水平，布置为全矿井服务的井底车场及设施，而在主采煤层以上或以下分别设辅助水平，开掘较简易的车场和煤层大巷，布置盘区，进行开采。辅助水平和开采水平之间用溜井或暗井联系，煤经溜井下放或暗井提升，矸石及物料要多段转运，井下运输环节较多，生产比较分散，对矿井合理集中生产不利，随盘区联合布置的发展，这种方式的应用日益减少。但如煤层距开采水平较远而储量不甚丰富，不足以设开采水平时，这种方式还是可以考虑的。

如上所述，应用辅助水平能加大开采水平垂高。但设置辅助水平却增加了井下的运输转载环节和提升工作量，使生产系统复杂化，这是本质上的缺点。因此，在具体矿井及煤层条件下，进行开采水平划分设计时，要尽量避免采用辅助开采水平；只有在一些特殊条件开采下，一个水平开采困难较大，通过技术经济比较可考虑选择采用辅助水平。

四、示例

试进一步确定郑家庄矿开采水平设置的问题。

副立井井底车场布置在+450.0 m水平，鉴于井田内2号和4号煤层间距较近，平均间距3.46 m，倾角平缓，应采用一个水平开发，即2、4号煤层采用联合布置方式。设计推荐采用2、4号煤层联合布置，以+450 m水平开采井田内的2、4号煤层。

根据推荐的井田开拓方案，井田划分3个采区，即一采区、二采区和三采区。首采区布置井底车场附近的一采区，采区接替顺序：一采区→二采区→三采区。

课题1.3 开采水平布置

1.3.1 水平大巷布置

技能点

1. 能根据已知条件熟练确定煤岩大巷选用；
2. 能根据已知条件确定运输大巷的布置方式；
3. 对运输大巷中的设备选用有一定的了解。

知识点

1. 掌握运输大巷的布置方式；
2. 掌握煤层、岩层大巷的特点及适用条件；
3. 了解运输大巷的运输方式。

通过课题1.2的学习，学会如何确定井田开拓方式，从而可以绘制井田井拓平面图。在井田开拓平面图中可以清楚地看到：运输大巷是位于井底车场与各采区之间的。从中可以大致猜测出它的主要功能是用来沟通井底车场与各采区，担负向各采区运送材料、人员、新鲜风流并将各采区采出的煤炭运输至车场等任务。那么，根据这些功能可以有针对性地确定运输大巷的各方面参数。至于回风大巷，顾名思义就可以知道其担负的作用，由于其功能较单一，其相关参数的确定也较简单。

通过上面的分析知道了运输大巷、回风大巷的功能和其大致的布置方向。这仅仅是一些粗浅的了解，其中的一些细节问题，如：它们应该布置在什么位置？布置在煤层中还是布置在岩层中？运输大巷中的运输设备是什么以及其由什么来决定？要解决这些问题就必须详细学习下面的相关知识。

一、运输大巷

担负开采水平或一个阶段运输任务的水平巷道称为运输大巷。它不仅是整个开采水平的煤炭、矸石、材料设备及人员的运输通道，而且还用于矿井通风、排水和铺设各种管线等。当开采煤层群时，水平运输大巷常为开采多个煤层服务，服务年限长。运输大巷布置对矿井的运输和维护的难易程度、矿井生产管理的集中程度都有重大影响。

1. 运输大巷的运输方式

目前，我国煤矿井下运输大巷的运输方式主要有两种，即轨道运输和胶带输送机运输。

（1）轨道运输大巷

轨道运输大巷根据生产能力以及运输量的大小可布置单轨或双轨；井下采用的轨距一般有600 mm和900 mm两种。所使用的矿车类型有1 t、3 t固定式矿车和3 t、5 t底卸式矿车。小型矿井可用2.5 t蓄电池电机车或采用无极绳绞车牵引；年产60万t以下的矿井多选用7 t架线式电机车；年产90～180万t的矿井可选用10 t架线式电机车；年产240万t的矿井可选用14 t架线式电机车；对于高瓦斯和煤与瓦斯突出矿井则需选用相应的蓄电池电机车。轨道运输对大巷的基本要求是：

1）根据所选定的矿车及电机车类型，按照《煤矿安全规程》的有关规定设计大巷断面尺寸，并使大巷内最高风速不大于8 m/s。

2）运输大巷的方向应与煤层走向基本一致，当煤层受褶曲、断层等地质构造影响，局部走向变化频繁时，为便于列车行驶和减少工程量，应设法使大巷尽量取直。

3）运输大巷坡度为便于运输和排水，一般为3‰～4‰，如果井下涌水量较大，含杂物较多，坡度可达5‰。大巷采用无极绳运输时，其坡度一般不超过10°。

运输大巷采用矿车运煤的特点主要有：

1）矿车运煤可同时统一解决煤炭、矸石、物料和人员的运输问题。

2）运输能力较大，机动性强，随着运距和运量的变化可以增加列车数目，资金投入相对较少。

3）可以满足不同煤种煤炭的分采分运要求。

4）对巷道直线度要求不高，能适应长距离运输。

5）运输距离较大时，吨公里运输费比较低。

存在的不足主要是：轨道矿车运输是不连续运输，在大型矿井，列车的调度工作紧张，其运输能力受到限制，对保证正常连续生产有一定影响。

（2）胶带输送机运输大巷

随着煤矿开采技术的发展，在井下运输大巷中使用的胶带输送机连续运输已是大型矿井采用的主要运输方式，胶带输送机运输目前主要有钢丝芯胶带和钢丝绳牵引胶带输送机两种类型。胶带输送机运煤的优点：

1）实现大巷运输连续化，运输能力大，能够保证工作面正常生产。

2）操作简单，比较容易实现自动化控制。

3）减少装卸载设备，卸载均匀。

胶带输送机存在的不足是：对不同煤种的分采分运适应性较差，对大巷的方向要求较严格。在矿井煤炭运量大、运距较短、煤种单一、装载点少、大巷比较直的矿井，采用胶带输送机运输效果较好。目前，在特大型矿井中，大巷采用胶带输送机运输是实现高产高效工作面的重要措施。

采用胶带输送机运煤时一般还需另开一条辅助运输大巷，通常采用电机车牵引矿车、材料车和乘人车分别运送矸石、材料和人员，或采用多台无极绳绞车或小绞车运送矸石和物料，其缺点是运输环节多，用工量大，安全性差，效率低。我国逐步研制出新型的辅助运输设备，如单轨吊车、卡轨车和齿轨车等，可有效地解决这一问题。在一些现代化矿井中目前有采用无轨胶轮车进行运输，使井下运输得到很大的改善。

根据我国煤矿装备标准化、系列化和定型化的要求，不同生产能力的矿井大巷运输设备可参见表 1—3—1 选取。

表 1—3—1　　不同矿井生产能力的大巷运输设备

矿井生产能力/（万 t/a）	运煤	辅助运输	大巷轨距/mm
>240	5 t 矿车底卸式	1.5 t 固定车厢式矿车	900
	胶带输送机	1.5 t 固定车厢式矿车	600
90～180	3 t 矿车底卸式	1.5 t 或 1 t 固定车厢式矿车	600
	3 t 固定车厢式矿车	1.5 t 固定车厢式矿车	900
≤60	1 t 固定车厢式矿车	1 t 固定车厢式矿车	600

2. 运输大巷的布置方式

运输大巷的布置方式有分层大巷、集中大巷和分组集中大巷 3 种。

（1）分层运输大巷

分层运输大巷是在井田内为一个煤层服务的运输大巷，如图 1—3—1 所示，井田内有层间距较大的两层可采煤层 m_1 和 m_2，井筒掘至开采水平后，开掘井底车场，再掘主要石门至 m_1 和 m_2，并分别在 m_1 和 m_2 煤层中开掘运输大巷，各煤层单独开采。

各分层大巷间的联系方式多用石门联系。这种布置方式初期工程量较小，矿井投产早；大巷沿煤层掘进，掘进速度快，初期投资少。但在每个煤层中布置大巷，大巷数目多，矿井总开拓工程量较大，相应的轨道、管线及运输设备占用量也较多，又因采区数目多，生产分散，生产管理不方便，总的巷道维护工作量比较大，煤柱损失多。因此，只有在井田走向短，煤层数目少，层间距大，煤层牌号不同，需分采分运时，才考虑采用这种方式。但随采煤机械化水平的不断提高，如采用高度集中化生产时，其优点比较明显。

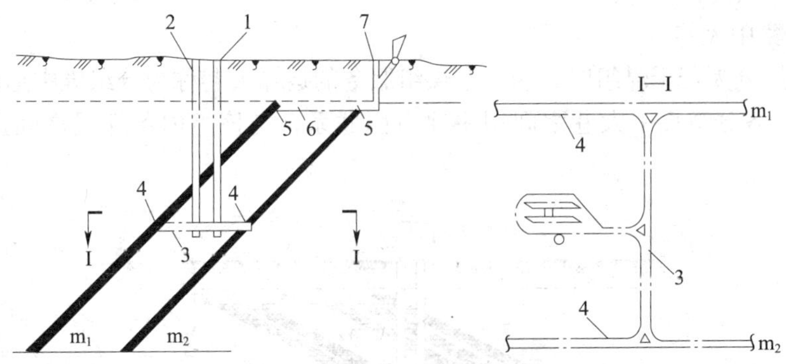

图 1—3—1　分层运输大巷布置方式示意图

1—主井　2—副井　3—主要石门　4—分层运输大巷　5—分层回风大巷　6—回风石门　7—回风井

（2）集中运输大巷

集中运输大巷是在井田内为所有煤层服务的运输大巷，常在煤层群最下部的薄煤层或底板岩石中开掘。各煤层以采区石门与集中大巷相联系如图 1—3—2 所示，井田第 1 水平有三层煤，集中运输大巷布置在最下煤层的底板岩石中，为三层煤服务，用采区石门贯穿各煤层，形成三层煤联合布置采区。各煤层采出的煤经采区石门、集中运输大巷到井底车场。

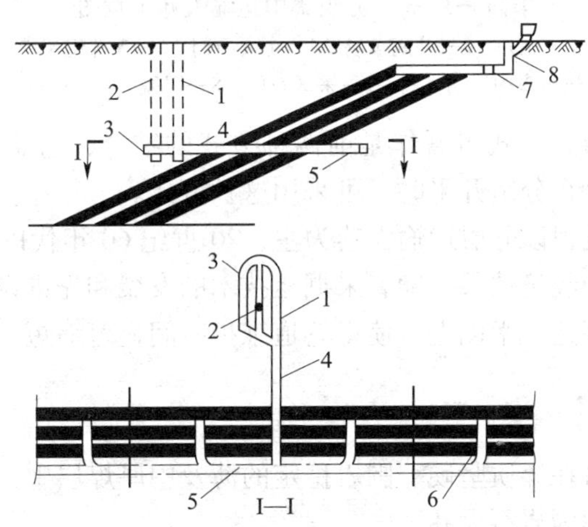

图 1—3—2　集中运输大巷示意图

1—主井　2—副井　3—井底车场　4—主要石门　5—集中运输大巷　6—采区石门　7—集中回风巷　8—回风井

这种布置方式的优点是：各煤层联合开采，大巷工程量及占用的轨道、管线也少；可同时进行若干煤层的准备和回采，开采强度比较大，井下生产采区比较集中，便于管理；集中大巷往往布置在最下煤层底板岩石中，巷道维护条件好，其方向和坡度一般不受煤层底板起伏的影响，有利于大巷运输，且煤柱损失少。其缺点是：建井初期工程量大，建井期长，每个采区都要掘进石门，如煤层倾角较小，煤层间距较大时，将使采区石门总工程量增大，可能造成经济上不合理。因此，集中运输大巷布置方式一般适用于煤层层数较多，储量较丰富，且层间距不大的矿井。

（3）分组集中大巷

井田内煤层分为若干煤组时，为一个煤组服务的运输大巷称为分组集中运输大巷，如图1—3—3所示。各分组集中大巷之间用主要石门联系，与该组内各煤层之间用采区石门联系。

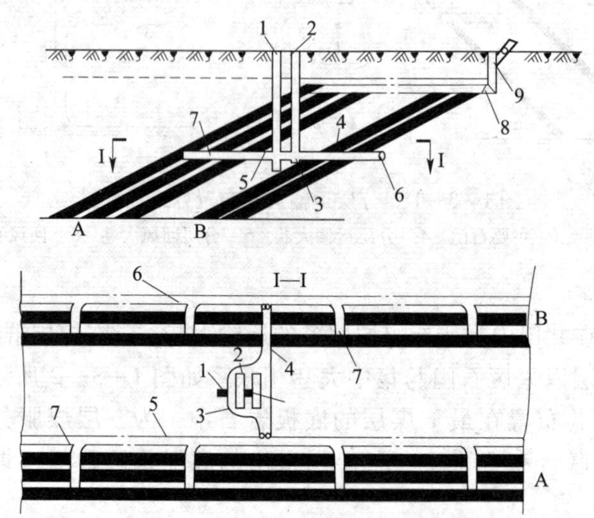

图1—3—3　分组集中运输大巷示意图

1—主井　2—副井　3—井底车场　4—主要石门　5—A煤组集中运输大巷　6—B煤组集中运输大巷　7—采区石门　8—回风大巷　9—回风井

分组集中运输大巷布置方式可看作是前两种方式的结合，它兼有前两种方式的部分特点。当井田内煤层需要进行分组开采时，可采用这种方式。

我国20世纪50年代曾以分层运输大巷为主，20世纪60年代以后，运用集中和分组集中运输大巷取得了较好的经济效果。随着采掘运技术的发展和先进设备的使用，巷道掘进速度大大提高，月掘进速度达千米以上，使得巷道维护时间显著缩短，因而分层运输大巷的应用范围有增加的趋势。

3. 运输大巷的层位

运输大巷布置层位可在煤质坚硬、围岩稳定的薄及中厚煤层中，称为煤层大巷；也可布置在煤层底板岩石中，称为岩石大巷。

（1）煤层大巷

运输大巷布置在煤层中，掘进技术及设备简单，掘进速度快，便于实现掘进机械化，沿煤层掘进还能进一步探明煤层变化和地质构造。但生产实践证明，煤层大巷有以下缺点：

1）巷道维护困难，维护费用高。如受采动影响，则维护更为困难。

2）大巷方向受煤层底板起伏影响。当煤层褶曲较多、走向多变时，则巷道弯曲转折多，不但使巷道长度加大，工程量增加，而且限制了矿车运行速度，影响大巷运输能力。

3）大巷两侧需留30～40 m煤柱增加了资源损失，且不利于防火、灭火。当煤层有自然发火时，如采区发生火灾，则要封闭大巷，但大巷煤柱受采动影响而遭破坏，封闭效果不好，使防治火灾更为困难。

煤层大巷的适用条件是：

1）煤层赋存不稳定、地质构造复杂的小型矿井。

2）距煤层群中其他煤层较远的单个薄及中厚煤层，储量有限服务年限不长。

3）煤系基底有距离较近的富含水层，不宜将大巷布置在煤层底板。

4）井田走向长度较短、大巷服务年限不长，煤层厚度不大，巷道维护不困难。

5）煤系基地有煤质坚硬、围岩稳固、无自然发火危险的薄及中厚煤层，经技术经济比较有利时，也可在该层中设运输大巷。

（2）岩石大巷

岩石大巷与煤层大巷相比，主要缺点是岩石掘进工程量大，掘进难以实现机械化、掘进速度慢。但岩石大巷有其突出的优点，即：巷道维护条件好，维护费用低，并可少留或不留煤柱；能较好地适应地质构造的变化，便于保持巷道的方向和坡度，利于列车行驶和保证运输能力；有利于预防火灾和安全生产，有利于设置采区煤仓和采区车场。因此，岩石运输大巷得到广泛的应用。

岩石大巷虽然有突出的优点，但如果在煤层底板岩石中的位置选择不当仍然会使岩石大巷维护困难。合理的岩石大巷位置应尽可能避开因煤层开采而引起的矿山压力的影响及采动影响并避开遇水膨胀的岩层和地质构造破坏地段。

二、回风大巷

回风大巷一般是设置在阶段的上部水平，是为全矿井或矿井一翼回风服务的水平巷道。根据煤层赋存条件，总回风巷的布置方式有以下特点：

1）对开采急斜、倾斜和大多数缓斜煤层的矿井根据煤层和围岩情况及开采要求，回风大巷可设在煤组稳固的底板岩石中。有条件时可设在煤组下部煤质坚硬、围岩稳固的薄及中厚煤层中。

2）当井田上部冲积层很厚含水丰富时，需要沿煤层侵蚀带设防水煤柱，这时可将回风大巷布置在防水煤柱内。

3）当井田上部边界因煤层侵蚀深度不一致而造成标高相差较大时，为了回风大巷掘进施工方便，回风大巷可根据不同标高分段布置，分段间设置必要的辅助提升设备。

4）对于近水平煤层矿井，回风大巷一般与大巷平行，大多布置在上部煤层或上部岩层中。

5）对煤层埋藏较浅，采用采区风井通风的矿井可不设总回风巷。分区域开拓的矿井，不需设全矿性的总回风巷。

6）在多水平开采的矿井中，当上一水平转入下水平开采时，常利用上水平的运输大巷作为下水平的回风大巷。但有些矿井实行多水平生产，为使上水平的进风与下水平的回风互不干扰，可在上水平布置一条与运输大巷平行的下水平总回风大巷。

三、示例

水平主要运输大巷及回风大巷的布置方式，需结合矿井开采条件，经过综合分析，选择确定布置的形式和位置。在矿井开拓平面图中，正确绘制出水平大巷及回风大巷的位置。根据运输能力和通风要求确定水平大巷的运输方式，轨道布置形式以及巷道断面的形状与大小。

下面以郑家庄矿为例确定大巷形式：

一、一采区下山运输方式的确定

1. 一采区下山主运输方式的确定

根据矿井生产规模、井田开拓部署、井筒的提升方式及目前国内外井下主运输技术装备发展情况，设计下山煤炭运输方式考虑了矿车和胶带输送机两个方案，经技术经济分析和比较，设计推荐采用胶带输送机的运输方式。理由如下：

1）矿井开拓巷道呈直线型布置，采用胶带输送机运输，可以充分发挥其功效，而且对矿井早达产和稳定生产都非常有利。

2）下山主运输采用胶带输送机运输，不但可以实现回采工作面至井底煤仓一条龙连续运输，而且运输能力大、增产潜力大、连续运输性强、效率高、自动化程度高、维修工作量小，主辅运输互不干扰，对矿井简化生产环节、实现高产高效生产和现代化管理都十分有利。

3）胶带输送机运输能力大，连续性强，尤其能与高产高效工作面生产能力相适应，实现工作面至地面的连续运输。

4）矿车运输装、卸载系统复杂，工程量大，运输能力小，用人多，效益差，事故率高。

5）采用矿车运输，井底车场的工程量将大幅度增加，主井井底需设清撒系统及排水系统。

6）矿车运输适应煤层起伏变化能力差，采用煤层大巷（下山）难以满足其对巷道倾角的要求，需布置岩石大巷，增加了岩巷工程量和工程费用，井巷工程投资大。

2. 一采区下山辅助运输方式的确定

辅助运输方式根据煤层赋存倾角变化大的特点，并且大巷辅助运输量主要是材料、设备和矸石，为了降低矿井初期投资，设计选用目前投资较小，比较适合中型矿井大巷辅助运输的连续牵引车牵引1 t系列矿车运输。

二、主要运输巷道断面、支护方式、坡度及轨道型号

一采区轨道下山沿4号煤层布置，设计净宽5.4 m，净高4.3 m，净断面19.1 m^2，采用光爆锚喷支护，选用30 kg/m钢轨。

一采区胶带下山沿4号煤层布置，设计净宽5.2 m，净高3.9 m，净断面17.4 m^2，采用光爆锚喷支护，选用22 kg/m钢轨。

1.3.2 井底车场

技能点

1. 在实际中，能分辨各类调车方式；
2. 能计算井底车场的通过能力。

知识点

1. 井底车场基本形式及合理选择；
2. 井底车场调车方式及特点；
3. 井底车场通过能力的定义及计算方法。

通过 1.3.1 节的学习知道了煤炭、材料、人员及新鲜风流等都是在运输大巷中“流动”的，再结合前面学到的关于主副井的知识，就会想到“运输大巷是否是直接与井筒连接的?”如果不是，那又是什么情况?

要解决这个问题，实际上很简单，可以联系一下“汽车总站”。在汽车总站与主干马路之间一般都会存在一个比较大的调度广场，以便用来承担调度车辆、存放车辆等任务。煤矿生产也同样如此，将担负以上类似任务的地方称为“井底车场”。

井底车场是矿井井筒与主要运输巷道相连接的一组巷道与硐室的总称。井底车场也是矿井运输的“枢纽”。井底车场的形式主要分为环形与折返两大类，不同的井筒形式井底车场布置方式也有所不同。

井底车场设计包括：井底车场基本形式确定，车场线路设计，车场各类硐室位置确定，车场调车方式与通过能力计算。根据以上任务，结合设计矿井的具体条件进行矿井井底车场设计。第 1 步，确定井底车场形式，选择确定各类硐室的位置；第 2 步，选择调车方式，进行车场线路设计；第 3 步，核算井底车场的通过能力是否满足矿井生产能力要求。

由于井筒形式、提升方式、大巷运输方式及大巷距井筒的水平距离等不同，井底车场的形式也各异。按照矿车在井底车场内的运行特点，井底车场可分为环行式和折返式两大类。采用固定式矿车运煤时，两类车场均可选用；利用底卸式矿车运煤时，井底车场形式一般多采用折返式车场布置。

一、井底车场形式及选择

1. 固定式矿车运煤时井底车场形式

（1）环行式井底车场

环行式井底车场的特点是空重列车在车场内不在同一轨道上做相向运行，即采用环行单向运行。因而，调度工作简单，通过能力较大，应用范围广。但车场的开拓工程量较大。

按照井底车场存车线与主要运输巷道（大巷或主石门）相互平行、斜交或垂直的位置关系，环行式车场可分为卧式、斜式、立式（包括刀式）3 种基本类型。按井筒形式不同，又可分为立井和斜井环行式车场。

1）立井环行式井底车场

①立井卧式环行井底车场。立井卧式环行井底车场如图 1—3—4 所示。主副井存车线与主要运输巷道平行。主井、副井距主要运输大巷较近，利用主要运输巷道作为绕道回车线及调车线，从而可节约车场的开拓工程量。这种车场调车比较方便，但电机车在弯道上顶推调车安全性较差，需慢速运行。当井筒距主要运输巷道较近时，可采用这种井底车场布置方式。

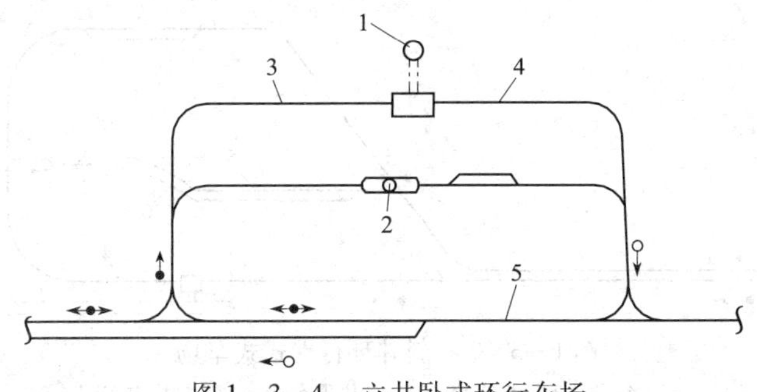

图 1—3—4　立井卧式环行车场

1—主井　2—副井　3—主井重车线　4—主井空车线　5—主要运输巷道

②立井斜式环行井底车场。立井斜式环行井底车场如图1—3—5所示。其主要特点是主副井存车线与主要运输巷道斜交。右翼驶来的重列车可顶推入主井重车线，比较方便；左翼驶来的重列车需在大巷调车线调车。当井筒距运输大巷较近，且地面出车方向要求与大巷斜交时，可采用这种车场。

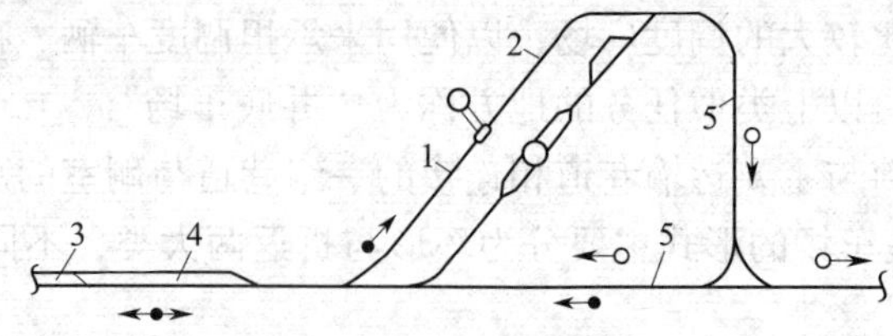

图1—3—5　立井斜式环行式车场

1—主井重车线　2—主井空车线　3—主要运输巷道　4—调车线　5—绕道回车线

③立井立式环行井底车场。立井立式环行井底车场如图1—3—6所示。主副井存车线与主要运输巷道垂直，且有足够的长度布置存车线。当井筒距主要运输巷道较远时，可采用这种车场。

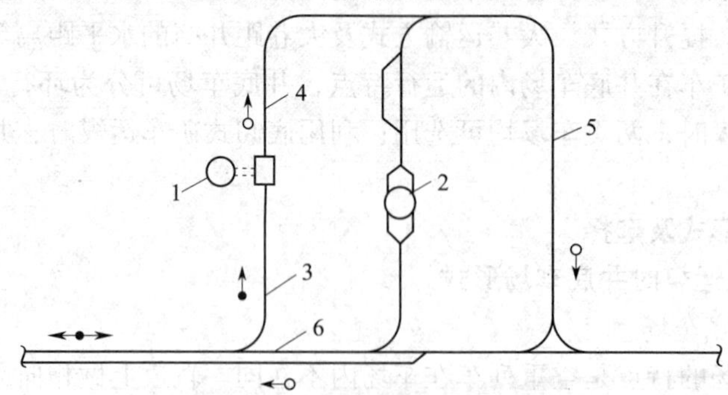

图1—3—6　立井立式环行式车场

1—主井　2—副井　3—主井重车线　4—主井空车线　5—绕道回车线　6—主要运输巷道

2）斜井环行式井底车场

斜井与立井环行式车场的区别在于副井存车线的布置及副井与井底车场的连接方式。副斜井采用串车提升，空重车存车线可布置在同一巷道的两股线路上，副斜井与井底车场连接可用平车场或甩车场。

斜井环行井底车场主要采用立式布置，斜井环行立式井底车场如图1—3—7所示。存车线与运输大巷垂直，主、副井距主要运输大巷较远。有足够的长度布置存车线，调车作业方便。副斜井采用平车场，适用于单水平开拓方式的矿井。若需延深井筒，则应用甩车场。

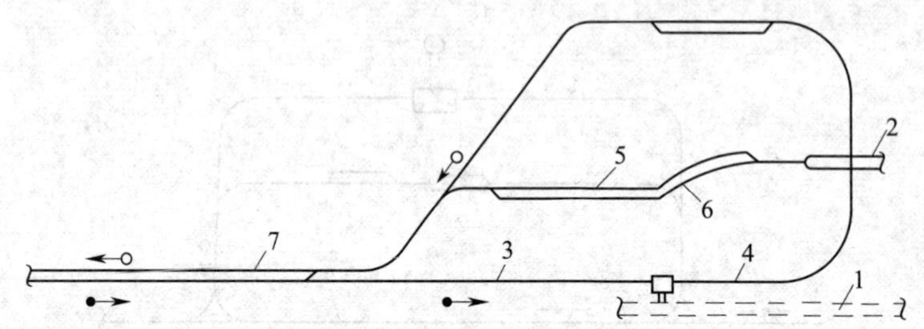

图1—3—7　斜井环行立式式车场

1—主斜井　2—副斜井　3—主井重车线　4—主井空车线

5—副井重车线（矸石车线）　6—副井空车线（材料车线）　7—调车线

总之，环行式井底车场的优点是调车方便，通过能力较大，一般能满足大、中型矿井生产的需要。其缺点是巷道交岔点多，大弯度曲线巷道多，施工复杂，掘进工程量大，电机车在弯道上行驶速度慢，且顶推调车（特别在弯道上）不够安全，用固定式矿车运煤翻笼卸载能力较小，影响车场通过能力。

（2）折返式井底车场

折返式井底车场的特点是空、重列车在车场内同一巷道的两股线路上折返运行，从而可简化井底车场的线路结构，减少井底车场巷道的开拓工程量。

按列车从井底车场两端或一端进出车，折返式车场可分为梭式车场和尽头式车场。

1）立井折返式井底车场

如图 1—3—8 所示的梭式车场适用于井筒距主要运输巷道较近，利用主要运输巷道作为主井空重车线和调车线。右翼来重列车驶过 N_1 道岔进调车线 6，反向顶推重列车进重车线；左翼来车进调车线，机车摘钩，经 N_1 道岔返回列车尾部，顶推列车入重车线。然后各自经通过线牵引空列车。这种调车比环行式列车单向运行通过能力小。由于主副井空车线采用自动滚行坡度，右翼重列车进通过线 7 时，为重车上坡运行，通过线 7 一般平均坡度不大于 0.7%。

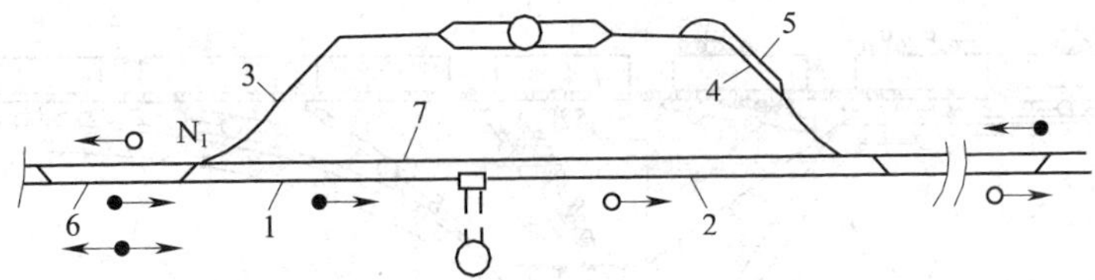

图 1—3—8　立井梭式车场

1—主井重车线　2—主井空车线　3—副井重车线　4—副井空车线　5—材料车线　6—调车线　7—通过线

当井筒距运输大巷较远时采用立井尽头式车场，如图 1—3—9 所示。空重列车由车场一端进出，车场巷道另一端为尽头。车场尽头应有风道，以便尽头处通风。

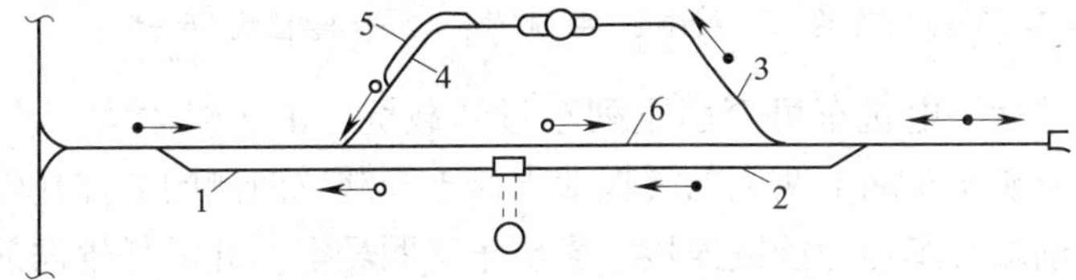

图 1—3—9　立井尽头式车场

1—主井空车线　2—主井重车线　3—副井重车线　4—副井空车线　5—材料车线　6—通过线

折返式车场的优点是：巷道工程量小，巷道交岔点和弯道少，施工容易，但车场通过能力较小。采用固定式矿车时一般用于中、小型矿井，为了充分利用这种车场的优点，扩大其应用范围，早期在大型及特大型矿井中，曾采用 3 t 固定式矿车，并增设车线，采用 2 套卸载线路的方法，提高了车场的通过能力。

2）斜井折返式井底车场

主井采用胶带输送机或箕斗提升的斜井折返式车场，与前述立井折返式车场相似，其主要区别在于副井存车线的布置及副斜井与井底车场的连接方式。

图 1—3—10 所示为斜井梭式车场，利用运输大巷布置主井存车线及调车线，副井存车线设于大巷顶板一侧的绕道中（斜井井筒倾角小时，可设于大巷底板）。

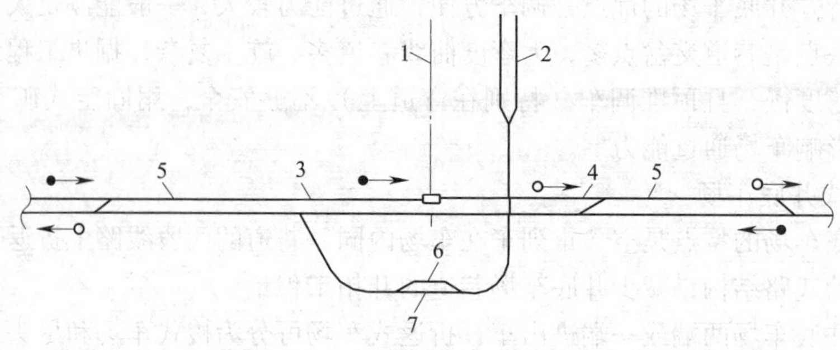

图 1—3—10　斜井梭式车场

1—主井　2—副井　3—主井重车线　4—主井空车线　5—调车线　6—材料车线　7—矸石车线

2. 底卸式矿车运煤井底车场

当采用底卸式矿车运煤时，为了卸煤，要在井底车场内设置卸载站。列车在卸载站卸煤的原理如图 1—3—11 所示。

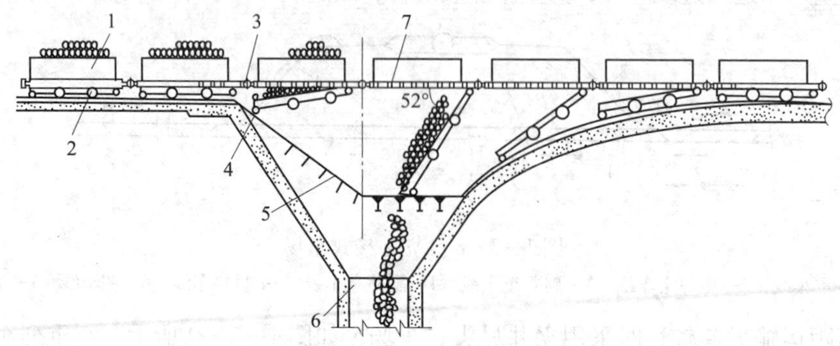

图 1—3—11　底卸式矿车卸煤原理

1—底卸式矿车　2—矿车车轮　3—缓冲轮　4—卸载轮　5—卸载曲轨　6—煤仓　7—支撑托辊

列车进入卸载站后，电机车可牵引重列车过卸载坑，由于煤尘大，应切断坑上架线电源。过坑时，机车、矿车车厢上两侧的翼板即支撑于卸载坑两侧的支撑托辊上，使机车、矿车悬空。矿车底架前端与车厢为铰链连接。当矿车车厢悬空，并沿托辊向前移动时，矿车底架借其自重及载煤重量自动向下张开，车厢底架后端的卸载轮沿卸载曲轨向前下方滚动，车底门逐渐开大。由于所载煤炭重量及矿车底架自重作用，使矿车受到一个水平推力，推动列车继续前进。矿车通过卸载中心点，煤炭全部卸净。卸载轮滚过曲轨拐点逐渐向上，车底架与车厢逐渐闭合。由于卸载产生的推力使列车加速，电机车过卸载坑后，接上电源，进行制动减速，安全运行进入到空车线。这样，一列煤车的卸载过程，不需要停车和摘钩，卸载过程仅需 1 min 左右，因而调车辅助时间少、卸载快、缩短了矿车在井底车场内的周转时间，提高了井底车场的通过能力，且可减少运煤车辆，节约翻车设备及日常运转费用。

由于底卸式矿车的车底门只能一端打开，卸载坑的卸载曲轨、线路坡度只能按某一端进车来设置，这就要求进入卸载站的矿车其前后端不能倒置，矿车车位方向不能改变。由于采区下部车场装车站一般采用折返式调车，所以使用底卸式矿车的井底车场多为折返式车场。

底卸式矿车与同样容量固定式矿车相比，车厢较窄，可采用 600 mm 轨距，从而使车场及运输大巷的宽度减少，节省巷道工程量，且卸煤方便，效率高（为固定矿车及翻笼时的6~8倍），井底车场的通过能力大。因而，近年来，我国不少大型矿井及特大型矿井，大巷运输均采用3 t或5 t底卸式矿车。

图1—3—12为某年产能力为300万t/a的特大型矿井，用底卸式矿车的折返式井底车场。为满足2种牌号煤分卸分提的需要，设置了2个卸载站（掘进出煤仍采用1.5 t固定式矿车，为此，在井底车场另设翻笼设备及线路）。

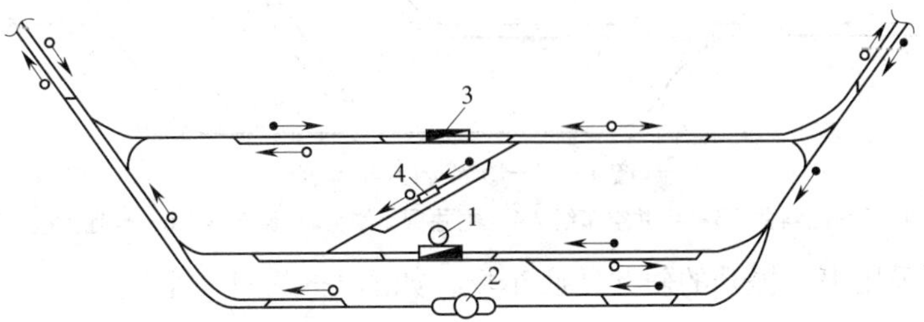

图1—3—12　立井折返式（底卸式矿车）井底车场

1—主井　2—副井　3—底卸式矿车卸载站　4—翻笼卸载站

3. 小型矿井井底车场形式及特点

小型矿井井下运输量相对较少，车场线路布置简单。从立井井底车场形式看，仍可分为环行式及折返式两大类。

（1）小型立井环行式车场的基本形式

小型立井环行式车场的基本形式如图1—3—13所示。图1—3—13a为装备2个立井的环行式车场，图1—3—13b为装备1个井筒的立井环行式车场（单井底车场附近需布置1个无提升设备的风井）。

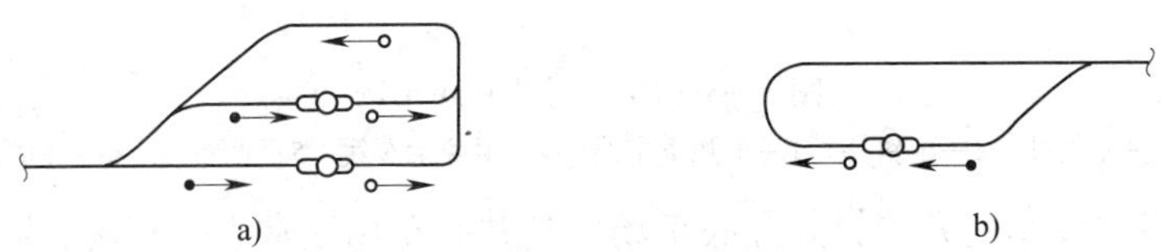

a)　　b)

图1—3—13　小型矿井立井环行式井底车场

小型立井折返式车场也可分为梭式车场及尽头式车场。图1—3—14a为单立井梭式车场，图1—3—14b为单立井尽头式车场。

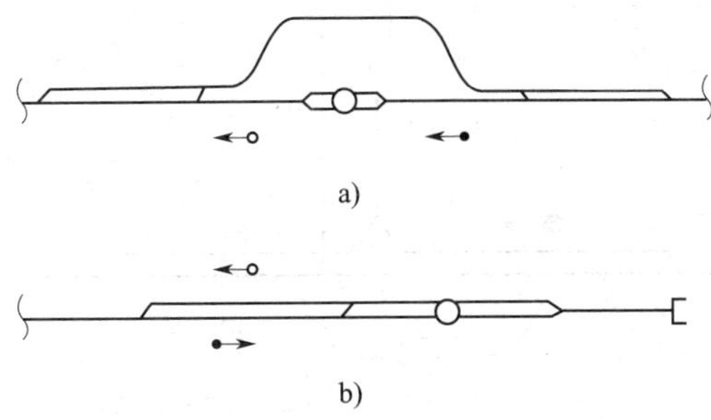

a)

b)

图1—3—14　小型矿井立井折返式车场

a）梭式车场　b）尽头式车场

（2）小型斜井环行式车场的基本形式

小型斜井一般采用串车提升，根据矿井井型大小，可以装备两个或一个井筒。

1）主、副井均采用串车提升的斜井甩车场，如图 1—3—15 所示。

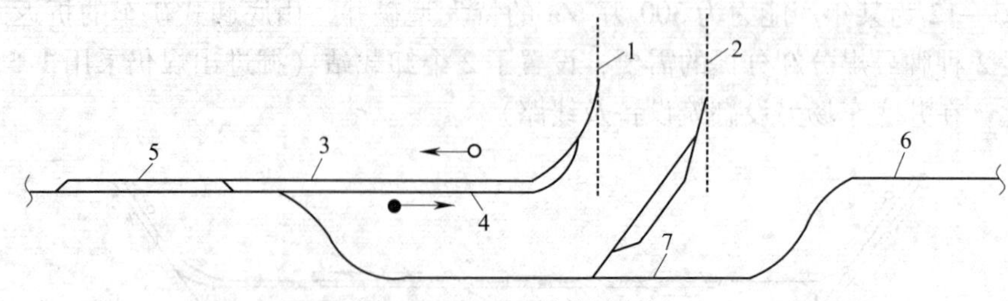

图 1—3—15　斜井甩车场

1—主斜井　2—副斜井　3—主井空车线　4—主井重车线　5—调车线　6—运输大巷　7—绕道

主、副井均采用串车提升的斜井井底车场，如图 1—3—16 所示。

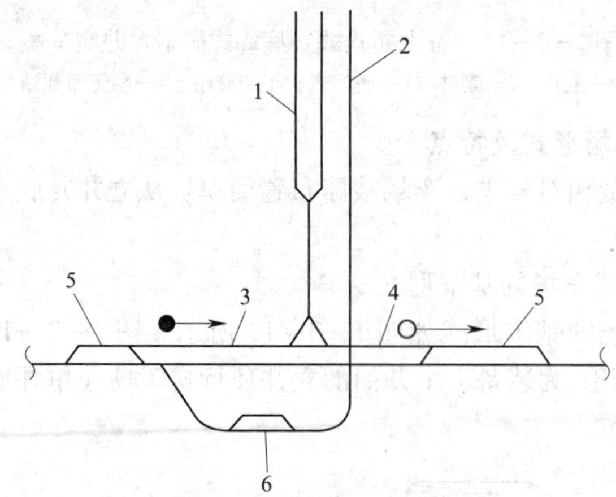

图 1—3—16　斜井井底车场

1—主斜井　2—副斜井　3—主井重车线　4—主井空车线　5—调车线　6—绕道

2）采用无极绳绞车提升的斜井井底车场，其井底车场通常为平车场，图 1—3—17 为只装备 1 个井筒，并采用无极绳提升的井底车场。

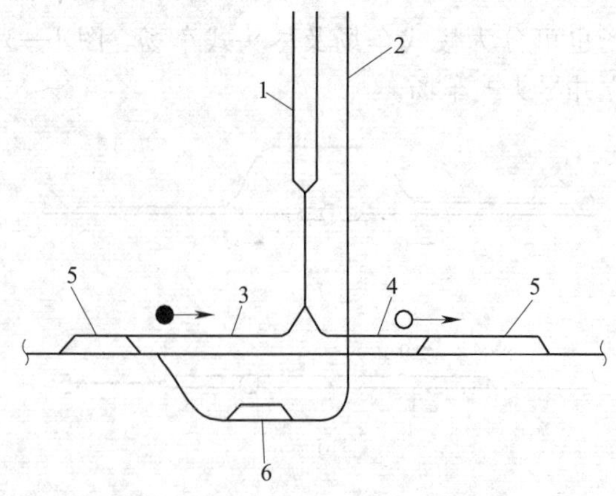

图 1—3—17　斜井无极绳井底车场

1—主斜井　2—副斜井　3—运输大巷　4—主井空车线　5—调车线　6—绕道

4．大巷采用胶带输送机运煤的井底车场

采用胶带输送机代替矿车运煤，煤炭经输送机直接送入井底煤仓，井底车场只担负辅助运输任务，故车场形式和线路结构可简化。

图1—3—18为设计生产能力400万t/a矿井的井底车场线路布置图。井底车场分上（胶带输送机运煤系统）、下（辅助运输系统）两部分。主井运煤采用“胶带上仓方式”，主井井底只掘至井底车场水平，煤仓及装载硐室均高于车场水平，清理井底洒煤直接在车场水平的主井井底清理通道进行，故主井清理洒煤系统简单、方便。由于该车场采用了胶带输送机运煤系统，使车场形式大为简化，实际它只是一个带有机车绕道的单环行车场，线路布置简单，坡度调整方便，工程量也较小。

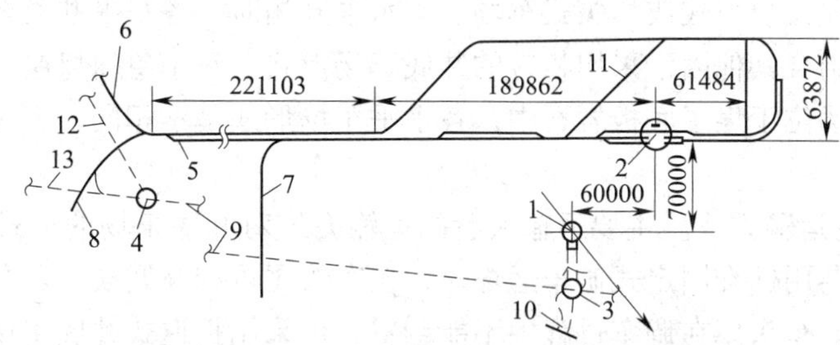

图1—3—18　大巷采用胶带输送机运煤的井底车场线路布置图

1—主井　2—副井　3—中央煤仓　4—中间煤仓　5—轨道中石门　6—西翼轨道巷　7—东翼轨道巷　8—中区轨道巷　9—中、西上仓胶带机斜巷　10—东翼上仓胶带机斜巷　11—机车绕道　12—西翼胶带机斜巷　13—中区胶带机斜巷

主井运煤系统：中区及西翼出的煤以胶带输送机斜巷12、13汇集到中间煤仓4后，再经中、西上仓胶带机斜巷9（能力为200万t/a）翻入中央煤仓3，东翼出煤则经东翼上仓胶带机斜巷10（能力为200万t/a）翻入中央煤仓3，集中后由主井箕斗装载提升出井。

该矿井井底车场实际只担负辅助提升任务。副井设有1对双车罐笼和1套带平衡装置的单罐笼，后者除担负部分矸石提升任务外，主要用于下放材料设备。由东、西翼及中区驶来的矸石列车于副井重车线解体后，电机车经机车绕道至副井空车线牵引空车出场。材料的运行线路与矸石空车相同。

5．井底车场形式的选择

（1）选择井底车场应满足的基本要求

1）井底车场要开掘在易于维护的岩层内；巷道工程量小，造价低，施工方便。

2）车场内运输系统、调车工作简单，管理方便，机车在车场内停留时间短，回车线短。

3）车场内作业操作安全，符合有关规程、规范的规定。

4）井上、下生产系统要协调，布置适宜。

5）必须确保矿井生产能力，并有30%～50%或更大的备用生产能力，以适应矿井改扩建等井型扩大的需要。

（2）影响井底车场形式选择的因素

1）矿井生产能力。矿井生产能力的大小，对井底车场的选择起着决定性影响。它直接影响到提升井筒的数目、提升容器的类型、井底车场调车方式等。

生产能力很小的矿井，一般只有1个井筒提升，可采用尽头式车场或单环刀式车场。

生产能力为60～90万t/a的箕斗或胶带输送机斜井井底车场，可采用环行式或增设复线的折返式车场。

生产能力为120万t/a以上的矿井，一般采用环行车场。大巷甩底卸式矿车时，可采用梭式折返式车场。

2）矿井开拓方式。矿井开拓方式的影响主要表现在井筒与主要运输大巷的相互位置上，即相互距离及方位上。对于缓斜、倾斜煤层，当采用单水平开拓时，可根据井筒至主要运输大巷的距离远近，分别选用不同形式的井底车场。距离近时，可选用卧式或梭式车场；距离远时，可选用立式、刀式或尽头式车场。多水平开拓时，各水平井筒至主要运输大巷的距离各不相同，应结合其他因素采用相应的井底车场形式。对于急斜煤层，一般用立井多水平开拓，且井底车场位于煤层底板岩石中，各水平车场形式基本相同，多选用环行立式井底车场。

3）运输大巷的运输方式。主要运输大巷的运输方式对井底车场的形式及巷道工程量有较大的影响。当大巷用标准固定式矿车运煤时，矿车头尾可相互调换，调车灵活；当采用底卸式矿车运煤时，矿车头尾在调车过程中不能倒置，可采用折返式井底车场；大巷用胶带输送机运煤时，不设主井存车线，车场结构则更为简单。

4）矿井地面生产系统布置方式。矿井地面生产系统与井底车场线路布置密切相关，罐笼提升井井口出车方向要求井底车场储车线与之平行。但由于有时地形情况较复杂，井口出车方向和铁路站线布置受到限制，同时也就限制了井底车场储车线路的布置。例如，井口出车方向要求井下储车线与运输大巷斜交时，只能选择斜式环行车场。

5）矿井瓦斯等级。矿井瓦斯等级高时，井下所需风量比较大，为了满足井下供风要求，不得不加大井底车场巷道的断面或增加巷道，这时可采用立式环行车场或大断面巷道的折返式车场。

综上所述，影响选择井底车场的因素很多，在选择井底车场时，必须全面考虑，不能顾此失彼。既要经济合理、技术先进，又要符合煤炭工业的方针政策，满足矿井生产需要。

二、井底车场线路与硐室布置

井底车场由设有运输线路的巷道和硐室两大部分组成。现以立井刀式环行井底车场（采用固定式矿车运煤）为例，如图1—3—19所示，说明井底车场线路与主要硐室。

1. 井底车场的线路

井底车场的运输巷道中设有轨道线路，根据轨道线路的不同作用，车场线路主要分为存车线、调车线、绕道回车线、辅助线路等。

（1）存车线

1）主井空、重车线。主井井底两侧的巷道中，储放煤车的重列车的线路称为主井重车线；储放空列车的线路称为主井空车线。主井空、重车线的长度根据井筒提升方式、运输大巷的矿车类型等综合确定，一般大型矿井的主井空、重车线长度各为1.5～2.0倍列车长度，中、小型矿井的主井空、重车线长度各为1.0～1.5倍列车长度。

2）副井空、重车线。副井井底两侧的巷道中，存放矸石车（或煤车）的线路称为副井重车线；存放由副井下放的材料矿车或空矿车的线路称为副井的空车线，也为材料车线。大型矿井副井的空、重车线的有效长度应各能够容纳 1.0 ~ 1.5 倍列车的长度，中、小型矿井应有能够容纳 0.5 ~ 1.0 倍列车的长度，若需提升部分煤炭时，则也应能容纳 1.0 ~ 1.5 倍列车的长度。

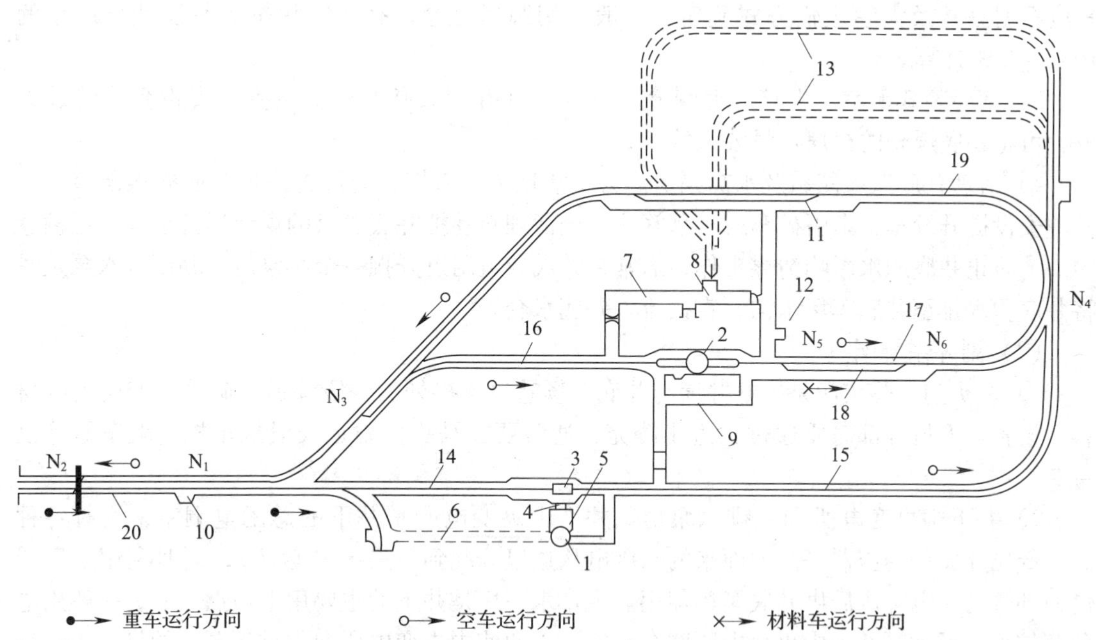

图 1—3—19　立井刀式环形井底车场

1—主井　2—副井　3—翻车机硐室　4—井底煤仓　5—箕斗装载硐室　6—清理井底撒煤斜巷　7—井下中央变电所　8—主排水泵房　9—等候室　10—调度室　11—人车停车场　12—工具室　13—主要水仓　14—主井重车线　15—主井空车线　16—副井重车线　17—副井空车线　18—材料车线　19—绕道　20—调车线　N_1，N_2，N_3，N_4，N_5，N_6—道岔编号

（2）调车线

为使电机车由列车头部调到列车尾部顶推重列车进入重车线而专门设置的轨道线路为调车线。调车线长度应大于 1.0 倍列车和电机车长度之和，在其两端分别设置渡线道岔。

（3）绕道回车线

电机车将列车顶推入重车线后，需通过轨道线路，牵引空列车或材料车驶出井底车场。这种供电机车绕行牵引矿车返回的轨道线路称为绕道回车线。

（4）辅助线路

在采区车场通往主要水仓、清理井底撒煤斜巷、通往电机车修理库等的一些非主线路称辅助线路。

2. 井底车场的主要硐室

井底车场的主要硐室按其位置和作用分为主井系统硐室、副井系统硐室和其他硐室。

（1）主井系统硐室

1）翻车机硐室与底卸式矿车卸载站硐室。当主要运输大巷采用固定式矿车运输、主井采用箕斗或带式输送机提升时，在主井重车线与空车线交接处需设置翻车机硐室，载煤矿车进入翻车机硐室，通过翻笼翻转，将煤卸入井底煤仓。当矿井采用底卸式矿车运输时，则应设置底卸式矿车卸载站硐室。

2）井底煤仓。井底煤仓上接翻车机硐室（底卸式矿车卸载站硐室），下接主井箕斗装载硐室，当主斜井采用带式输送机时则直接下接带式输送机，用于存储煤炭。煤仓的具体位置应根据提升及大巷运输方式确定，一般选用圆形直仓，有效容积按矿井设计日产量的10%～25%计算。

3）箕斗装载硐室。上接井底煤仓，下与主井井筒直接相连。硐室中安设箕斗装载设备，可将井底煤仓的存煤定量装入箕斗。

4）清理井底撒煤硐室及水窝泵房。为了清理主井撒煤，需设置清理井底撒煤硐室，在其中安设提升绞车，牵引矿车或小型箕斗，经清理斜巷把井底撒落的煤炭提升至车场运输巷中。为防止井底积水影响清煤工作，通常在井底巷道附近开掘一个小泵房，利用排水泵及时将井底积水排至井底车场水沟，直接流入井底水仓。

（2）副井系统硐室

1）马头门。马头门是副井井筒与井底车场巷道连接处的一段巷道。矿井生产所需的材料、设备、人员等都需要通过它进出罐笼，通常要在马头门附近安设推车机、阻车器等设备。

2）井下中央变电所和主排水泵房。井下中央变电所是井下的总配电硐室，设有各种高、低压开关和变压器等。地面来的高压电从这里分配到各采区（盘区），同时利用变压器使一部分高压电降压后供井底车场使用。主排水泵房是井下的主要用电地点之一，一般用电负荷较大，通常和井下中央变电所联合布置，以便使中央变电所向主排水泵房的供电距离最短。为便于设备的检修及运送，水泵房应靠近副井空车线一侧。当井下突水，涌水淹没井底车场巷道时为保证水泵仍能在一定时间内正常工作，中央变电所与主排水泵房的底板标高应高出井筒与井底车场连接处巷道轨道标高0.5 m。主排水泵房经管子道与井筒相连接，管子道与井筒连接处一般要高于主排水泵房底板标高7 m以上，管子道的坡度不能太大，一般为25°～30°，以保证矿井发生水灾时，在关闭主排水泵房的密闭门后，仍能通过管子道增添和搬运设备，保证主排水泵的正常排水。

3）主要水仓。主要水仓是位于井底车场内的一组标高较低的巷道，用于暂时储存和澄清矿井的涌水。水仓入口一般设在井底车场空车线标高最低处，出口与主排水泵房内的吸水小井相通。为保证正常储水和清淤工作互不影响，主要水仓必须布置2条，当一条水仓清理时，另一条水仓能正常使用。主要水仓的有效容积，是根据矿井正常涌水量的大小进行计算确定的，一般大于矿井8 h的正常涌水量。

4）等候室。等候室为井下人员升井前等候休息的场所。矿井采用机械升降人员时，在靠近副井井筒处应设置等候室，并应有2个通道通向井底车场。

（3）其他硐室

其他硐室有调度室、急救站、架线电机车库及修理间、蓄电池电机车库及充电硐室、防水闸门硐室、井下爆炸材料库、消防材料库、人车站等。这些硐室的位置应根据车场线路布置及各自的要求确定。

1）井下爆炸材料库。井下爆炸材料库是井下专门发放和存储炸药、雷管的硐室，应选在围岩坚固且无淋水的地点；必须有独立的通风系统，回风风流必须直接引入矿井的总回风巷或主要回风巷中。库房与井筒、井底车场、主要运输巷道、主要硐室、主要风门、行人巷道等的距离必须符合安全距离。

2）架线电机车修理间及变流室。主要运输大巷采用架线式电机车运输时，应设架线式电机车修理间及变流室。修理间应设在井底车场内进出车方便、围岩稳定的地点；变流室一般靠近井下主变电所或与主变电所联合布置，不宜与机车库和修理间联合布置。

3）蓄电池电机车库及充电硐室。主要运输大巷采用蓄电池式电机车运输时，应设蓄电池电机车修理间、变流室及充电室，一般三者采用联合布置。充电硐室必须有独立的通风系统，回风风流应引入回风巷。

4）防水闸门硐室。防水闸门硐室是用于井下发生突水、有淹井危险时快速截水的硐室。设在井底车场周围坚硬、稳定、完整致密的岩石巷道中，内设水闸门，平时闸门为开启状态，遇突水淹井危险时能快速关闭。

5）井下消防材料库。井下消防材料库是井下存放消防材料的硐室，分为硐室式和巷道加宽式，其位置应便于车辆出入方便。除了备有足够种类和数量的消防器材外，还应装备消防列车。

6）调度室和急救站。调度室用于井底车场内各种车辆的调度，位置应设在井底车场咽喉通路附近。大型矿井还应在井下设急救站，一般布置在调度室附近或与调度室和等候室联合布置。

井底车场的硐室种类较多，有的是必须设置的，有的则根据井底车场的形式不同有所选择。井底车场硐室的布置原则是：必须符合《煤矿安全规程》及《煤炭工业矿井设计规范》的规定；必须满足技术经济合理的要求，尽量减少硐室的工程量。根据硐室用途和地质条件，硐室的断面尺寸必须满足设备安装、操作、检修和更换等要求，并符合防水、防火等安全规定。

三、调车方式及生产能力确定

1. 井底车场调车方式

井底车场调车的主要任务是如何将由运输大巷驶来的重列车调入主井重车线。调车方式选择是否得当，直接影响井底车场的通过能力。常用的调车方式有以下几种：

（1）顶推调车法

当电机车牵引重列车驶入调车线后，停车摘钩，电机车通过调车线道岔，由列车头部转向尾部，推顶列车进入重车线，这种方法称为错车线入场法，其过程是：拉—停—摘—错—顶。另一种是三角入场法，即电机车牵引重列车驶过三角进岔，然后停车再反向顶推列车进入主井重车线，其过程是：拉—停—摘—顶。

顶推调车，机车在车场内停留时间长，影响车场通过能力，同时在弯道处顶推矿车容易出事故。

（2）甩车调车法

电机车牵引重列车行至自动分离道岔前 10 ~ 20 m，机车与列车在行驶中摘钩离体进入回车线，列车则由于初速度及惯性甩入重车线。自动分离道岔的动作原理为：当电机车刚要接触道岔尖时（见图 1—3—20），电磁铁 4 通电，道岔闭合，机车驶过道岔进入回车线 3，当机车驶过道岔的瞬间，电磁铁断电，道岔恢复开放位置，列车自滑进入重车线。这种调车方式技术上要求严格，必须解决道岔的控制和电机车的摘钩问题。道岔控制一般采用上述电磁道岔，也可采用杠杆连动道岔或手动道岔来控制；电机车摘钩则由电机车司机自行摘钩或专职摘钩工人操作。

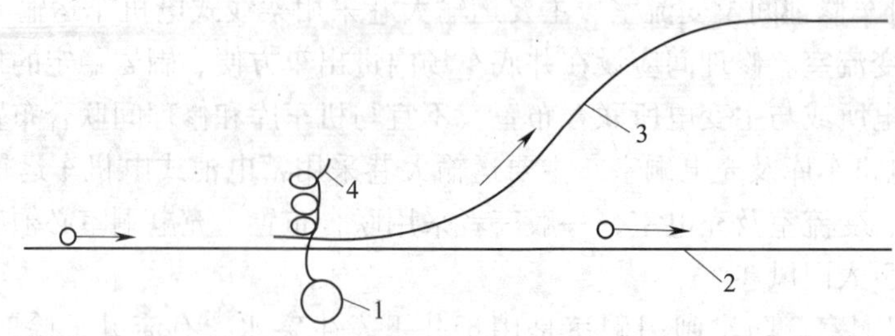

图1—3—20　自动分离道岔示意图

1—道岔　2—重车线　3—回车线　4—电磁铁

这种调车方式简单，可增加车场的通过能力，但是由于列车是靠惯性滑行进入重车线，所以线路坡度必须控制适当，否则会引起碰车事故。

（3）专用设备调车法

电机车将重列车拉至停车线摘钩后，直接去空车线牵引空列车出场。而重列车则由专用机车或调度绞车、钢丝绳推车机等专用设备调入重车线。

2. 井底车场通过能力的计算

井底车场的通过能力与井底车场形式、卸载方式、矿车载重量和调车方式等有关。采用底卸式矿车的井底车场，每个卸载坑的通过能力一般可达180万t/a。特大型矿井的井底车场可采用2组卸车线卸车，其通过能力可满足400万t/a矿井运输要求。

对于采用电机车牵引固定矿车运输的井底车场，其通过能力与井底车场形式、调车方式等有关。井底车场通过能力可按下式计算：

$$N = \frac{3.168mG}{1.15(1+K)t} \times 10^5$$

式中　N——井底车场年通过能力，t；

m——每列车矿车个数，辆；

G——每辆矿车的净载煤量，t；

K——矸石运出量占煤产量的百分率，一般情况下 $K=0.1 \sim 0.25$；

t——列车进入井底车场的平均间隔时间，min；

3.168×10^5——年运输工作时间，按年工作日330 d、每天16 h计算，min；

1.15——运输不均衡系数。

从上式可以看出，井底车场通过能力主要决定于一列车的容量及列车进入井底车场的平均间隔时间 t，在生产矿井运输装备条件已定的情况下，井底车场的通过能力大小，则主要决定于列车进入车场的平均间隔时间。因此，正确选择井底车场的形式和调车方式，尽量缩短列车在车场内运行及停留时间，对提高井底车场通过能力有重要意义。列车进入井底车场的平均间隔时间 t 是根据列车在井底车场的调度图表中一组列车进入车场的时间，计算得到的平均值。井底车场的调度图表是各类列车在井底车场的运行图表综合绘制得到。列车在井底车场的运行图表是列车进入井底车场后，在各个“封闭”的区间运行时间的组合。划分井底车场的“封闭”的区间（一列车进入后，其他列车不能再进入的线路区间）是井底车场通过能力计算的基础。计算列车在各个“封闭”的区间的运行时间和组合列车的调度图表是通过能力计算的关键。车场的通过能力规定必须大于矿井生产能力30%～50%。

四、示例

根据设计矿井确定的井筒形式和位置，矿井运输方式、生产能力以及井筒与大巷的相对位置，选择确定井底车场的布置形式，结合运输方式和井底车场的调车方式，进行车场线路设计，确定各类线路所需长度，并进行主要硐室位置确定。按比例画出井底车场巷道布置平面图。设定列车进入井底车场的平均间隔时间，根据运输系统的基本条件，简单计算出井底车场的通过能力，验算是否满足矿井生产能力要求。

下面以前述郑家庄矿副井井底车场为例进行设计计算。

1. 井底车场形式的确定

根据井田开拓方式、副立井与轨道大巷的位置关系、井下辅助运输方式及井筒提升方式，确定井底车场为立式（刀把式）车场。

2. 空重车线的确定

矿井主运输采用胶带输送机运输，副立井井底车场主要担负材料、设备、矸石及人员的运送，来往矿车不是很集中，重车线长度按存放20辆车考虑，取40 m。空车线由于处在弯道，长度较长，为60 m。

3. 调车方式

采区来的矸石重车、材料空车由连续牵引车牵引沿轨道大巷、一采区轨道下山重车线行至井底车场调车线摘钩，然后由CCG14/600FB型矿用防爆普轨机车顶推矸石重车及材料空车进入井底车场重车存车线，矿用防爆普轨机车经通过线至井底车场空车存车线挂钩。牵引材料及设备重车和矸石空车返回采区。

4. 井底车场硐室

（1）井底车场硐室名称及位置

副立井井底附近设有主变电所、主排水泵房、管子道、水仓、等候室、调度室及医务室等，在副立井西南设有爆破材料发放硐室和井下消防材料库。

（2）井底煤仓形式及容量

由于本矿井对煤炭产品无特殊要求，故井底煤仓采用$\phi 8$ m的圆形直立式普通煤仓。主立井井底设一个有效容量为1 250 t的煤仓。

井底煤仓有效容量按下式计算：

$$Q_{mc} = (0.15 \sim 0.25)A_{mc}$$

式中 Q_{mc}——井底煤仓有效容量，t；

A_{mc}——矿井设计日产量，t。

$$\begin{aligned} Q_{mc} &= 0.25 \times A_{mc} \\ &= 0.25 \times 4\ 545 = 1\ 136\ (\text{t}) \end{aligned}$$

设计推荐在主立井井底设一个有效容量为1 250 t的煤仓。

（3）井底水仓

根据井底车场布置形式及主排水泵房位置，设计将水仓布置在副立井东侧，水仓设入口一个，主、副水仓平行布置，掘进体积1 528 m^3，有效容量不小于800 m^3。

（4）井下爆破材料发放硐室的形式、容量及通风井下爆破材料发放硐室的形式采用壁槽式，存储量不得超过 1 d 的供应量，其中炸药量不得超过 400 kg。采用独立通风方式，其回风道直接与集中回风巷相连。

5. 井底车场巷道和硐室支护

井底车场巷道和硐室位于 4 号煤层中，除副立井井筒与井底车场连接处采用钢筋混凝土支护外，其余巷道均采用锚喷支护。主变电所、水泵房、井底水仓、爆破材料发放硐室等硐室，采用混凝土砌碹支护。管子道、调度室、井下消防材料库采用锚喷支护。

井底车场平面布置详见附图五。

井底车场巷道和硐室工程量详见表 1—3—2。

表 1—3—2　　井底车场巷道及硐室工程量表

序号	巷道及硐室名称	支护方式	巷道长度/m	掘进体积/m³
1	车场巷道	锚喷	394. 386	7 537. 66
2	主变电所、水泵房	混凝土砌碹		2 230. 00
3	水仓、管子道	混凝土砌碹		2 148. 00
4	交岔点（7 个）	锚喷	99. 694	3 502. 50
5	清理撒煤斜巷	锚喷	212. 616	2 081. 51
6	调度、医务室、等候室	锚喷		900. 00
7	合 计		706. 696	18 399. 67

课题 1. 4　开采顺序设计

1. 4. 1　开采顺序设计

技能点

1. 正确选择确定采区间的开采顺序；
2. 能结合煤层赋存条件合理确定工作面的开采顺序。

知识点

1. 沿煤层走向的开采顺序确定原则；
2. 煤层倾斜方向的开采顺序确定原则；
3. 煤层间的开采顺序。

在前面的学习中，经过储量计算、确定矿井的生产能力，完成了井筒形式、位置确定、开采水平的划分、运输大巷的布置及井底车场设计等。当以上这些问题解决之后，井田的开拓方式也就基本确定下来，本节主要确定井田内煤层与煤层之间的开采顺序。通过本节的学习，必须能够根据不同的地质条件和已确定的基本开拓方式，选择合理的井田开采顺序。

确定井田内煤层与煤层之间的开采顺序？也就是先采哪儿、后采哪儿的问题。其实，不外乎从两个方面考虑：沿煤层走向的顺序和沿煤层倾斜的顺序。影响其顺序的因素，不外乎就是：运煤是否方便、通风是否方便、运料是否方便、行人是否方便、给排水是否方便、投资是否最小等。

井田开采必须按一定顺序进行，井田开采顺序包括：沿煤层走向与倾斜的开采顺序；煤层群划分成煤组时，煤组间及煤层间的开采顺序等。

合理的井田开采顺序应保证开采水平、采区和采煤工作面的正常接续，使巷道避开煤层采动的动压影响，最大限度地采出煤炭资源。同时应有利于节省投资，减少井巷工程量，缩短工期，投产快；有利于巷道维护，保证生产的可靠和安全；有利于矿井通风和井下火灾防治等。

一、沿煤层走向的开采顺序

沿煤层走向的开采顺序包括阶段内各采区间的开采顺序和采区内采煤工作面的推进方向。

1. 采区开采顺序

采区间沿走向的开采顺序有 2 种，一种是先采靠近井筒的采区，自井筒向井田边界方向逐次开采其余各采区，称为采区前进式开采顺序；另一种是先开采井田边界的采区，而后向井筒方向逐次开采各采区，称为采区后退式开采顺序。

（1）采区前进式开采顺序

如图 1—4—1a 所示。采用这种开采顺序可使矿井建井期短、投产快、初期工程量和基建投资少。采用采区前进式开采顺序，大巷一般布置在煤层底板岩层中，大巷维护、矿井通风及采区防火密闭效果较好。因此，大部分矿井采用这种开采顺序。

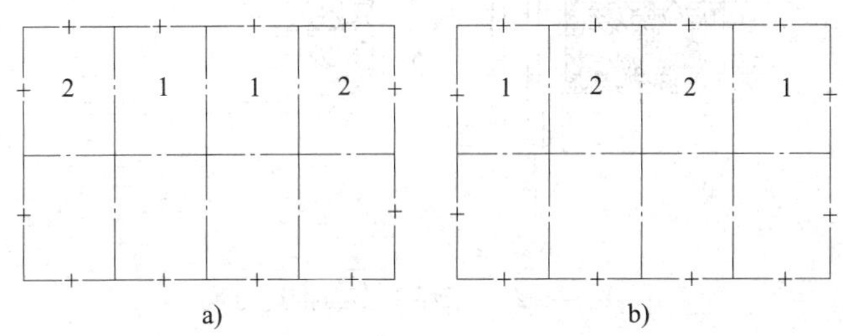

图 1—4—1　采区开采顺序示意图

a）采区前进式　b）采区后退式

1、2—各采区的开采顺序

（2）采区后退式开采顺序

如图 1—4—1b 所示。先把主要运输大巷掘至靠近井田边界的采区，再开采离井筒最远的采区，然后向井筒方向逐次开采其余各采区。这种开采顺序可通过掘进大巷进一步了解煤层埋藏情况和地质构造；采掘之间互相干扰少；大巷两侧为实体煤层，巷道维护条件好，不易向采空区漏风，易于密闭采空区的火区，但这种方式需要预先开掘很长的运输大巷，开拓与准备时间较长，矿井投产晚，初期建井工程量及初期投资都较大。矿井井型大，井田走向长度大时，采用后退式开采顺序缺点就比较突出。因此，只有少数矿井采用采区后退式开采顺序。

在缓斜煤层，如采用上、下山开采时，可先采用前进式开采上山采区，然后采用后退式依次开采下山各采区。当然，上、下山采区也可同时采用前进式开采顺序，不过为了利用已开采的上山采区巷道为相对应的下山采区服务，上山采区要先于下山采区开采，在时间上彼此错开，尽量避免上、下山采区同时开采时采区运输及通风的相互干扰。

2. 采区内采煤工作面的推进方向

采煤工作面的推进方向也分为前进式与后退式 2 种。

（1）前进式

采煤工作面自采区上山向采区边界推进，称为前进式，如图 1—4—2a 所示。采煤工作面前进式开采，能使工作面提早投产，减少工作面的准备时间。但存在以下明显的缺点：在采煤工作面生产的同时，必须超前一定距离掘进区段运输平巷和回风平巷，采掘之间互相干扰比较严重；区段平巷要采用沿空留设巷道，巷道受动压影响严重，维护困难。如巷道封闭不严，沿采空区漏风严重，可能造成工作面风量不足。自燃危险较大的煤层，宜发生自燃火灾，当采空区发生自然火灾时，必将危及工作面正常生产。

（2）后退式

采煤工作面由采区边界向采区上山方向推进，称为后退式，如图 1—4—2b 所示。采煤工作面采用后退式推进开采时，能够有效避免上述前进式开采存在的问题。因此，我国煤矿绝大部分采煤工作面是采用后退式开采顺序。

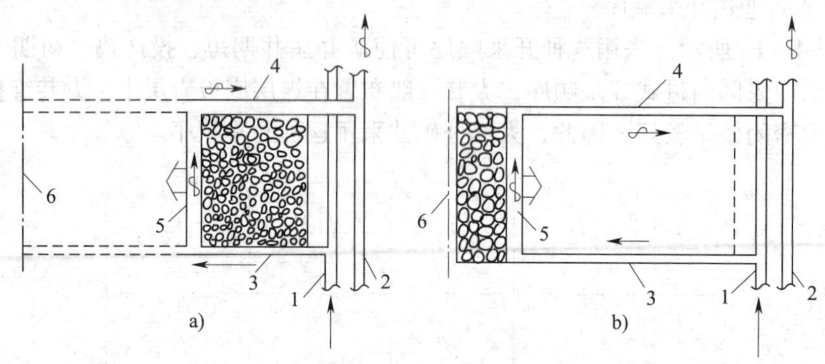

图 1—4—2　采煤工作面推进方向

a）前进式　b）后退式

1—采区输送机上山　2—采区轨道上山　3—区段运输平巷

4—区段回风平巷　5—采煤工作面　6—采区边界线

二、沿煤层倾斜方向的开采顺序

沿煤层倾斜方向的开采顺序包括阶段间的开采顺序和采区内各区段的开采顺序。

井田内沿煤层倾斜方向一般采用下行顺序开采各阶段。即开采工作先从煤层浅部开始，然后沿煤层倾斜自上而下依次开采各个阶段。这种顺序开采的优点是建井期短，初期开掘工程量小，初期投资低，在开采技术上也比较简单。但对近水平煤层来说，倾斜方向区分不明显，上山部分与下山部分可同时开采。

采区内各区段间的开采顺序有 2 种，开采上山采区时有：

1. 下行式

先将采区上山掘至采区上部边界，形成采区生产系统，然后由采区上部边界向大巷方向自上而下依次沿各区段布置工作面进行开采。

2. 上行式

采区上山掘至采区上部边界，形成采区生产系统后，先从靠近运输大巷的区段布置工作面进行回采，然后沿采区上部边界自下而上依次开采各个区段。这种开采顺序存在的突出问题是后期开采采区的上部、采区上山两侧是采空区，上山巷道维护困难。只有在近水平煤层为了使采区早投产，或为了满足特殊需要，如为了疏干上部区段煤层或围岩涌水等时才采用上行式开采。

开采下山采区时，各区段间开采顺序也有上行式、下行式2种开采顺序。从运输大巷将采区下山掘至采区下部边界，然后自下而上逐次开采各区段，称为上行式开采。其开采顺序与上山采区的下行开采顺序基本相同。如先掘一段采区下山的巷道，即布置工作面进行开采，依次从运输大巷自上而下逐次开采各个区段，其特点是一边开采，一边掘进下山（俗称剃头下山）。其突出问题是除有上山采区上行开采顺序的缺点外，两条下山间的漏风较严重。目前已严格限制采用这种开采方式。上、下山采区必须形成完整的生产系统后，才能布置采煤工作面进行生产。

三、煤组及煤层间的开采顺序

煤组或煤层之间的开采顺序一般采用先上后下逐次开采的下行开采顺序。如图1—4—3所示，煤组之间按Ⅰ、Ⅱ顺序开采；煤层之间按1、2、3顺序分别进行开采。

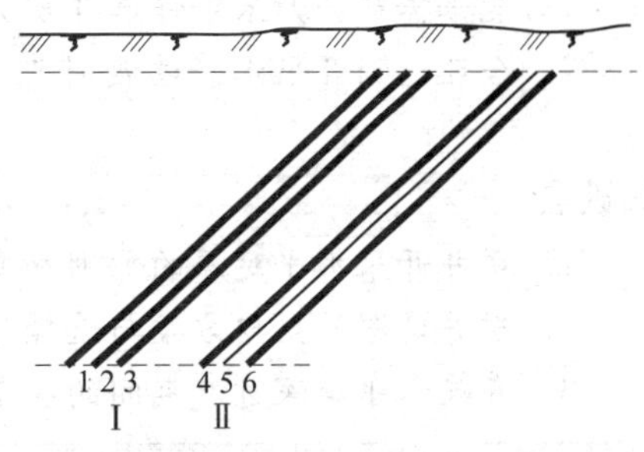

图1—4—3　煤组及煤层间的开采顺序

在联合开采的采区内，上下煤层或厚煤层开采的各分层间，可保持一定的错距同时开采。

在某些特殊情况下，煤层或煤组之间也可采用由下而上的上行开采顺序。例如，上部煤层有煤及瓦斯突出危险或冲击地压时，可先采下部煤层，使上覆煤层的瓦斯得到疏散和卸压，减少上部煤层开采的困难。

采用上行开采的基本条件是保证煤层之间有较大层间距，下部煤层或煤组开采不会影响和破坏上层煤或上煤组的正常开采。是否可用上行开采主要取决于两层煤间距与下层煤采厚之比。根据国内采用全部垮落法进行开采的实践经验表明，在受一个煤层采动影响后，只要煤层间距与下部煤层的采厚比达7.5以上，一般在上层煤中可以正常进行掘进和采煤工作。受多个煤层采动影响的上行开采，只要综合层间距与采厚比达到6.3以上，一般不影响在上部煤层中正常进行掘进和采煤。

开采急斜煤层时，不仅顶板岩石发生冒落，底板岩石也会沿底板发生滑移，造成底板岩层移动。如果两个急斜煤层较近，上部煤层开采造成的煤层底板岩层发生移动，将使下部煤层的巷道维护困难，甚至使煤层遭到破坏，影响正常开采。为此，在开采急斜煤层时，必须合理安排协调上、下煤层上下区段的开采顺序和分段高度，以免上、下煤层开采时影响邻近煤层的正常开采。

四、示例

以郑家庄矿为例：根据推荐的井田开拓方案，井田划分3个采区，即一采区、二采区和三采区。首采区布置井底车场附近的一采区，采区接替顺序：一采区—二采区—三采区。大致可以将其归结为采区间前进式开采。采用这种开采顺序可使矿井建井期短、投产快、初期工程量和基建投资少。大巷布置在煤层底板岩层中，大巷维护、矿井通风及采区防火密闭效果较好。

采区内的开采顺序采用区内后退式开采。采煤工作面采用后退式推进开采时，能够有效避免上述前进式开采存在的问题，如：在采煤工作面生产的同时，必须超前一定距离掘进区段运输平巷和回风平巷，采掘之间互相干扰比较严重；区段平巷要采用沿空留设巷道，巷道受动压影响严重，维护困难。如巷道封闭不严，沿采空区漏风严重，可能造成工作面风量不足。自燃危险较大的煤层，宜发生自燃火灾，当采空区发生自然火灾时，必将危及工作面正常生产。

1.4.2 开采水平延深

技能点

1. 能根据矿井开采条件选择矿井延深方案；
2. 合理选用开采水平过渡时期的提升、通风与矿井排水的方法与安全生产技术措施。

知识点

1. 矿井开采水平延深的原则和要求；
2. 矿井延深的主要方案与选择原则；
3. 开采水平延深过渡期间的安全技术措施。

为保证矿井均衡生产，多水平开拓的矿井在上水平减产前就要提前完成井筒延深和下水平的开拓准备工作。在矿井正常生产的过程中开拓新的水平，必然与生产水平的运输、提升、通风等工作互相干扰。因此，正确选择矿井延深方案，使矿井生产与井筒延深施工密切配合，切实处理好新旧水平的接替，是矿井延深工作中应解决的重要问题。

开采水平延深主要需要解决两方面的内容：一是确定矿井的延深方案，这一部分内容在矿井初步设计中就要基本确定；二是编制延深中的技术及操作规程（注意事项），这部分内容要在延深之前临时编制，其与实际情况联系紧密，在下面的分析中仅就一些原则性内容进行论述。

一、矿井延深的原则和要求

新水平的开拓延深工作要遵循以下原则和要求：

1. 提前做好准备工作

大、中型矿井新水平开拓延深的施工期比较长，一般在 3 a 以上，准备工作也要 2 ~ 3 a 的时间。为使开拓延深工作顺利进行，缩短工期，必须做好以下准备工作：

（1）要清楚了解和掌握新水平的煤层赋存、地质构造情况，提出精查地质报告。

（2）要有经上级单位审批的新水平开拓延深设计，列入计划并解决资金来源问题。

（3）落实施工队伍，完成施工场地、设备、材料的准备。

2. 保证或扩大矿井生产能力

矿井开拓延深时应结合矿井发展的长远规划，仔细研究煤层地质条件的变化和各生产环节之间的配合，保证维持矿井已有的生产能力。有需要和可能时，结合开拓延深进行技术改造，提高矿井生产集中化水平，力求扩大矿井生产能力。

3. 充分、合理地利用现有井巷设施

新水平开拓延深应充分利用现有井巷以及提升、运输、通风、排水等大型设备，力求减少开拓延深的工程量和费用，缩短施工期。原有井巷设施可以利用，但经济效果不如新开井巷或新设备时，则不宜因循守旧，而以更新、改造为宜。

4. 积极采用新技术、新工艺和新设备

根据多年矿井生产积累的经验以及国内外新技术、新装备的应用，吸取其他矿井的先进经验，在新水平开拓延深时，应选择更为适宜的采煤方法和更为先进的采掘技术，选用高效能的机械装备，使新水平的生产技术面貌有较大的改变，技术经济效果有明显提高。

5. 尽可能缩短施工工期

正确选择延深施工方案，采取适当的技术措施，加强生产管理，尽可能地缩短新水平开拓延深施工工期，减少生产与延深的相互干扰，集中有效地使用资金，以求获得较好的技术经济效果。

二、矿井开拓延深方案

1. 直接延深原有井筒

这种延深方式是将主、副井（立井或斜井）直接延深到下一开采水平，如图 1—4—4 所示。其特点是可以充分利用原设备、设施，投资少，提升单一，转换环节少，车场工程量相对较少等。但延深与生产互相影响而且矿井提升能力相对降低。

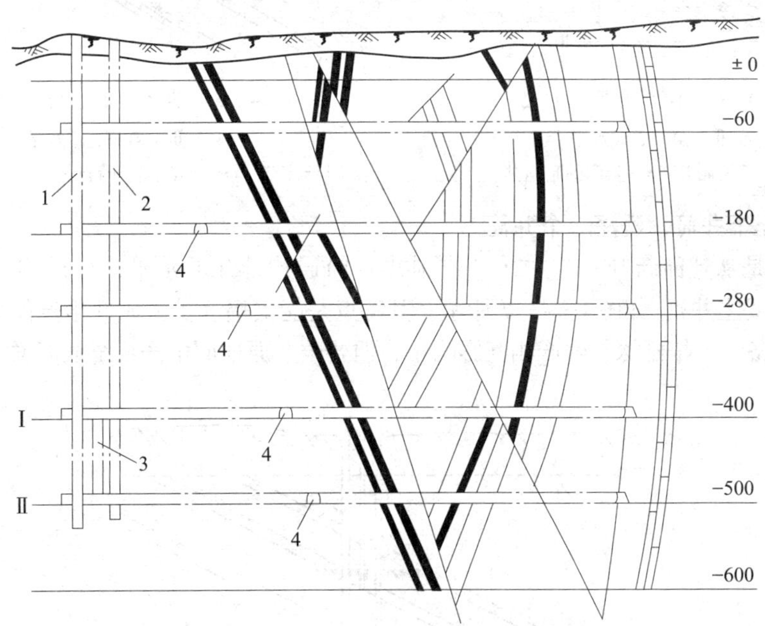

图 1—4—4　直接延深原有井筒方式

Ⅰ、Ⅱ—第一、二水平

1—主井　2—副井　3—溜井　4—运输大巷

直接延深方式的适用条件：

（1）地质构造及水文地质等条件不影响井筒直接延深及井底车场布置。

（2）井筒断面和原提升设备能力均能满足水平延深后矿井的生产要求。

（3）若提升设备能力满足不了延深水平的要求，但经过论证更换提升设备合理时，也可采用此方式。

2. 暗井延深

这种方式是利用暗立井或暗斜井开拓深部水平，如图1—4—5所示。其特点是延深与生产互不干扰，原有井筒提升能力不降低，暗井的位置不受原井筒限制，可选在对开采下部煤层有利的位置上。但增加了上部车场工程量及运输提升环节和设备。

暗井延深方式的适用条件是：

（1）由于地质条件或技术经济条件等原因，原井筒不宜直接延深。

（2）用平硐开拓的矿井，延深水平因地形限制没有开阶梯平硐的条件时，一般多采用暗斜井或暗立井延深，主要采用暗主斜井和暗副立井的延深方式，采用暗主立井比较少。

3. 直接延深一个井筒，暗井延深一个井筒

这种延深方式是直接延深原来的主井或副井，另一井筒采用暗井延深，如图1—4—6所示。其特点和适用条件介于直接延深与暗井延深方式之间。

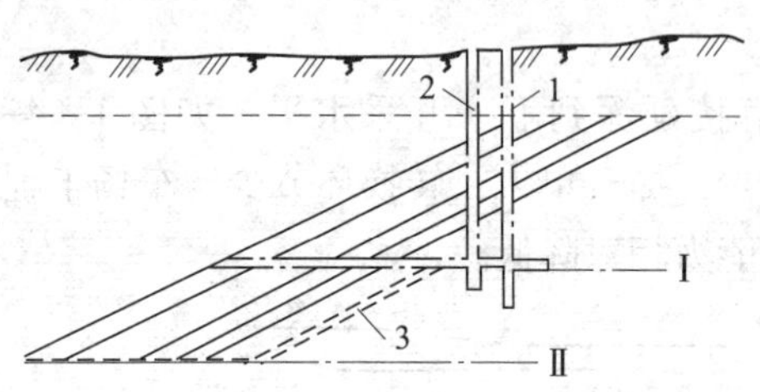

图1—4—5　暗斜井延深方式

Ⅰ、Ⅱ—第一、二水平

1—主井　2—副井　3—延深的暗斜井

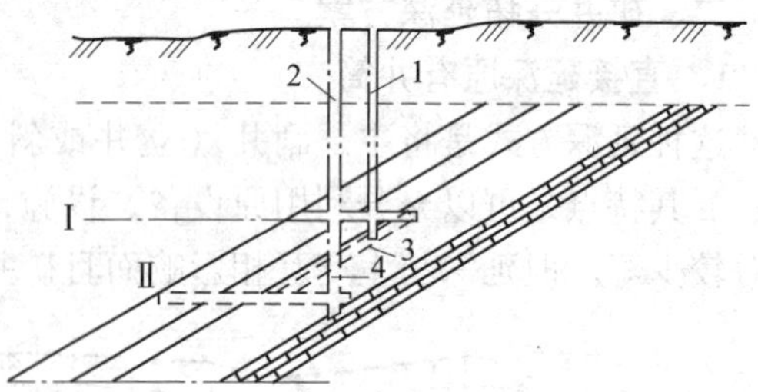

图1—4—6　直接延深与暗井延深方式

Ⅰ、Ⅱ—第一、二水平

1—主井　2—副井　3—暗斜井　4—延深副井

4. 新开一个井筒，延深一个井筒

这种方式是从地面新开一个主井（或副井）筒通达延深的水平，另外用暗井延深或直接延深副井（或主井），如图1—4—7所示。其特点是能大幅度扩大矿井生产能力，便于采用先进的技术装备，开拓延深与生产相互影响小，但要改造原地面生产系统从而增加基建费用。

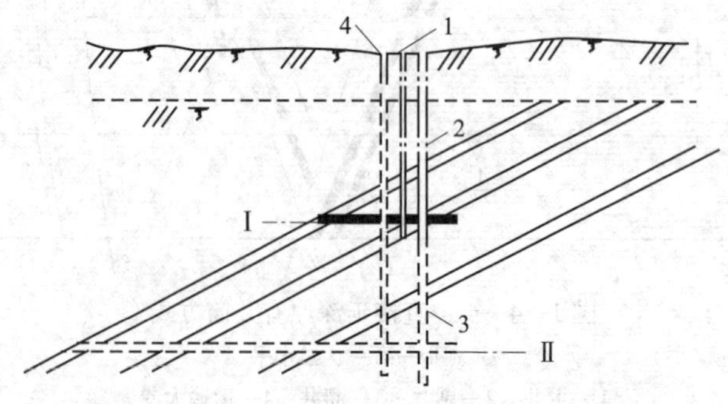

图1—4—7　新开与直接延深方式

Ⅰ、Ⅱ—第一、二水平

1—原主井　2—副井　3—延深副井　4—新开主井

新开一个井筒、延深一个井筒方式一般适用于改扩建的大型矿井的开拓延深。

5. 深部新开立井或斜井集中延深

当煤田浅部为小井群开采时，随着向深部发展，如果每个小井都各自向下延深，将造成井口多，占用设备多，生产环节多，生产分散。所以，可将几个矿井联合进行开拓延深。该方案的实质是结合原有矿井开拓延深，进行矿井合并改造。从开拓延深的角度分析，该方案的特点是：将各小井的深部合并为一个井田，建立统一的开采水平，即延深水平。延深时一般不影响原矿井开采水平生产。

三、生产水平过渡时期的技术措施

矿井的某一个开采水平开始减产直到结束，其下一个开采水平投产到全部接替生产，是矿井生产水平过渡时期。水平过渡时期，上下两个水平同时生产，增加了提升、通风和排水的复杂性，所以应采取恰当的技术措施，确保矿井开采的安全。

1. 生产水平过渡时期的提升

生产水平过渡时期，上下两个水平都出煤。对于采用暗斜井延深的矿井、新打的矿井或多井筒多水平生产的矿井，分别由2套提升设备担负提升任务，一般没有困难。对于延深原有井筒的矿井，尤其是用箕斗提升的矿井，则必须采取以下有效的技术措施：

（1）利用通过式箕斗两个水平同时出煤

所谓通过式箕斗，其实是通过式装载设备，即将启闭上水平箕斗装载煤仓闸门的下部框架改装成可伸缩的悬臂，提上水平煤时悬臂伸出；提下水平煤时，悬臂收回让箕斗通过。这种办法提升系统单一，并不增加提升工作量。但每变换一次提升水平时，都需调整钢丝绳长度，经常打离合器，增加了故障几率。当水平过渡时期不长时，可采用这种方法。

（2）将上水平的煤经溜井放到下水平，主井在新水平集中提煤

这种方法提升系统单一，提升机运转维护条件好，但要增开溜井，增加提升工程量和费用。上水平剩余煤量不多时，宜采用这种方法。

（3）上水平利用下山采区过渡

上水平开始减产时，开采1～2个下山采区（一般为靠近井筒的采区），在主要生产转入下一水平后，再将该下山采区改为上山采区。这种方法可推迟生产水平接替，有利于矿井延深，但采区提运系统前后要倒换方向，要多掘一些车场巷道。另外，只有煤层倾角不大时，方宜采用。

（4）利用副井提升部分煤炭

采用这种方式时，要适当地改建地面生产系统，增建卸煤设施。此外，如风井或主井有条件安装提升设备时，也可考虑增设1套提升设备，用来解决两个水平同时提煤问题。

2. 生产水平过渡时期的通风

生产水平过渡时期，要保证上水平的进风和下水平的回风互不干扰，关键在于安排好下水平的回风系统。通常，可以采取以下方法：

（1）维护上水平的采区上山为下水平的相应采区回风。

（2）利用上水平运输大巷的配风巷作为过渡时期下水平的回风巷。

（3）采用分组集中大巷的矿井，可利用上水平上部分组集中大巷为下水平上煤组回风。

3. 生产水平过渡时期的排水

生产水平过渡时期可根据矿井涌水特点，采用下列排水方式：

（1）一段排水，上水平的流水引入下水平水仓，集中排至地面。

（2）两段分别排水，两个水平各有独立的排水系统直接排至地面。

（3）两段接力排水，下水平的水排到上水平水仓，然后由上水平集中排至地面。

（4）两段联合排水，上下两个水平的排水管路联成一套系统，设三通阀门控制，上、下水平排水分别使用，两个水平的涌水均可直接排至地面。

具体采用哪种方式，主要根据矿井涌水量大小、水平过渡时期长短、排水设备能力等因素，将多个方案进行比较后确定。

复习思考题

1. 井田内与阶段内的划分布置方式各有哪些？
2. 矿井储量是如何进行分类的？设计可采储量如何进行计算？
3. 矿井生产能力如何划分？如何计算服务年限？
4. 井田开拓方式有哪些？说明主要特点和选择的基本原则是什么？
5. 井筒位置确定主要考虑哪些因素？分析走向与倾斜方向的合理位置。
6. 矿井主要运输大巷作用是什么？分析不同布置方式的主要特点。
7. 立井开拓的井底车场如何进行分类？车场线路由哪几部分组成？
8. 画出立井卧式、立式环形井底车场线路布置图，说明调车方式。

模块2　准 备 方 式

准备方式是在开采水平范围内为满足开采的要求，把阶段划分为若干个适宜开采的块段，在这些块段内开掘一系列巷道，安装设备，建立完整的运煤、运料、通风、排水、动力供应以及人员通行的生产系统，为采煤工作面开采做准备工作。准备方式根据煤层赋存条件和矿井开采体系确定。矿井开采体系依据工作面的布置特征分为两大类：壁式体系与柱式体系。在我国由于煤层赋存条件相对复杂，井工开采的煤矿主要采用壁式体系开采。壁式体系是形成较长的采煤工作面，整体推进开采，根据推进方向不同分为走向长壁与倾斜长壁开采。本模块重点讲述壁式体系开采的准备方式。

煤矿壁式开采的准备方式主要分为采区式、盘区式、带区式3种。准备方式主要是依据煤层赋存条件进行选择。在缓倾斜与倾斜煤层，主要采用采区式准备方式，在近水平煤层一般可选择盘区式或带区式准备方式。

课题2.1　缓倾斜与倾斜煤层准备方式

缓倾斜与倾斜煤层主要是采用采区式准备方式，是在采区内沿煤层倾向划分为若干个长条部分，每一长条部分是能够布置一个采煤工作面的倾斜长度，称其为区段。在每个区段沿走向布置回采巷道，沿倾斜布置采煤工作面，工作面沿走向推进。一般在区段下部开掘的回采巷道铺设运输设备称为区段运输平巷；上部开掘的回采巷道铺设轨道运送材料称为区段轨道平巷，也称为回风平巷。各区段平巷通过采区车场连接采区运输、轨道等上山，通达开采水平的运输、回风大巷，构成采区生产系统。

2.1.1　单一煤层采区式准备

技能点

1. 合理选择采区巷道布置系统；
2. 绘制单一煤层采区上山巷道布置图。

知识点

1. 采区主要巷道布置原则；
2. 采区主要生产系统；
3. 采区巷道布置方法。

单一煤层采区式准备主要是结合一个单一煤层的开采条件，进行采区巷道布置系统设计训练。本节的主要任务是在地质平面图中绘制出采区巷道布置平面图和剖面图。

单一煤层巷道系统是比较简单的准备方式，要完成采区巷道系统图的绘制任务，首先要了解采区巷道的组成及布置形式，以及采区掘进顺序与采区主要生产系统。通过对采区巷道系统图的绘制，增强采矿专业的基本技能，能够系统地掌握矿井采区设计的方法与步骤和采区巷道系统设计的原则。

煤系地层一般都含有多层适宜开采的煤层，当煤层与相邻煤层之间的距离较大时，其煤层可单独进行开采。设计采区只开采一层煤，称为单一煤层开采准备方式。根据煤层的厚度不同，又分为单一薄及中厚煤层和单一厚煤层。单一薄及中厚煤层一次采全厚，开采准备方式比较简单，采区服务时间短，在煤层条件适宜时，采区的主要巷道一般布置在煤层中；单一厚煤层一般采用分层开采，也有采用大支架一次开采或放顶煤开采方式。煤层厚度大，在煤层中布置巷道，服务时间长，维护困难，采区主要巷道多布置在煤层底板岩层中。

一、采区准备

1. 采区巷道的组成

采区是在阶段（开采水平）内划分的具有独立生产系统的开采块段，是矿井生产的基本单元。在采区范围内掘进一系列巷道，安装生产所需的机械设备，建立采区生产系统。在采区划分区段范围内，布置回采巷道，形成采煤工作面，即可进行采煤作业，所有这些都称为采区准备。

采区的巷道按服务范围主要分为准备巷道和回采巷道。根据巷道的特点和不同作用性质，采区巷道主要分为5种形式：

（1）上（下）山

上（下）山是采区内构成采区生产系统并且为各区段服务的主要巷道，包括运输机上（下）山和轨道上（下）山，在一些特定条件下，采区还需设置专用的回风上（下）山与运送人员的上（下）山等。

（2）回采巷道

回采巷道是开掘形成采煤工作面的巷道，包括用于采煤工作面运煤和进风的区段运输平巷，用于回风和运送材料的区段回风平巷，当工作面沿走向方向长度较长或因地质构造影响开掘的中间眼和工作面开切眼等。

（3）采区车场

采区上山与运输大巷连接，区段平巷与采区上（下）山联系的巷道称采区车场。采区车场依据所处位置不同分为上部车场、中部车场和下部车场。

（4）采区硐室

采区硐室是有专门作用的一段特殊的巷道，上山开采采区硐室主要包括：采区的煤仓、绞车房和变电所。当采用下山开采时，下山采区还必须在采区下部设置水仓和水泵房等。

（5）联络巷

附属于上述各类巷道之间的一些长度不大的巷道，一般称为联络巷。包括运输机上山与运输大巷之间、运输机上山与回采巷道之间、硐室与其他巷道之间、上下区段回采巷道之间所开掘的巷道。

上述巷道在每个采区内都是不可或缺的，对于不同类型的采区，只是需要根据煤层的地质条件和生产技术装备不同，将它们合理地布置而已，有的还可能需要增加某些硐室或相应的联络巷道。

2. 采区巷道的布置形式

采区准备方式的种类很多，按照采区开采煤层的范围、采区上（下）山所在位置和工作面布置方式、开采煤层数目 3 个方面的不同有不同的分类。

（1）按采区开采煤层的范围，分为上山采区与下山采区准备

在煤层倾角较小（一般小于 16°）时，可利用开采水平主要运输巷道分别开采上山采区和下山采区。上山采区是指位于开采水平标高以上的采区，上山采区内需布置采区上山、采区车场、采区煤仓等准备巷道以及区段运输平巷和区段回风平巷等回采巷道。工作面采出的煤通过运输上山，由上向下运输，到开采水平运输大巷。下山采区是指开采位于开采水平标高以下煤体的采区，下山采区内需布置采区下山、采区车场、采区煤仓和区段平巷等巷道，此外还要在下山采区的下部布置水仓和排水泵房。下山采区采出的煤是通过采区下山由下向上运输，到开采水平运输大巷。在煤层倾角较大的情况下，下山采区在采煤、掘进、运输、通风、排水等方面有一定的困难。煤层倾角较大的矿井，设计开采水平一般只开采上山采区。

（2）按采区上（下）山所在位置和工作面布置方式，分为单翼采区和双翼采区

单翼采区是当采区受断层、保护煤柱等自然条件和开采条件的限制，采区走向长度较短时，将上（下）山布置在采区一侧的边界，在上（下）山的一翼布置工作面开采为单翼采区。上（下）山布置在采区靠近井田边界一侧的，称作前上（下）山单翼采区；上（下）山布置在采区靠近井筒一侧的，称作后上（下）山单翼采区。采用前上（下）山开采时，煤炭运输有折返现象，增加了运输工作量，但采区上（下）山是在未采动的煤体中，上（下）山维护条件较好。无论是前上（下）山单翼采区，还是后上（下）山单翼采区，通常是把运输上山（或下山）布置在靠采煤工作面的一侧，以便使从区段运输平巷运出的煤炭直接转载到运输上（下）山内的输送机上。轨道上（下）山一般则是布置在靠采区边界的一侧，通过中部车场绕道与区段回风平巷连接。

双翼采区是采区的上山（或下山）布置在采区沿走向的中部，在上（下）山的两翼分别布置采煤工作面进行开采。双翼采区开采范围相对较大，采区服务年限长，是我国应用最广泛的一种准备方式。与单翼采区相比较，双翼采区相对减少了采区上山、车场、硐室等巷道的掘进工程量，减少了采区运输等设备数量，采区生产能力大，生产比较集中，在经济上更为合理。

（3）按采区开采煤层数目，分为单一煤层准备和多煤层联合准备方式

单一煤层采区准备即在开采的煤层中单独布置准备巷道，形成独立的生产系统，开采该煤层。多煤层联合准备是在距离较近的几层煤开采时，布置一组共用的集中准备巷道，如采区上（下）山、区段集中平巷等，形成一个集中联合布置采区，分别开采各层煤。

综上所述，采区准备方式的分类，按其不同的组合有很多种准备方式，如双翼集中上山联合布置采区准备方式，单翼上山采区单一煤层布置采区准备方式等。

3. 采区准备的基本要求

准备方式的选用或设计应达到以下目的或要求：

（1）保证采区具有完善的生产系统，确保安全生产条件好，符合《煤矿安全规程》的有关规定。

（2）有利于矿井合理集中生产，能够充分发挥机电设备的效能。

（3）为采用新技术，发展综合机械化创造条件。

（4）简化巷道系统，减少巷道掘进和维护工作量。

（5）力求技术和经济上合理，减少设备占用率和生产费用。

（6）能够保证采区和工作面的正常接替。

（7）提高采区采出率，减少采区的煤炭开采损失。

二、单一薄及中厚煤层采区准备

单一薄及中厚煤层采区巷道布置根据矿井主要运输大巷布置方式的不同可分为分层大巷进入方式与集中大巷采区石门进入方式。现以一个集中大巷采区石门进入方式为例，说明采区巷道系统布置与主要生产系统。

1. 采区基本条件与巷道布置

某矿一采区开采单一中厚煤层，采区开采范围，走向大于2 000 m，倾斜长度600 m左右；煤层平均厚度为2. 8 m，倾角14°，煤质中硬；矿井采用集中大巷布置方式，石门进入采区。根据开采条件，采区采用双翼布置方式，采区沿倾斜方向划分为3个区段。采用单一煤层一次采全厚的走向长壁采煤方法。采区巷道布置系统如图2—1—1所示。

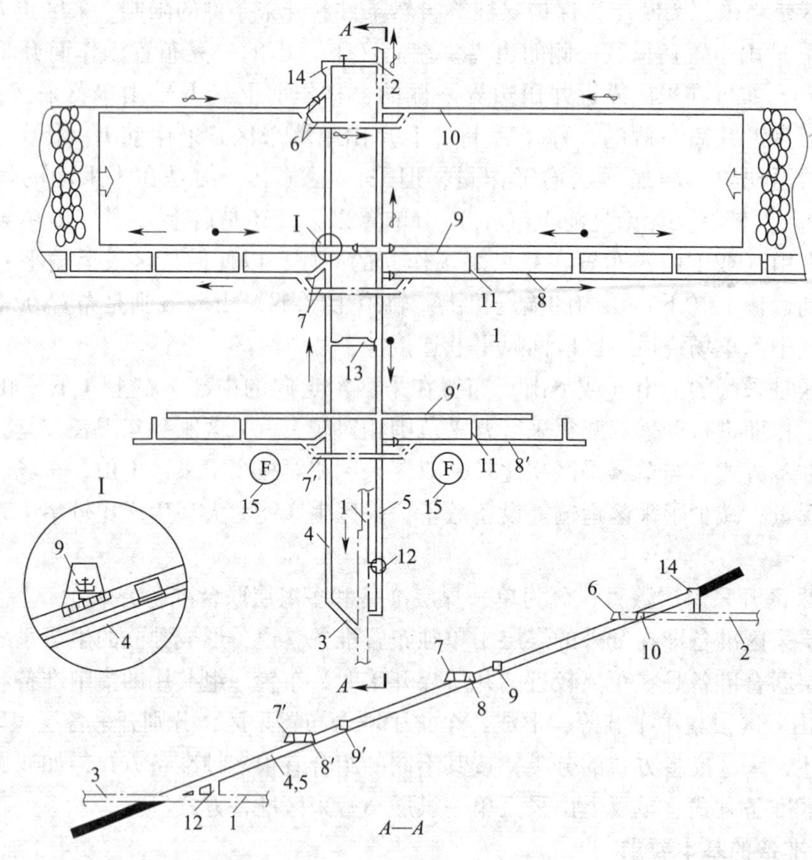

图2—1—1　单一煤层上山采区巷道布置

1—采区运输石门　2—采区回风石门　3—采区下部车场　4—轨道上山　5—运输上山　6—上部车场　7、7′—中部车场　8、8′、10—区段回风平巷　9、9′—区段运输平巷　11—联络巷　12—采区煤仓　13—采区变电所　14—绞车房　15—局部风机

2. 采区巷道掘进顺序

采区巷道是由集中运输大巷在位于采区走向长度的中央位置，开掘采区运输石门1，在运输石门1接近煤层后，开掘采区下部车场3。由下部车场沿煤层向上掘进轨道上山4和运输上山5，两条上山的水平间距为20 m。当两条上山掘至采区上部边界后，再掘采区上部车场6与采区回风石门2，形成采区的通风系统。采区主要巷道系统形成后，准备第1区段的采煤工作面，在上山附近第1区段下部开掘采区中部车场7，用双巷掘进的方法分别向两翼掘进第1区段运输平巷9和第2区段回风平巷8，巷道8和9之间的倾斜间距一般为8～15 m，即为区段煤柱宽度（上区段采过后，利用煤柱维护下区段的回风平巷）。回风平巷8超前于运输平巷9约100～150 m掘进，并沿走向每隔80～100 m掘一条联络巷11连通巷道8和9。与此同时，在采区上部边界，从上部车场6向两翼开掘第1区段的回风平巷10。在采区边界从区段运输平巷9沿煤层倾斜掘进一条巷道，联通回风平巷10，即掘出开切眼。在掘进上述巷道的同时，还要开掘采区煤仓12、采区变电所13和绞车房14。当上述巷道和硐室全部掘完，检查验收其规格质量符合规定后，即可安装各种机电设备，形成完整采区生产系统，采煤工作面就可投入生产。

随着第1区段的回采，应及时开掘第2区段的中部车场7′、第2区段运输平巷9′、第3区段回风平巷8′及第2区段开切眼，准备出第2区段的采煤工作面，以保证在上区段工作面采完之后及时接替生产。同理，在第2区段生产期间，准备出第3区段的中部车场和回采巷道。这种从上到下依次开采各区段的开采顺序，称作区段下行式开采。

3. 采区生产系统

（1）运煤系统

在采煤工作面铺设可弯曲的刮板输送机，区段运输平巷内铺设刮板转载输送机和可伸缩胶带输送机，运输上山铺设胶带输送机。其运煤路线为：采煤工作面采出的煤炭，经工作面输送机运送到运输平巷，通过区段运输平巷内转载机和可伸缩胶带输送机运送到运输上山，再经运输上山的胶带输送机进入采区煤仓，通过采区煤仓装入矿车后经运输石门、集中大巷运送到井底车场后，经矿井提升系统到地面。

（2）运料排矸系统

运料排矸采用600 mm轨距的材料车或矿车，在绞车的牵引下提升和下放物料。材料和设备自下部车场3，经轨道上山4、上部车场6、回风平巷10送至两翼的采煤工作面。区段回风平巷8、8′和运输平巷9、9′掘进所需材料、设备，沿轨道上山4经中部车场7、7′运入。掘进巷道所产生的煤和矸石，利用矿车从各平巷运出，经轨道上山运到采区下部车场3，通过采区运输石门外运。

（3）通风系统

采区的通风系统分为两大体系，一是利用轨道上山进风，通过运输上山回风；二是利用运输上山进风，通过轨道上山回风。两大体系通风路线和通风设施的设置各有不同，不同矿区根据各自的条件，一般都规定采用统一的采区通风系统。

该采区的通风系统是采用轨道上山进风、运输上山回风的通风体系。采煤工作面所需的新鲜风流，是从采区运输石门进入，经下部车场3、轨道上山4、中部车场7，分两翼经回风平巷8、联络巷11、运输平巷9到达采煤工作面。通过工作面出来的为污风，右翼工作面出来的污风经过区段回风平巷10，直接进入采区回风石门2，左翼工作面出来的污风经过区段回风平巷10、上部车场6到采区上山的右翼，进入采区回风石门2。采区的污风经过回风石门后进入矿井的回风系统，排出到地面。

掘进工作面所需的新鲜风流，从轨道上山经中部车场7′进入两翼的区段回风平巷8′，在平巷内由局部通风机通过风筒送到掘进工作面，冲洗工作面后的污风经联络巷11、运输平巷9′、运输上山5，进入采区回风石门。

采区绞车房和变电所所需的新风是由轨道上山直接供给。绞车房的回风是经联络巷回入采区回风石门，通过调节风窗，控制绞车房的风量；变电所的回风是通过输送机上山回入采区回风石门。煤仓不能通风，而煤仓上口、胶带输送机机头硐室的所需新风，则由采区运输石门1经行人斜巷供给，通过调节风窗控制其所需风量。

为了保证使采区的风流按上述线路流通，确保工作面所需风量，须在相应地点设置风门、调节风窗等通风设施，确保采区通风的可靠性。

(4) 供电系统

地面的高压电由井筒进入井底车场的中央变电所，通过高压电缆，经运输大巷、采区运输石门、下部车场、运输上山进入采区变电所。经采区变电所降压后的电力，通过电缆分别送到采煤和掘进工作面的配电点，以及上山输送机、绞车房等用电地点。目前综合机械化开采则是高压电直接送至采煤工作面的机巷或风巷，经移动变电站变压后供采煤工作面大型开采设备使用。

(5) 压气、供水系统

压缩空气是为岩巷掘进或锚杆支护使用的凿岩机提供动力。压缩空气是由地面（也有矿井将空压机房设在井底车场附近）压气机房通过专用管道送到采区使用压缩空气的地点。

岩巷掘进凿岩所用的压力水，采煤工作面、掘进工作面以及平巷、运输上山转载点等所需防尘喷雾用水，分别由地面（或井下）水泵房或储水池直接通过供水管道送到采区各用水地点。

上述是采区的主要生产系统，采区为保证安全生产还有安全监控、排水等其他系统，不再详述。

三、单一厚煤层（倾斜分层）采区准备

厚度大于3.5 m的煤层为厚煤层，开采方法目前有分层开采、放顶煤开采与大采高综采支架一次开采。对于缓倾斜、倾斜厚煤层，在我国采用较多的是倾斜分层开采方法。所谓倾斜分层，就是将煤层沿层面划分为若干个中等厚度的分层，分别布置工作面进行回采。普采与炮采分层厚度一般为2.0 m左右，采用综合机械化开采分层厚度一般为3.0 m左右。分层布置的开采顺序主要采用下行式开采（从靠近顶板的分层向底板方向顺序开采），也有矿井采用充填上行式开采（从靠近底板的分层向顶板方向顺序开采）。在采用垮落法管理顶板时，都采用下行式开采；采用上行式开采，则必须采用充填法控制管理顶板。

倾斜分层开采时，在采区一翼同一区段范围内分层开采的上、下工作面之间保持一定超前距离的条件下，同时进行回采，称为分层同采。在同一区段内，采完一个分层后再布置下分层回采巷道进行开采，称为分层分采。分层同采必须在区段内开掘岩石集中巷，同一区段上下分层的工作面可同时进行开采。由于系统的安全性差和工作面单产能力提高，目前已很少采用。如图2—1—2所示为厚煤层分层分采时的采区巷道布置方式。

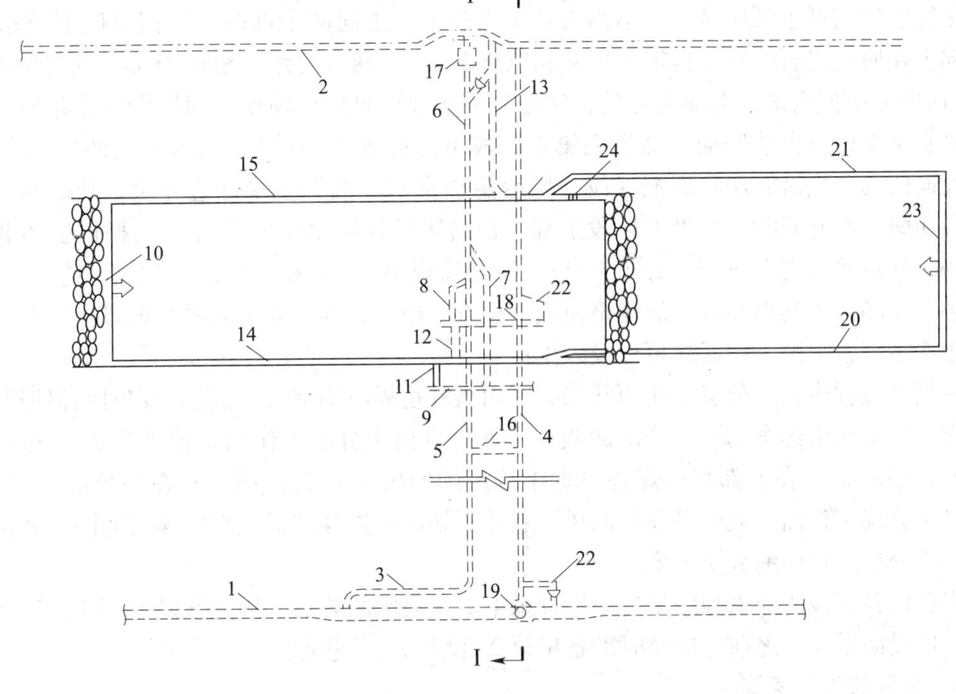

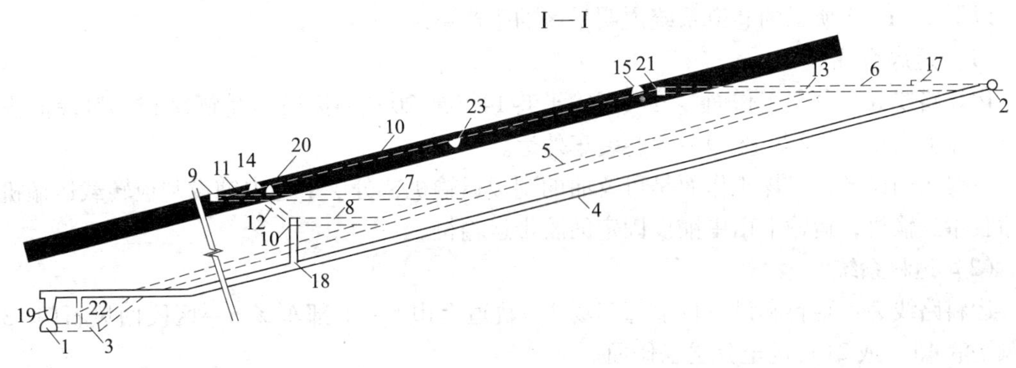

图 2—1—2　单一厚煤层（倾斜分层）采区巷道布置

1—岩石运输大巷　2—岩石回风大巷　3—采区下部车场　4—运输上山　5—轨道上山　6—采区上部车场　7—上部车场石门　8—甩车道　9—下区段轨道平巷　10—上分层工作面　11—区段联络巷　12—溜煤斜巷　13—区段回风石门　14—上分层运输平巷　15—上分层回风平巷　16—采区变电所　17—绞车房　18—区段溜煤眼　19—采区煤仓　20—中分层运输平巷　21—中分层回风平巷　22—行人联络巷　23—下分层工作面开切眼　24—上分层工作面密闭

1. 采区基本条件及巷道布置

该采区上部以煤层风化带为界，下部至大巷水平．沿倾斜划分为 3 ~ 5 个区段。采区内开采一层厚度为 8 ~ 9 m 的煤层，划分上、中、下 3 个分层开采。煤层倾角 12° ~ 13°，埋藏较稳定。阶段运输大巷和回风大巷均布置在距煤层 20 m 左右的底板岩石中。

由于煤层厚度大，在煤层中布置上山维护困难，将采区上山布置在底板岩石中，设置区段岩石集中运输巷，以区段石门和溜煤眼与分层区段平巷相联系。

2. 采区巷道掘进顺序

采区巷道的掘进顺序是：在运输大巷 1 到达采区走向的中部时，开掘采区下部车场 3，由此向上在底板岩石中掘进运输上山 4 和轨道上山 5，两者沿走向相距 25 m，在层位上相错 2 m。两条上山掘至采区上部边界后，轨道上山通过顺向平车场 6 与回风大巷 2 相通，运输上山则直接与回风大巷联通。然后在第 1 区段下部掘进甩车道 8，甩入石门的中部车场 7，并由此向两翼分别沿煤层顶板掘区段分层运输平巷 14，当掘至采区边界时，开始掘进上分层的开切眼。与此同时，在第 1 区段上部，掘出区段分层回风平巷 15。在掘进上述巷道的过程中，开掘采区变电所 16、绞车房 17、区段溜煤眼 18 和采区煤仓 19 等硐室，并完善采区的各个车场。各巷道和硐室的规格质量经检查合格后，即可安装各种机电设备，形成完整采区生产系统，采区工作面就可以投入生产。

在生产过程中，上分层工作面开采到上山煤柱边界收尾结束。滞后一定时间根据开采接替要求，分别在中部车场沿上分层的假顶下面掘进出中分层工作面运输平巷 20，到采区边界后掘开切眼 23，在上部车场煤柱下掘中分层的回风平巷 21。同样，在中分层开采过后，可掘进下分层工作面的运输平巷、回风平巷和开切眼。这样就形成在厚煤层的同一区段一翼内上、下分层工作面的分层分采。

采区内各区段的开采顺序是先分别开采第 1 区段的两翼后，依此开采 2、3 区段。为此，在第 1 区段回采完毕之前，应及时准备出第 2 区段的有关巷道。

3. 采区的生产系统

以图 2—1—2 所示的巷道系统说明采区的生产系统。

（1）运煤系统

运煤路线为：分层工作面→分层运输平巷 14（或 20）→区段溜煤斜巷 12→区段溜煤眼 18→运输上山 4→采区煤仓 19→大巷装车外运。

主要运输设备：采煤工作面是可弯曲的刮板运输机，分层平巷内铺设刮板转载运输机和可缩胶带运输机，运输上山中铺设固定的胶带运输机。

（2）运料系统

运料路线为：物料和设备自下部车场 3→轨道上山 5→上部车场 6→区段回风石门 13→回风平巷 15（或 21）送至分层工作面。

掘进分层运输平巷 14 和 20 掘进时所需的物料，自轨道上山 5→中部车场 7→联络巷 11→分层运输平巷 14 和 20。

（3）通风系统

新鲜风流由运输大巷 1 经过采区下部车场 3、轨道上山 5，到中部车场 7，经过溜煤斜巷 12 和区段联络巷 11 进入分层运输平巷 14（或 20）到回采工作面；通过工作面的乏风经回风平巷 15（或 21）至回风石门 13，到回风大巷 2，经风井排到地面。

绞车房的新鲜风流直接由轨道上山供给，通过调节风窗控制其风量，通过绞车房后排至回风大巷。变电所的通风，是在其出口处设置调节风窗，新鲜风流由轨道上山供给后通过运输上山进入回风系统。

（4）掘进出煤排矸系统

掘进分层运输平巷 14 和 20 时所出的煤，经溜煤斜巷 12，与工作面采出的煤一起运出。分层回风平巷 15 和 21 超前掘进时所出的煤，可装入矿车后，经上部车场 6、轨道上山 5 至下部车场3运出。

准备第2区段时所出的矸石和煤，也可采用矿车经轨道上山和下部车场运出。

（5）供电、压气和供水系统

高压电由井底中央变电所送至采区变电所，经降压后由低压电缆分别送向采区各配电点和其他用电地点；采煤工作面如采用综合机械化开采，高压电经采区变电所后直接送至采煤工作面的移动变电站，降压后送至工作面的开采设备以供使用。

压气是由地面或井下压气机房通过专用管路送到采区使用压缩空气的地点；采区的防尘用水是由地面储水池或井下专设的水泵站通过供水管道通到各用水地点。

4. 区段分层平巷的布置

在厚煤层倾斜分层开采时，根据煤层倾角和分层状况，各分层平巷之间的相互关系主要有以下3种布置形式。

（1）倾斜式布置

倾斜式布置是指各分层开采平巷呈斜坡式（一般是按25°～35°）布置，上区段的分层运输平巷与下区段的分层回风平巷之间留设区段煤柱，其宽度一般不小于15 m。倾斜式布置根据上、下分层平巷位置分为内错式和外错式2种布置方式。内错式布置是将下分层运输平巷和回风平巷置于上分层平巷的内侧，处于工作面采空区下方，区段煤柱成一个正梯形。各分层平巷内错半个到一个巷道宽度，如图2—1—3a所示。内错式布置的下分层平巷处于上分层顶板垮落后形成的应力降低区，平巷容易维护，巷道沿假顶下掘进，方向易于控制。其缺点是分层数较多时，留设的区段煤柱较大下分层工作面长度越来越短。外错式布置是将下分层平巷布置在上分层平巷的外侧，处于上分层区段煤柱的下面，区段煤柱是一个倒梯形，如图2—1—3b所示。这种布置方式的下分层巷道处于煤柱下方固定支撑压力区内，巷道维护困难。下分层工作面的上、下出口处没有人工假顶，围岩破碎给采煤和巷道支护工作带来困难。

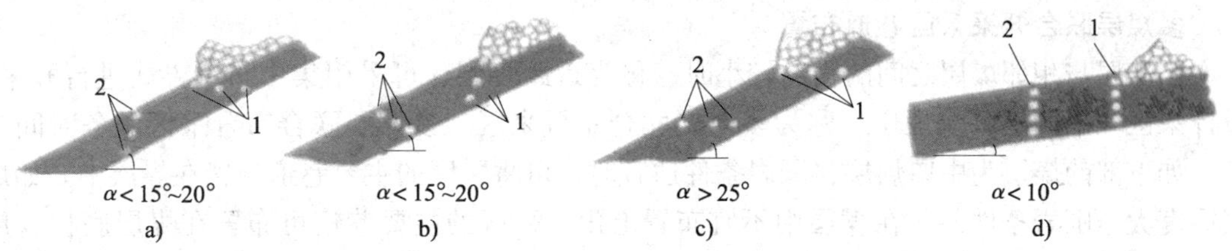

图2—1—3　分层平巷布置基本方式

a）倾斜内错式　b）倾斜外错式　c）水平式　d）垂直式

1—上区段分层运输平巷　2—下区段分层回风平巷

倾斜式布置一般适用于煤层倾角在15°～25°的煤层。

（2）水平式布置

水平式布置是指各分层工作面运输平巷和回风平巷布置在同一标高上，区段煤柱呈平行四边形，如图2—1—3c所示。这种布置方式各分层之间用水平巷道联系，材料运输、行人和通风都比较方便。分层运输平巷处于上分层采空区之下，所受到的压力较小，易于维护。但下区段的分层回风平巷则处于区段煤柱之下，巷道是煤顶，受固定支撑压力的作用，维护比较困难。在实际应用中，上、下区段分层平巷间的垂距一般应大于5 m。

水平式布置一般适用于倾角大于25°的煤层。

(3) 垂直式布置

垂直式布置是指各分层平巷上下相互重叠，区段煤柱呈近似矩形，如图2—1—3d所示。下分层平巷在上分层巷道下方，沿铺设的假顶下掘进，有利于掌握方向，巷道处在低应力区，易于维护。垂直式布置上分层平巷铺设假顶的质量要求较为严格，否则会对下分层平巷掘进支护和维护造成影响。

垂直式布置一般适用于倾角小于8°~10°的煤层，在近水平的厚煤层分层开采时应用较多。

2.1.2 多煤层采区式准备

技能点

1. 合理选择采区巷道布置系统；
2. 绘制多煤层采区巷道布置系统图。

知识点

1. 多煤层采区主要巷道布置的特点；
2. 采区主要巷道布置方式确定；
3. 多煤层采区生产系统分析。

多煤层联合布置采区开采煤层数目多，共用1套采区上山系统，采区内要增加层间联络的巷道，巷道系统相对复杂。通过该节绘制采区巷道系统图的学习，建立起矿井巷道系统的立体关系，能够掌握不同条件采区设计与巷道系统布置的基本技能，具备采区巷道系统初步设计的能力。

多煤层联合开采采区巷道布置

当煤层与相邻煤层之间的距离较小时，称为近距煤层，可采用集中布置方式进行开采。设计采区开采两层以上煤层，称为多煤层联合布置采区。多煤层联合布置采区服务时间较长。如下部的煤层为中厚煤层，围岩条件适宜时，可将采区的主要巷道布置在煤层中。如煤层厚度大，围岩条件差，在煤层中不宜布置上山，采区的主要巷道可布置在煤层底板岩层中。

开采近距离煤层群时，常采用联合布置准备方式，现以图2—1—4所示多煤层联合布置采区准备方式为例进行说明。

1. 采区基本条件与巷道布置

该采区开采m_1和m_2两层缓倾斜的薄及中厚煤层，层间距离小于12 m，煤层顶底板为页岩或砂质页岩，地质构造简单，煤层倾角在14°左右。采区走向长度大于2 000 m，采用双翼布置采区，采区倾向大于800 m，沿倾向划分为4~5个区段。结合煤层条件，采区上山均布置在下部的m_2煤层中，在m_2煤层中的采区巷道布置及生产系统，与单一中厚煤层采区基本相同。开采m_1煤层通过区段石门和溜煤眼与m_2煤层中的巷道相联系，因此在煤层m_1中只开掘区段平巷和布置工作面便可进行回采。

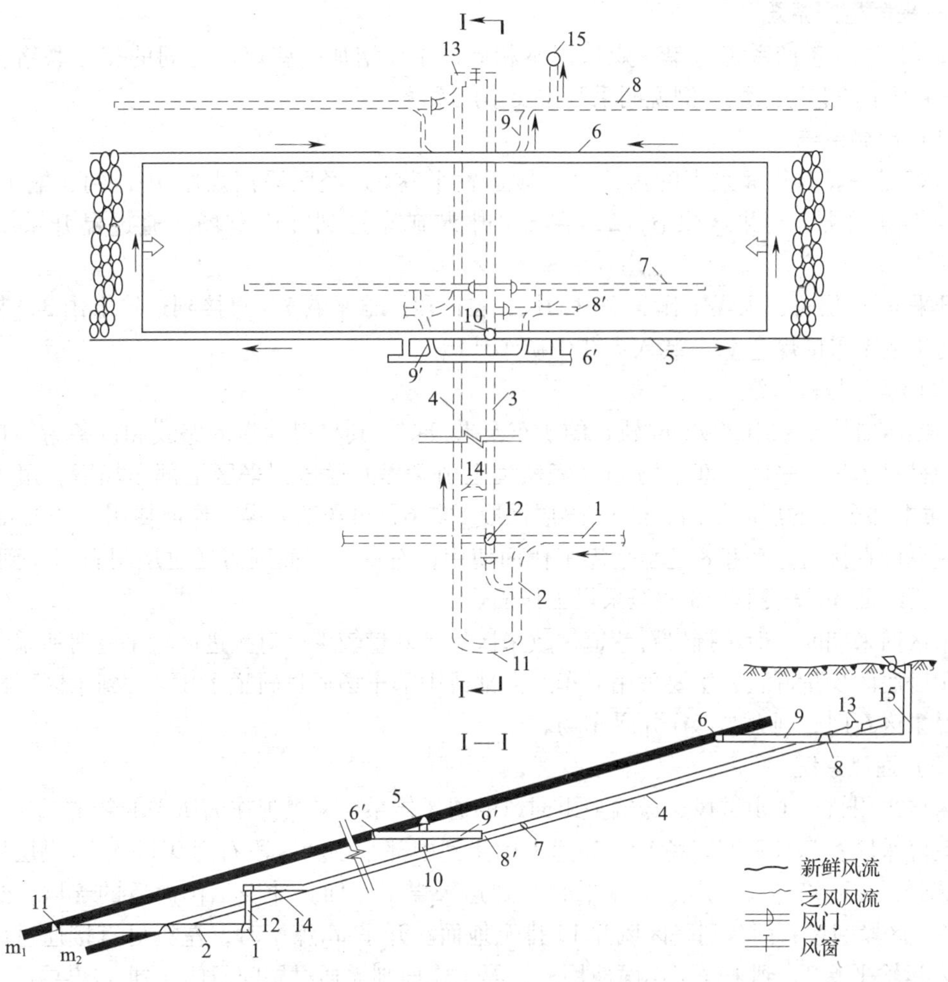

图 2—1—4　近距离煤层联合布置采区

1—岩石大巷　2—采区石门　3—运输上山　4—轨道上山　5—层区段运输平巷
6、6′—m_1 层压段回风平巷　7—m_2 层区段运输平巷　8、8′—m_2 层区段回风平巷
9、9′—联络石门　10—溜煤眼　11—采区下部车场　12—采区煤仓
13—绞车房　14—采区变电所　15—采区风井

2. 采区巷道掘进顺序

采区巷道的掘进顺序是：自岩石大巷 1 开掘采区石门 2 和采区下部车场 11，由此沿 m_2 煤层掘进采区运输上山 3 和轨道上山 4，至第 1 区段位置后，再开掘溜煤眼 10、采区中部车场及区段回风石门 9 而通达 m_1 煤层，然后沿 m_1 煤层掘进区段平巷 5，到采区边界处掘进开切眼。与此同时，自地表开掘采区风井 15 至回风水平，开掘采区回风石门进入采区上部车场，通过区段石门 9 到 m_1 煤层，开掘区段回风平巷 6，至采区边界与开切眼沟通，形成采区的回采系统。开掘采区变电所、上山绞车房等硐室，安装设备形成采区生产系统。即可在 m_1 煤层的第 1 区段进行开采。在 m_1 煤层工作面回采时，根据开采程序的要求，自采区上山 3 和 4，可沿 m_1 煤层掘进区段平巷准备第 2 区段的工作面，或者沿 m_2 煤层掘进区段平巷 7 和 8 准备出第 1 区段的 m_2 煤层工作面，以便保证采区内采煤工作面的正常接替。

3．采区生产系统

多煤层采区生产系统与单一煤层基本相同，主要增加一些煤层之间的相互联络。以图2—1—4所示的巷道系统为例说明采区主要生产系统。

（1）运煤系统

m_1煤层采煤工作面采出的煤，自区段运输平巷5，经区段溜煤眼10，到运输上山3，利用胶带输送机运至采区煤仓12，在大巷中装矿车运到井底车场，通过提升系统运至地面。

开采m_2煤层时，采煤工作面采出的煤，自区段运输平巷7，直接到运输上山3，利用胶带输送机运至采区煤仓12，装入大巷中矿车外运。

（2）运料排矸系统

采区运料排矸采用600 mm轨距的矿车及平板车。其材料运送的路线和设备为：自大巷运入的材料车进入采区下部车场11，经轨道上山4提升运送到采区上部车场后，甩入平巷8，通过上部车场的层间石门9到m_1煤层区段平巷6，再送至采煤工作面使用。开采m_2煤层时，左翼可直接通过平巷8送至采煤工作面使用；右翼工作面则需通过层间石门9到m_1煤层后，再绕回m_2煤层平巷8送至采煤工作面。

采区回采期间一般不掘岩石巷道，故采区的排矸量较少。对掘进区段平巷时所采出的煤及挑顶卧底的少量矸石，主要采用矿车经上部或中部车场通过轨道上山4，到采区下部车场11，经采区石门2到大巷运往井底车场。

（3）通风系统

采区采用轨道上山进风、运输上山回风的通风体系，采煤工作面所需的新鲜风流，自运输大巷经采区石门、下部车场11、轨道上山4到中部车场和区段石门9′进入m_1煤层后，分作两翼经区段联络巷、m_1煤层运输平巷5到达采煤工作面。冲洗工作面后的乏风，经回风平巷6、区段回风石门9到采区风井15排至地面。开采m_2煤层时，左翼可直接通过中部车场送入运输平巷7，到采煤工作面使用；右翼工作面则需通过层间石门9到m_1煤层后，再绕回m_2煤层，进入运输平巷7送到采煤工作面。

为保证风流路线按上述路线流动，必须在采区中部车场适当地点设置风门等通风设施，控制风流路线，保障工作面的可靠供风。

采区内的掘进工作面是利用局扇供风，回风主要通过运输机上山进入采区回风系统。采区绞车房和变电所需风量，是从轨道上山进入，回风到运输上山，通过设置调节风窗控制硐室风量。

（4）供电系统

高压电缆由井底中央变电所经大巷1、运输上山3到采区变电所14，降压后的低压电，由低压电缆分别送向回采和掘进工作面附近的配电点，以及上山运输机和绞车房等用电设备。采用综合机械化开采，高压电则经采区变电所后直接送至采煤工作面的移动变电站，降压后供采煤工作面的开采设备使用。

（5）供水系统

采区的采掘工作面和巷道运输机各转载点需要洒水降尘，减少粉尘的危害。采区所需要的防尘喷雾用水，主要是由采区风井的地面水池通过专用管路送至采区的各用水地点。

上述示例是两层煤的采区巷道联合布置。在煤层数目多于两层、且最下部有薄及中厚煤层时，也可以采用上述布置方式。如采区最下部是厚煤层或围岩性质较差不宜布置采区主要巷道时，也可将主要巷道布置在底板岩石中。

2.1.3 采区巷道布置

技能点

1. 正确进行采区上山布置方式的选择；
2. 合理确定采区车场与区段平巷布置方式。

知识点

1. 采区上山布置方式与选择；
2. 区段平巷布置方式及特点；
3. 采区车场主要形式与选择。

对采区上山、采区车场和区段平巷等采区巷道的布置方式、特点与适用条件进行分析，选择合理的采区巷道布置方式是采区设计的关键。结合所设计采区具体条件，提出不同的巷道设计方案，通过分析巷道系统的合理性，确定较优的采区巷道布置方式。

在选择采区巷道布置方式时应考虑的主要因素是煤层赋存条件、围岩性质、瓦斯含量、涌水量以及采区生产能力与服务年限等。在进行采区巷道系统设计时，首先确定采区上山布置方式、上山的数目、布置位置以及上山之间相互位置关系等；区段平巷布置包括布置方式、区段平巷间的护巷方式；采区车场主要是根据上山所在层位与区段平巷的关系，选择适宜的车场形式。采区巷道系统必须安全性能好，可靠性强。满足生产与安全要求的布置方式是矿井安全生产的基本保障。

一、采区上山布置分析

1. 采区上山的数目

在条件简单的采区至少要保证有 2 条上山，形成完善的采区生产系统。1 条铺设运输设备，运送采出的煤炭称为运输上山；1 条铺设轨道，通过矿车运输生产所需的材料设备称为轨道上山。在一些特定条件下，为满足安全生产的要求，需要增加上山数目，规定必须布置 3 条以上的上山。《煤矿安全规程》第 113 条明确规定：高瓦斯矿井、有煤（岩）与瓦斯（二氧化碳）突出危险的矿井每个采区和开采容易自燃煤层的采区，必须设置至少 1 条专用回风巷；低瓦斯矿井开采煤层群和分层开采采用联合布置的采区，必须设置 1 条专用回风巷。在现场，当生产能力较大，经常出现上、下区段同时生产，需要简化采区通风系统；集中运输上山和轨道上山布置在底板岩层中，需要探清煤层赋存情况；涌水量较大需要专用泄水巷道的采区，都需布置 2 条以上的上山。服务年限不长的上山，煤层厚度合适可沿煤层布置上山，以便减少采区巷道掘进费用，并起到探清地质构造和煤层变化的作用。

2. 采区上山的位置

双翼采区，采区上山布置在采区沿走向的中部。根据煤层赋存条件，采区上山的层位可布置在煤层中，也可考虑布置在煤层的底板岩层中，在一些特殊条件下，也有把采区上山布置在煤层顶板岩层中。在条件允许的情况下，首先考虑把上山布置在煤层中；采区上山服务年限长，煤层厚度大、煤比较松软，上山布置在煤层中维护困难，可考虑把上山布置在岩层中。随着支护技术的发展，目前在煤层中布置上山逐渐增多，这也将是以后发展的趋势。

3. 采区上山之间的相互关系

采区上山之间的水平间距，根据巷道压力显现特征，考虑互不影响，一般为 20 ~ 25 m。上山间距过大，使上山之间的联络巷长度加大；间距过小相互影响，则不利于巷道维护，对中部车场的布置和施工也带来一定的困难，也不便在上山之间布置机电硐室。

采区上山在层位上的相互位置，可以布置在同一层位上，也可使上山之间在层位上保持一定的高差。为便于运煤，一般多将运输上山布置在比轨道上山低 3 ~ 5 m 的层位上。如果采区涌水量较大，为使涌水不经运输上山中流出，同时也考虑有利于采区中部车场布置，也可将轨道上山布置在低于运输上山层位上的位置。当采区上山都布置在同一煤层中，且煤层厚度又大于上、下山巷道的高度时，一般是将轨道上山沿煤层顶板布置，运输上山则沿煤层底板布置，以便于处理采区车场巷道与上山的交叉关系。

4. 采区上山的布置方式

（1）一煤一岩上山

当煤层群最下一层煤层为煤质及顶底板岩石坚硬、地质条件较好的中厚煤层和厚煤层时，可将轨道上山布置在该煤层中，运输上山布置在底板岩层中，如图 2—1—5a 所示。这种布置方式可减少一些岩石巷道工程量，适用于产量较小，服务年限相对较长的采区。

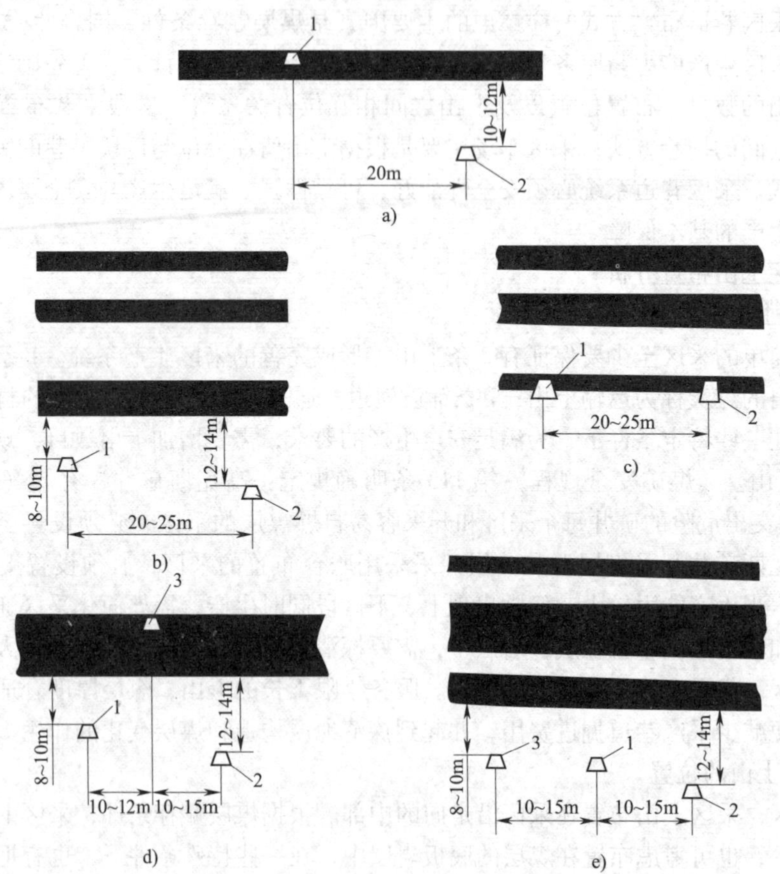

图 2—1—5　采区上山位置布置类型

1—轨道上山　2—运输上山　3—通风行人上山

（2）两岩石上山

当煤层群最下一层为厚煤层，或者虽为薄及中厚煤层，但煤质松软，顶底板岩层不稳定时，可将 2 条上山都布置在煤层底板岩层中，如图 2—1—5b 所示。

（3）两煤层上山

当煤层群最下一层煤层为顶底板岩层稳定，地质条件好的薄及中厚煤层时，或虽为厚煤层，但其底板岩层布置巷道不经济时，可将上山布置在煤层中，如图 2—1—5c 所示。这种布置方式掘进施工方便，速度快，掘进费用低，但上山维护工作量大，留设的上山煤柱宽度一般较大。

（4）两岩一煤上山

为进一步探清煤层情况和地质构造，在煤层中开设 1 条通风行人上山，在煤层底板岩层中布置两条岩石上山，如图 2—1—5d 所示。掘进时一般先掘煤层上山，为两条岩石上山探清地质变化情况。

（5）3 条岩石上山

当开采煤层层数多、厚度大、储量丰富或瓦斯涌出量大、通风系统复杂的采区时，可将 3 条上山布置在煤层底板岩层中，如图 2—1—5e 所示。采用 3 条岩石上山布置方式，岩石掘进工程量大，一般采用较少。

二、区段平巷布置分析

1. 区段平巷布置方式

区段平巷的布置方式主要是指采区内上、下区段之间的回采平巷布置形式，主要分为单巷布置和双巷布置。区段平巷的布置方式是根据煤层赋存特征以及地质条件和开采工艺与工作面的接替要求等因素综合考虑确定。

单巷布置是上、下区段之间布置一条巷道，2 个采煤工作面分别使用。也为沿空留巷布置方式。

双巷布置是上、下区段之间布置 2 条巷道，分别为上区段的运输平巷和下区段的回风平巷。双巷布置又可根据不同的掘进方法，分为单巷掘进和双巷掘进。目前主要采用的布置方式为双巷布置单巷掘进。

以前由于掘进通风和其他因素影响，工作面有采用双巷掘进的布置方式。在掘进过程中，通常下区段轨道平巷超前于上区段运输平巷沿腰线掘进，这样既可探明煤层变化情况又便于辅助运输和排水。对于煤层瓦斯含量较大、一翼走向长度较长的采区，双巷掘进有利于通风和安全。其主要缺点是提前开掘出下区段的轨道平巷，在上区段开采过程中，受开采动压影响较大，且需留设区段煤柱护巷，巷道维护费用和煤柱损失都较大，并且也增加了联络巷道的掘进费用和工作面采过后密闭的费用。如采用双巷掘进的布置方式，上区段采煤工作面结束后，应立即转到下区段工作面进行回采，以减少所掘回风平巷的维护时间。目前随着技术发展，局部通风距离可达到 3 000 m 以上，区段平巷布置方式以采用单巷掘进为主。在综合机械化采煤时，随采煤工作面生产能力提高，工作面的通风能力受到影响，有的矿井区段平巷也采用双巷布置，可以减小巷道断面，将输送机与移动变电站、泵站分别布置在 2 条巷道内，运输平巷随采随废，对移动变电站、泵站所在的平巷加以维护，作为下区段的回风平巷，如图 2—1—6a 所示。这种布置方法的缺点是，配电点到用电设备的输电电缆以及乳化液输送管、水管等需穿过 2 条平巷之间的联络巷，工作面每推进一个联络巷的距离时，就要移置变电站、乳化液泵站，并需将电缆、油管等管线拆下来在另一条联络巷中重新布置，给正常生产和维修带来不便。为保证下区段回风平巷的断面满足综采工作面的通风要求，有时还需要重新扩巷或新开一条巷道。

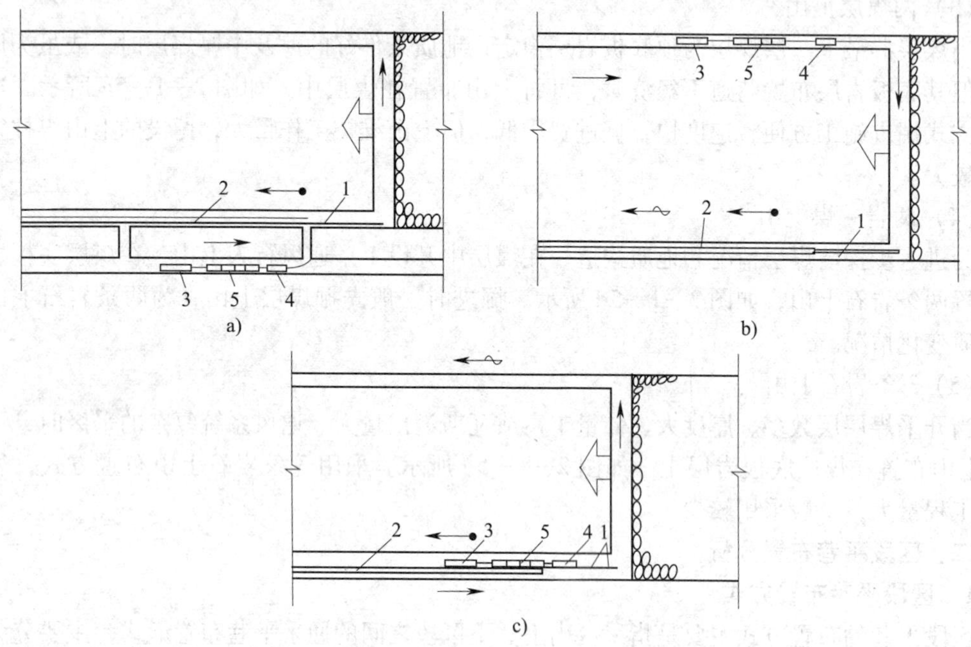

图 2—1—6　综采区段平巷布置

a）双巷布置　b）单巷布置（设备分巷布置）　c）单巷布置（电气设备设在区段运输巷中）

1—转载机　2—胶带输送机　3—变电站　4—泵站　5—配电点

在平巷维护条件许可的前提下，综采工作面一般是采用单巷掘进的布置方式，如图 2—1—6b 所示。综合机械化采煤采用单巷掘进布置时，区段运输平巷内的一侧设置转载机和胶带输送机，另一侧需设置泵站及移动变电站等电气设备，因而巷道断面较大，规定要求综采运输平巷巷道断面面积在 12 m^2，如图 2—1—6c 所示。综采工作面的区段回风平巷断面面积不小于 10 m^2。由于巷道断面大，不利于掘进和维护，要求采用强度较高的支护材料，根据围岩条件可采用工字钢梯形支架或 U 形钢拱形可缩性支架，条件适宜的矿井，区段平巷应推广采用锚杆支护。

在煤层倾角小于 10°的低瓦斯矿井，采煤工作面有采用下行通风方式，将工作面的配电点、变电站等布置在区段上部轨道平巷中，区段上部轨道平巷进风，下部运输平巷回风，这种布置方法可减小运输平巷的巷道断面，但运输设备在回风流中，应注意加强瓦斯和煤尘的管理工作，以保证工作面生产安全。

2. 区段巷道的护巷方式

区段巷道的护巷方式主要分为煤柱护巷与无煤柱护巷。煤柱护巷是上、下区段的回采巷道之间留设 8 ~ 15 m 以上的区段煤柱保护巷道。区段无煤柱护巷是上、下区段的回采巷道之间不留或留设 1 ~ 3 m 的小煤柱，区段平巷沿已开采的采空区边缘布置，回采巷道位于低应力区内，避开或削弱固定支撑压力的影响，改善巷道维护状态。采用无煤柱护巷，减少区段间煤炭损失，能够有效提高采区的采出率。目前在大、中型矿井区段巷道已大部分采用无煤柱护巷方式。

区段无煤柱护巷分为沿空留巷和沿空掘巷 2 种方法。

(1) 沿空留巷

沿空留巷是指在采煤工作面采过之后，将区段平巷用专门的支护材料进行维护，作为下区段的回采巷道再次使用。沿空留巷主要适用于开采缓倾斜、倾斜煤层，煤层厚度在 2 ~ 3 m以下的薄及中厚煤层。沿空留巷的优点是少掘进一条区段巷道，减少巷道掘进工程量，减少煤柱损失，提高采区采出率。同时巷道处于采空区边缘，避开了固定支撑压力的影响，巷道维护条件较好。其缺点是巷道要承受上、下工作面开采时 2 次采动影响，维护时间较长，巷旁支护与巷道的维修费用高。

沿空留巷必须在采空区侧进行巷旁支护，巷旁支护方法种类很多，我国目前应用较广的主要是密集支柱、人工砌块、木垛、矸石带或刚性充填带等支护方式。巷旁支护采用木垛支护如图 2—1—7a 所示，在靠采空区一侧支设单排或双排木垛，其优点是顶底板接触面积大，比较稳定，挡矸效果好，架设方便灵活；缺点是木材消耗量大，支护刚度低，一般在围岩比较松软、煤层倾角较大的条件下使用。采用密集支柱支护如图 2—1—7b 所示，在巷道靠采空区一侧支设 2 排密集支柱，特点是架设方便，支护强度大，支撑顶板及时，对采高适应性好，一般用于顶底板较坚硬的中厚煤层中。采用矸石带巷旁支护如图 2—1—7c 所示，石料取自垮落的顶板，工作量大，一般用于采高不大、顶板比较稳定的中厚煤层。人工砌块是用料石、混凝土预制块等材料代替矸石的支护类型。刚性充填带是采用水力或风力将遇水凝固的硬石膏和碎矸石等充填到巷旁，具有较好的性能和护巷效果，有利于机械化作业，是巷旁支护技术的发展方向。

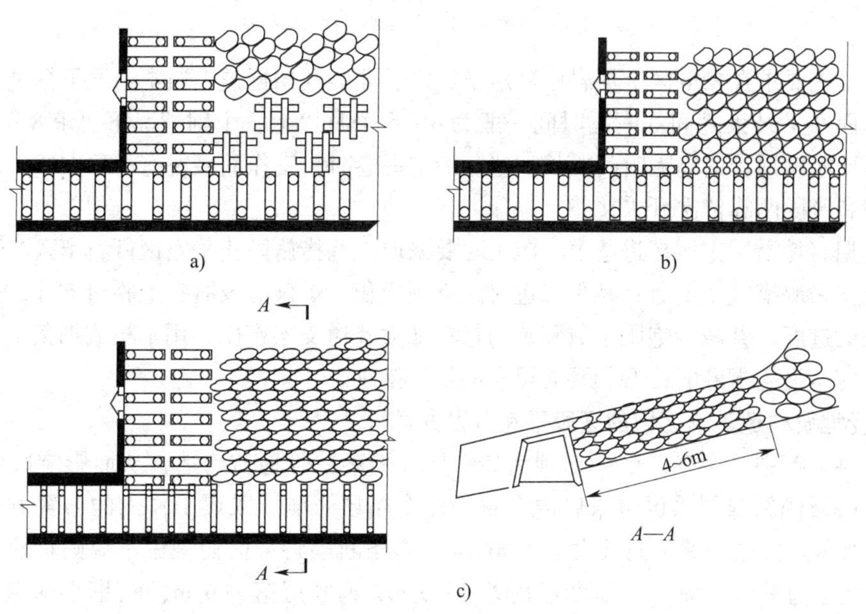

图 2—1—7　巷旁支护的几种类型

a）木垛支护　b）密集支护　c）矸石带支护

沿空留巷也是采用前进式开采所采用的支护方式。在我国目前沿空留巷一般使用在后退式开采，工作面开采过程中保留一条回采巷道，在相邻区段开采时继续使用。在实际应用中，为减少沿空留巷的维护时间，在开采顺序安排上要求开采的工作面结束后应及时转入相邻区段工作面进行开采。

（2）沿空掘巷

沿空掘巷是指沿着已采工作面的采空区边缘低应力区内，掘进相邻区段工作面的区段回采平巷。根据巷道位置的不同，沿空掘巷又分为完全沿空掘巷和留窄小煤柱沿空掘巷，如图2—1—8所示。沿空掘巷利用采空区边缘应力较小的特点，沿着上覆岩层已垮落稳定的采空区边缘进行掘进，有利于区段平巷在掘进和生产期间的维护。沿空掘巷多用于开采缓斜、倾斜厚度较大的中厚煤层和厚煤层。沿空掘巷没有减少区段平巷的数目，但可不留或少留煤柱，减少了煤炭损失及区段平巷之间的联络巷道，特别是可减少巷道维修工程量甚至基本上不用维修，对巷道支护没有特殊要求，是目前应用较为广泛的一种无煤柱护巷方式。采用沿空掘巷时，需要根据煤层和顶板条件，通过观测和试验确定沿空巷道的位置和掘进下区段巷道的滞后时间。沿空巷道位置的确定，主要考虑便于掘进施工等因素。一般是完全沿空掘巷。当沿空掘进巷道受采空区矸石窜入的影响比较严重、掘进施工困难时，可采用留2～3 m窄小煤柱的布置方法。

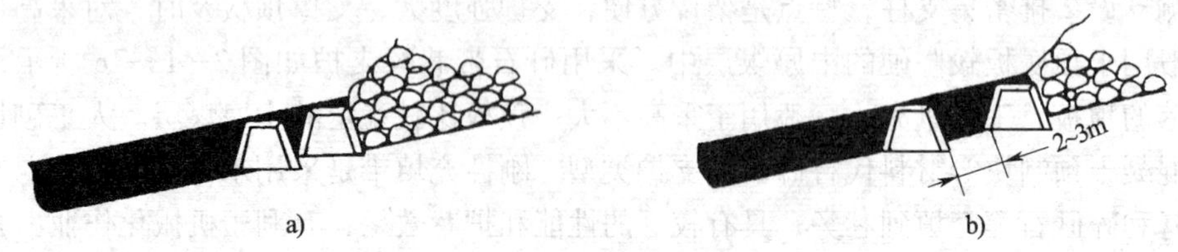

图2—1—8　沿空掘巷的巷道位置

a）完全沿空掘巷　b）留窄小煤柱沿空掘巷

沿空掘巷要求在采空区上覆岩层垮落稳定之后才能开始掘进。通常情况下掘进与上区段采煤工作面开采结束之间的间隔时间一般为4～6个月以上，个别情况下要求8～10个月，坚硬顶板比松软顶板的间隔时间要长一些。沿空掘巷时，工作面接替有2种方式，即区段间跳采接替和区段两翼依次开采接替。

沿空掘巷是沿采空区掘进巷道，施工时要采取一些措施防止采空区矸石窜入巷道和防止冒顶事故。采取措施主要有：减少掘进时的空顶面积，爆破后及时打上临时支柱；适当缩小每次爆破的进度，并减少炮眼个数和装药量；加大巷道支架密度，用木板或荆条梁等材料刹好顶帮；完全沿空掘巷时，必须要有可靠的挡矸措施。

3. 受地质构造影响区域的区段平巷布置方式

在实际生产中，很多采区会遇到诸如断层、陷落柱等地质构造，从而影响区段平巷布置。现有一缓倾斜煤层采区，采区内布置受多个断层影响，采煤工作面的布置方式，如图2—1—9所示。采区一翼走向长大于1 000 m，多条断层将采区切割成不规则自然块段，图2—1—9所示为采区一部分。F_1断层落差4～5 m，F_8断层落差4 m，F_{10}断层落差2～7 m，采区边界F_{12}断层落差为10 m。采用单一走向长壁采煤法，综合机械化开采。针对该采区实际状况，为减少断层的影响，充分利用断层切割的自然块段进行区段划分和布置采煤工作面。区段平巷沿断层交面线方向、分段取直平行布置。有的开切眼沿断层布置，工作面开采的初期，首先在扇形区域内调斜开采。采用折线布置的工作面，开采初期是沿伪斜方向向上或向下开采，转弯处采用调斜旋转开采。这种布置既增加综采工作面连续推进长度，减少综采工作面搬迁次数，又减少边角煤的损失，增加采区的可采储量，而且可以扩大综采的适用范围；但进行旋转开采时，工作面生产管理难度较大，对安全生产有一定的影响。

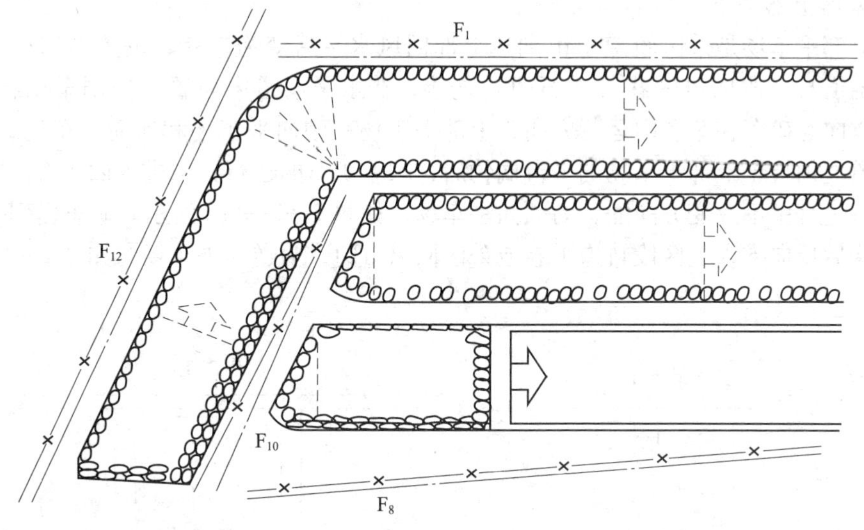

图 2—1—9 受断层影响时区段平巷的布置方式

采区内有陷落柱存在对工作面布置与开采影响较大，在区段内遇到陷落柱时，应根据陷落柱的分布范围合理布置区段平巷。若区段内局部有陷落柱时，一种方法是可绕过陷落柱，沿陷落柱边缘重新开掘一段区段平巷，在陷落柱前方另开一短工作面切眼，缩短工作面长度进行回采，待工作面绕过陷落柱后，再将工作面布置成原来的长度进行回采，如图 2—1—10a 所示。另一种方法是当工作面推进到陷落柱前方时，沿陷落柱边缘重新开掘一段区段平巷，缩短工作面长度进行回采，待工作面跨过陷落柱后，再将工作面布置成原来的长度进行回采，如图 2—1—10b 所示。当区段内陷落柱范围较大时，则可采用跳过陷落柱重新开切眼，布置工作面进行回采，如图 2—1—10c 所示。

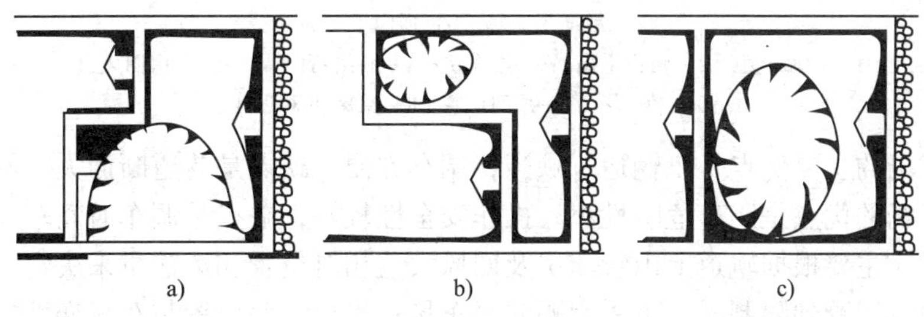

图 2—1—10 遇陷落柱时区段平巷的布置方式

三、采区车场形式的选择

采区车场是采区上（下）山与运输大巷、回风大巷以及区段平巷连接处的一组巷道和硐室的总称，是采区巷道布置系统中的重要组成部分。采区车场的巷道包括甩车道、存车线及一些联络巷道等。采区车场按所处的位置分为上部车场、中部车场和下部车场。根据采区上山所处的层位，正确选择采区上、中、下部车场的布置形式。

1. 采区上部车场

采区上部车场是采区上山与采区上部区段回风平巷（或回风石门）之间的一组联络巷道和硐室。它的基本形式分为平车场和甩车场。

（1）采区上部平车场

采区上部平车场是采区轨道上山到达上部回风水平后变为平巷，设置上部车场与绞车房，通过绕道与区段回风平巷（或石门）连接，在水平巷道内布置车场调车线和存车线。根据提升方向与矿车在车场内运行方向，上部平车场有顺向平车场和逆向平车场 2 种形式。矿车经轨道上山提至上部平车场的平台摘钩后，顺着矿车的运行方向进入回风石门或区段平巷，在运行过程中不改变方向的，为顺向平车场，如图 2—1—11a 所示。矿车提到平车场进入平台摘钩后反向推入上区段轨道平巷或采区回风石门，为逆向平车场，如图 2—1—11b 所示。

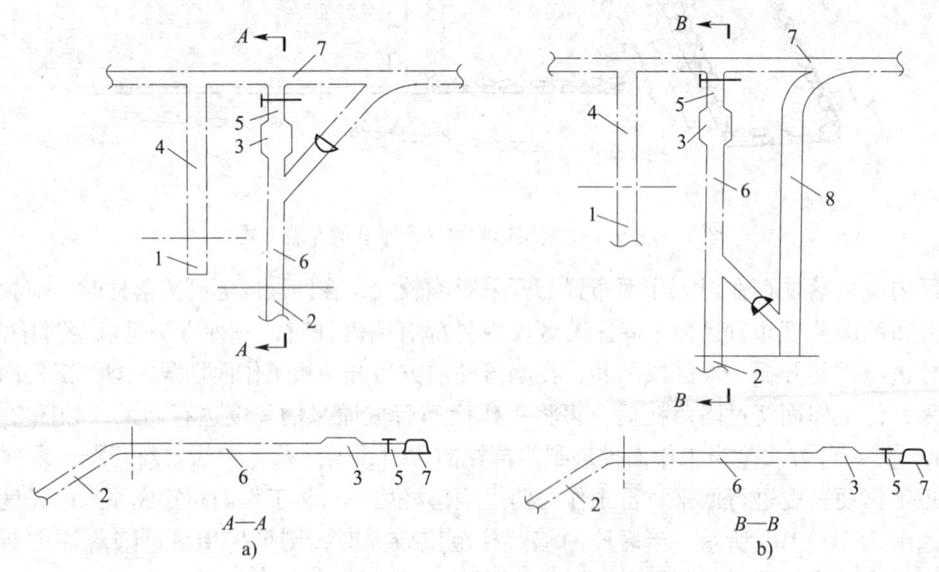

图 2—1—11　采区上部平车场

a）顺向平车场　b）逆向平车场

1—运输上山　2—轨道上山　3—绞车房　4—联络石门　5—绞车房回风道　6—平车场　7—总回风巷　8—采区回风石门

顺向平车场的主要优点是车辆运行顺当，调车方便；缺点是巷道断面大，易出现跑车事故。逆向平车场的优点是跑车危险性小，操作安全性较好；缺点是调车时间较长，通过能力小。在选择时，主要根据轨道上山绞车房及回风大巷相对位置和运输量来决定。当运输量较大，绞车房的位置受到限制时，可采用顺向平车场；当绞车房位置与车场变坡点之间距离较大，另有采区回风石门与煤层阶段回风大巷相联系，一般多采用逆向平车场。

（2）采区上部甩车场

采区上部甩车场是轨道上山以倾斜的甩车道与区段回风平巷（或石门）相连接，如图 2—1—12 所示。这种布置方式绞车房设在阶段回风水平以上的位置，绞车将矿车沿轨道上山提至回风水平标高以上，然后经甩车道甩入上部区段回风平巷，在平巷中设置存车线和调车线。上部甩车场的特点是使用安全方便，调车时间短，安全性能好、效率高。但由于绞车房布置在阶段回风水平之上，如为第一水平开采时，围岩条件较差，绞车房维护比较困难，也增加联络巷道的工程量。

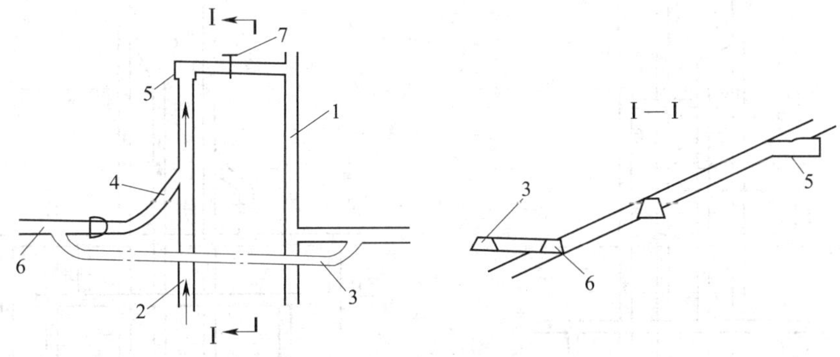

图 2—1—12 采区上部甩车场

1—运输上山 2—轨道上山 3—绕道 4—甩车道

5—绞车房 6—回风巷 7—调节风门

采区上部甩车场的布置形式和中部车场基本相同，主要是保证在交岔点以上有提升所需的提车距离与安全距离。上部甩车场的布置形式可参照中部车场布置形式进行选择。

2. 采区中部车场的形式

采区中部车场用于轨道上山中部与区段平巷之间的连接。采区中部车场主要采用甩车场。只有在上山倾角小，采用无极绳运输时，有布置为平车场。

采区中部车场，按甩车场的甩车方向，分为单向甩车场和双向甩车场，在一般条件下，中部车场多采用单向甩车场。车场形式按甩入地点的不同，又分为甩入绕道式、甩入石门式和甩入平巷式 3 种。

（1）甩入绕道式中部车场

当运输上山和轨道上山沿同一层位布置在煤层时，为避免车场与运输上山交叉，需要开掘顶板绕道，这时可采用单向甩车、甩入绕道的布置形式，如图 2—1—13 所示。

（2）甩入石门式中部车场

当采区开采煤层群联合布置时，轨道上山布置在下部煤层中或在底板岩层内时，采区中部车场一般采用甩入石门布置形式，如图 2—1—14 所示。甩入石门中部车场的调车过程是：由轨道上山 2 提升上来的矿车，通过甩车道 6 甩入中部轨道石门 9 中，经石门 9 进入区段轨道平巷 4。各区段出煤经运输平巷 3，到运煤石门或溜煤眼 8，通过区段溜煤眼 7 溜入运煤上山 1 中。

（3）甩入平巷式中部车场

轨道上山与运输上山在同一煤层布置，中部车场一翼可为直接甩入平巷的布置形式，采区另一翼则需通过顶板绕道进入；当

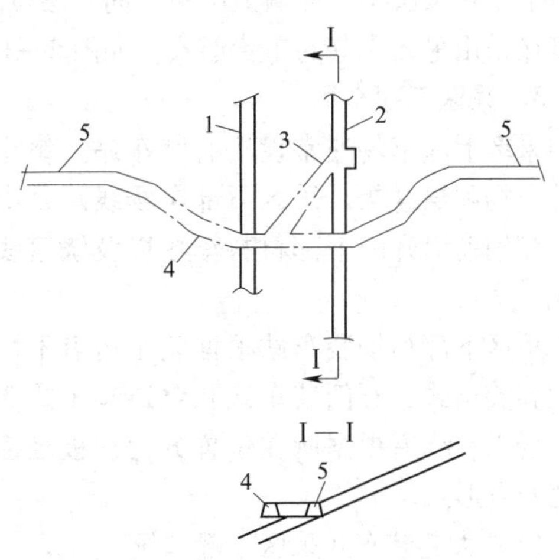

图 2—1—13 单向甩车甩入绕道式中部车场

1—运输上山 2—轨道上山 3—甩车道

4—绕道 5—区段轨道平巷

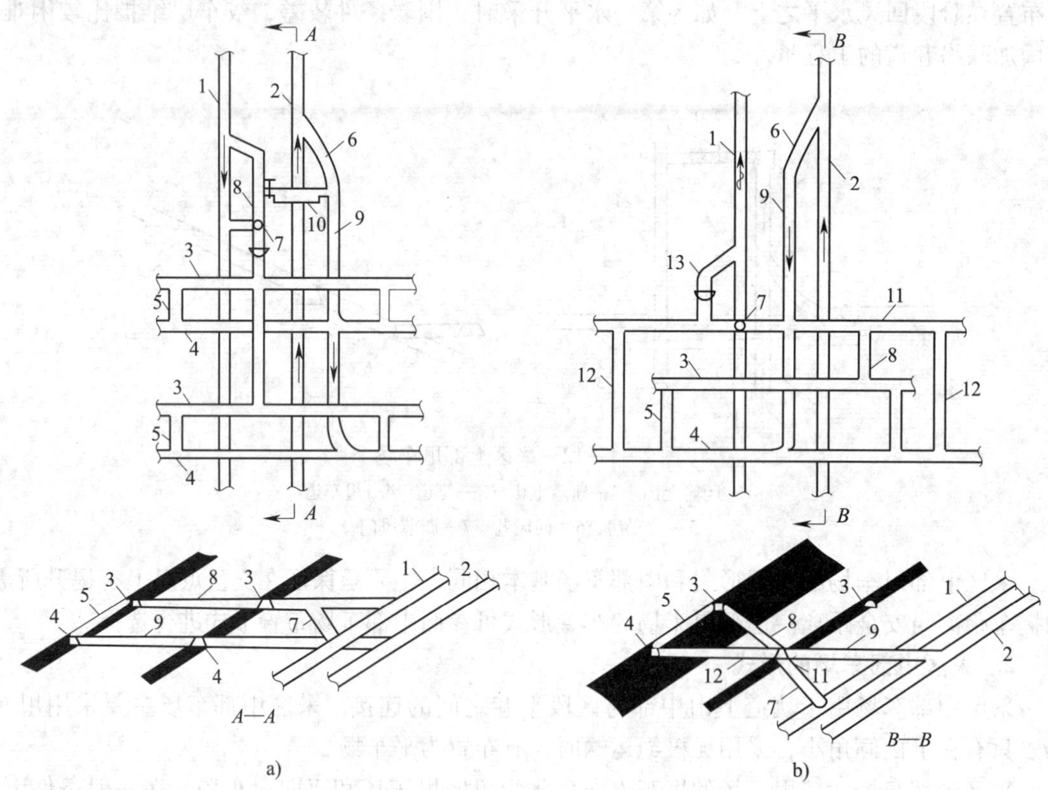

图 2—1—14　甩入石门的中部车场

a）石门联系　b）石门与溜煤眼联系

1—运输上山　2—轨道上山　3—区段运输平巷　4—区段轨道平巷　5—联络巷　6—甩车道　7—区段溜煤眼　8—区段运煤石门（溜煤眼）　9—区段轨道石门　10—采区变电所　11—区段运煤集中平巷　12—联络石门　13—人行道

轨道上山在煤层中，运输上山不在同一层位时，中部车场可采用双向甩车布置方式，两翼都可直接采用甩入平巷的布置形式，如图 2—1—15 所示。

3. 采区下部车场

采区下部车场通常设置有装车站、绕道、辅助提升车场和煤仓等。采区下部车场线路是由采区装车站和辅助提升的下部材料车场以及绕道线路组合而成。

采区下部车场装车站根据装车地点不同，可分为大巷装车式、石门装车式和绕道装车式 3 种。材料车场以及绕道根据所在位置分为顶板绕道和底板绕道布置形式。

（1）大巷装车式采区下部车场

装车站线路主要用于采区煤炭的装运。大巷装车线路可分为通过式和尽头式 2 种。通过式装车站是在矿井边界方向还有生产采区，运输的列车要通

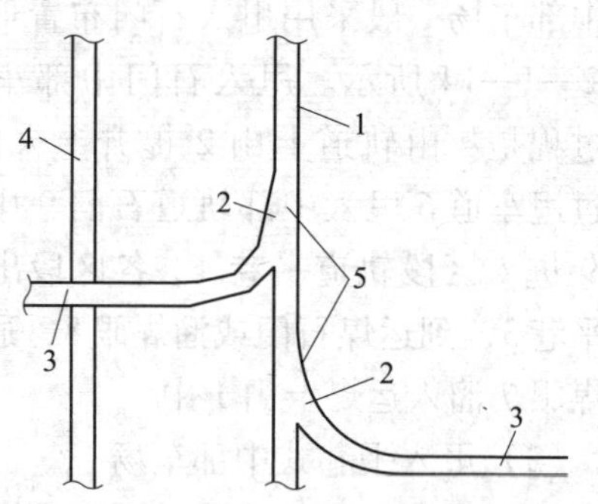

图 2—1—15　双向甩车甩入平巷中部车场

1—轨道上山　2—甩车道　3—区段轨道平巷　4—运输上山　5—交岔点

过该装车站进入邻近采区。尽头式装车站是采区位于矿井的边界采区，没有其他采区的车辆通过。通过式和尽头式装车站，一般均采用折返式调车。调车方法主要采用调度绞车进行调车，如图 2—1—16 所示。在一些地方小型矿井有采用矿车自动滚行的调车方式，巷道起伏较大，目前已很少采用。

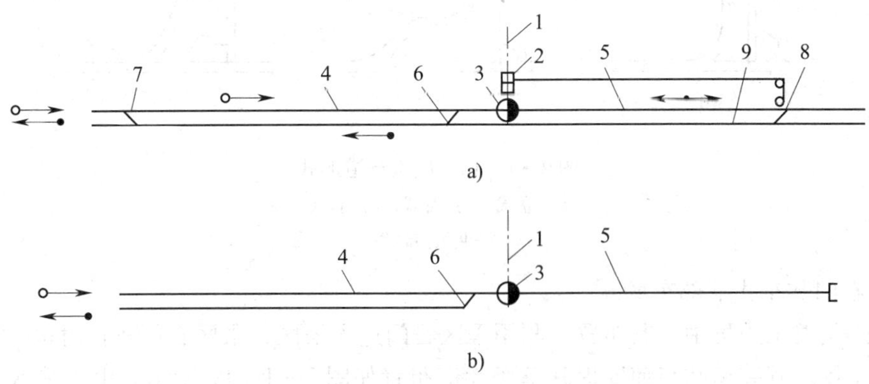

图 2—1—16　大巷装车站线路布置

a）通过式　b）尽头式

1—运输上山　2—调度绞车　3—煤仓　4—空车存车线

5—重车存车线　6—装车点道岔　7、8—渡线道岔　9—通过线

辅助提升下部材料车场用于运送采区生产所需的材料、设备和掘进巷道时所出的煤矸等。大巷装车式下部车场的辅助提升车场多为绕道式布置。绕道位于大巷顶板方向的称为顶板绕道，如图 2—1—17 所示；位于大巷底板方向的称为底板绕道，如图 2—1—18 所示。在煤层倾角小于 10°以下时，一般可采用底板绕道式。煤层倾角较大时，一般都采用顶板绕道。采用顶板绕道，绕道必须从大巷的顶板上部通过，需根据煤层倾角合理确定起坡点至大巷的距离。绕道分为立式、卧式和斜式 3 种，其选择原则是在满足存车长度的情况下，尽量减少车场绕道的工程量。煤层倾角较小时，距离较远，可采用立式。反之可选择卧式和斜式。为了便于调车、通风和行人，绕道出口方向一般朝向井底车场方向布置。

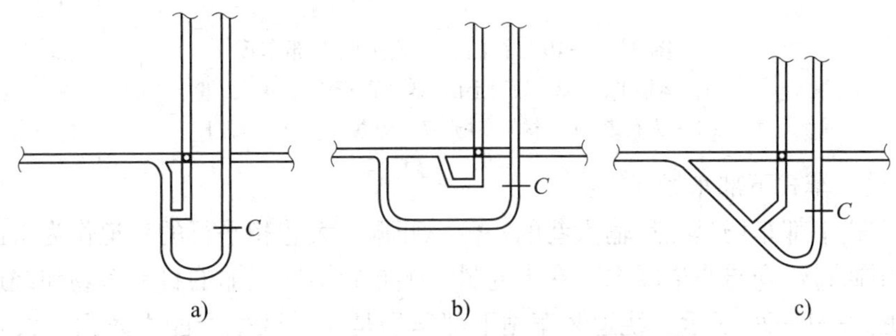

图 2—1—17　顶板绕道形式

a）立式　b）卧式　c）斜式

C—起坡点位置

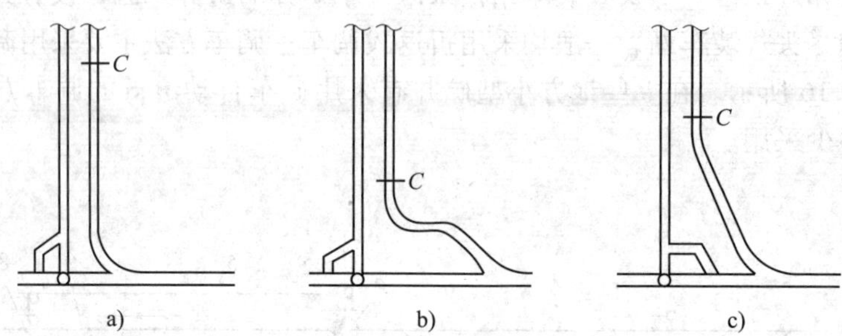

图 2—1—18　底板绕道形式

a）立式　b）卧式　c）斜式

C—起坡点位置

（2）石门装车式下部车场

开采煤层群采用集中大巷布置，利用采区石门进入采区，采区石门较长时可采用石门装车式下部车场。其装车站与辅助提升车场巷道布置如图 2—1—19 所示。由于采区石门和运输机上山在平面投影上相错一定距离，采区煤仓多为倾斜式布置。

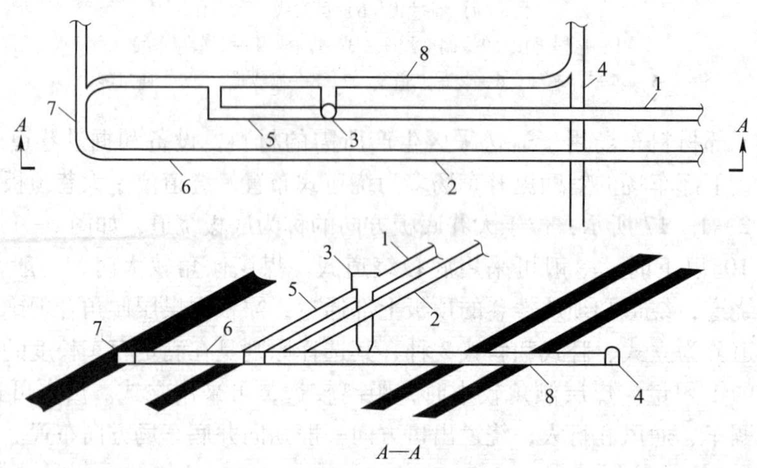

图 2—1—19　石门装车式采区下部车场

1—运输上山　2—轨道上山　3—采区煤仓　4—大巷

5—人行道　6—材料车场　7—绕道　8—采区石门

（3）绕道装车式下部车场

绕道装车式下部车场是在运输大巷的一侧，开掘与大巷相平行的巷道作为采区下部装车站，运输上山通过煤仓与绕道联系。在大巷另一侧布置辅助运输的材料车场和绕道与轨道上山相连。如图 2—1—20 所示，绕道装车站下部车场是在采区生产能力较大，大巷的通过能力受限，又不宜开掘大断面巷道时采用的一种布置方式。

四、确定采区巷道布置方案步骤

（1）画煤层底板等高线

即绘制采区煤层底板等高线图。

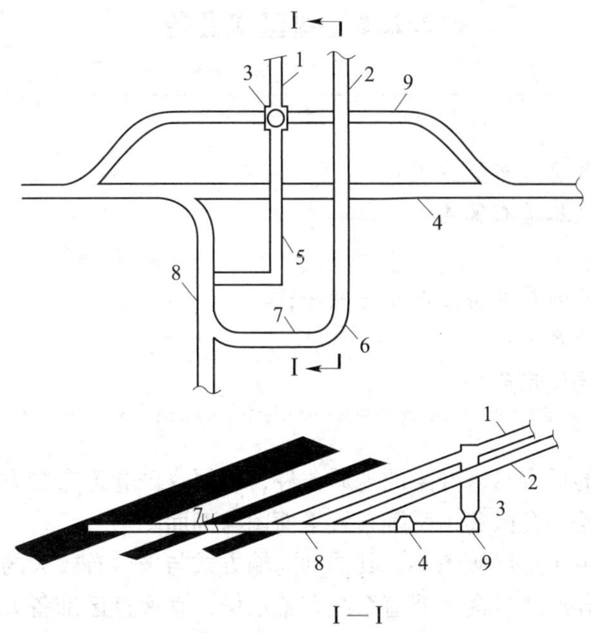

图 2—1—20　绕道装车式采区下部车场

1—运输上山　2—轨道上山　3—采区煤仓　4—大巷　5—人行道
6—材料车场　7—顶板绕道　8—采区石门　9—绕道装车站存车线

（2）计算储量确定生产能力

计算采区的煤炭储量，选择开采工艺方式，确定采区的生产能力与服务年限。

（3）选择准备方式进行区段划分

依据采区所开采的煤层赋存条件和不同准备方式的特点与适应性，选择设计采区采用的准备方式；结合设计采区选择的开采工艺方式，进行采区的区段划分，分析选择区段巷道布置方式、护巷方式、巷道断面形状与支护方式等。

（4）确定采区巷道布置方案

根据选择的准备方式，做出采区上山预计位置的煤层剖面图。提出采区上山的不同布置方案，进行方案比较，确定采区上山的布置方式。选择确定采区上、中、下部车场的布置形式。绘制采区巷道布置平面图与剖面图。

注意绘制采区巷道布置平面图与剖面图选择的比例要协调，配合关系要相互对应。

课题 2.2　近水平煤层准备方式

煤层倾角在 8°以下为近水平煤层。在近水平煤层开采时，由于煤层倾角小，井田内一般不再按垂高将其划分为阶段，而将井田分成几个部分，每一部分是具有独立生产系统的块段，称为盘区准备方式；也可直接从主要的运输大巷沿煤层倾斜方向布置采煤工作面，即为带区准备方式；采用柱式体系也是近水平煤层的一种开采方式。

2.2.1 盘区式准备

技能点

1. 合理确定盘区巷道布置方式；
2. 能够绘制盘区巷道布置图。

知识点

1. 盘区巷道布置的基本特点及掘进顺序；
2. 盘区主要生产系统；
3. 盘区开采主要使用条件。

本节是结合设定的适合盘区开采的地质条件，根据盘区巷道布置方式的特点，选择盘区巷道布置方式，并且绘制盘区巷道系统布置平面图与剖面图。

盘区准备方式，由于煤层倾角小，其辅助运输方式与采区有较大的不同，尤其是在巷道布置方面存在较大差异。通过盘区巷道系统布置示例，掌握盘区准备方式的基本特点，分析所设计开采煤层的赋存条件，选择适宜的盘区准备方式。依据具体的开采条件进行盘区巷道布置方案设计，确定盘区主要巷道布置方式、区段划分与巷道布置和选择盘区车场基本形式。依据盘区设计方案，绘制出盘区巷道布置系统的平面图和剖面图。

盘区准备方式是近水平煤层开采的主要准备方式之一。盘区式准备多把运输大巷和回风大巷沿煤层走向大致布置在井田倾斜的中央，将井田划分成若干个盘区。盘区式准备依据主要运输巷道布置方式，可分为上（下）山盘区和石门盘区准备方式。

一、上（下）山盘区式准备

1. 开采条件与巷道系统

盘区的开采条件是开采两层中厚煤层，煤层间距 10 ~ 12 m，煤层之间为砂质页岩和砂岩互层，煤层平均倾角 5°左右；盘区内地质构造简单，瓦斯涌出量较小；盘区开采范围沿煤层走向长度大于 1 800 m，倾斜长 1 000 m 左右。主要运输大巷布置在下层煤的底板岩层中，回风大巷在盘区下端布置在上部煤层中。

2. 巷道布置与掘进顺序

盘区开采的两层中厚煤层间距不大，结合盘区开采条件，采用上山盘区联合布置准备方式，分煤层进行开采。盘区轨道上山布置在 m_1 煤层中，运输上山布置在 m_2 煤层中。如图 2—2—1 所示为煤层群联合布置的上山盘区巷道布置示意图。巷道布置及掘进顺序如下：

从进入盘区的运输大巷 1 与总回风巷 2 首先布置盘区下部车场 6，自运输大巷 1 开掘与大巷相平行的盘区材料斜巷 3 和甩车场 16，进入 m_1 煤层后，掘盘区无极绳运输的绞车房 17 与轨道上山 4；开掘回风斜巷 8，使轨道上山 4 和总回风巷 2 连通。同时，从下部车场 6 开掘进风斜巷 7 到达 m_2 煤层，沿 m_2 煤层掘进盘区运输上山 5，并开掘盘区煤仓 9。在 m_1 煤层中开掘的盘区轨道上山 4 到达盘区上部，开掘无极绳运输的尾轮硐室 18；沿 m_2 煤层开掘的盘区运输上山 5 到达盘区上部后，从巷道 12 向上掘区段材料斜巷 14 与 m_1 煤层区段进风平巷 10 连通。分别开掘 m_2 煤层的区段进风平巷 12 和运输平巷 13，第 1、2 区段的进风平巷 10 和运输平巷 11，同时，开掘溜煤眼 15 将 m_1 煤层区段运输平巷 11 与盘区运输上山 5 连通；区段平巷掘至盘区边界后掘出开切眼，安装开采的机械设备，经验收合格后，采煤工作面即可投入生产。

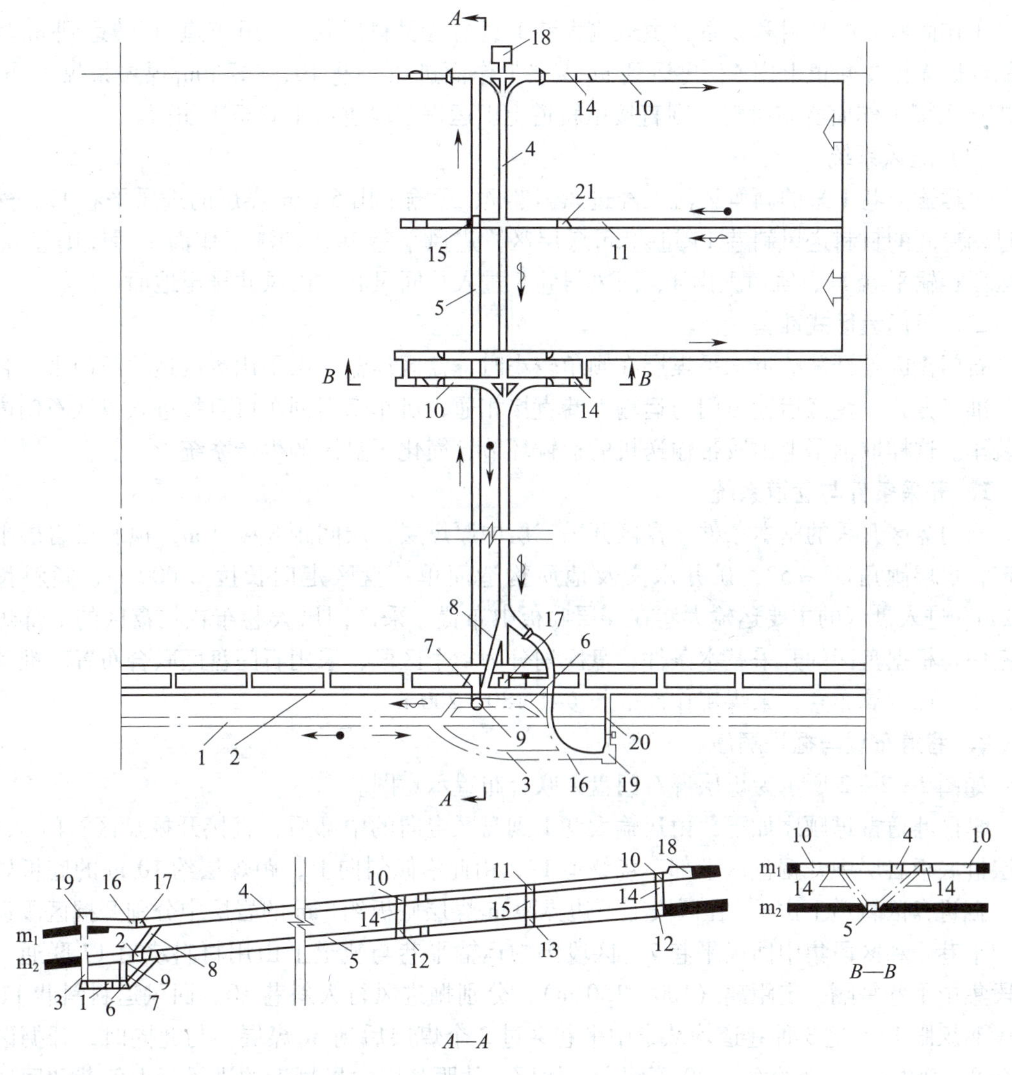

图 2—2—1　联合布置的上山盘区准备方式

1—岩石运输大巷　2—总回风巷　3—材料斜巷　4—盘区轨道上山　5—盘区运输上山
6—下部车场　7—进风斜巷　8—回风斜巷　9—煤仓　10—m_1 煤层区段进风平巷
11—m_1 煤层区段运输平巷　12—m_2 煤层区段进风平巷　13—m_2 煤层区段运输平巷
14—区段材料斜巷　15—区段溜煤眼　16—甩车道　17—无极绳运输绞车房
18—无极绳绞车尾轮硐室　19—材料斜巷绞车房
20—绞车房回风巷　21—下层煤回风眼

3. 盘区主要生产系统

盘区生产系统包括：煤炭运输、材料设备运送、工作面的通风、掘进煤矸排出、供电、供水、供气、瓦斯监控等系统。以下主要介绍盘区生产的三大主要系统。

（1）运煤系统

m_1煤层工作面采出来的煤炭，经 m_1煤层区段运输平巷 11 运到区段溜煤眼 15，然后经 m_2煤层中的共用运输上山 5，运到盘区煤仓 9，在盘区下部车场 6 装车运出盘区。

（2）运料系统

工作面所需的材料和设备，由运输大巷 1 经盘区材料斜巷 3、甩车道 16 转运到 m_1煤层中的盘区无极绳轨道上山 4，再运到 m_1煤层工作面进风平巷 10，送到 m_1煤层采煤工作面。m_2煤层采煤工作面所需材料，则直接由轨道上山运进区段进风平巷至工作面。

（3）通风系统

由运输大巷 1 来的新鲜风流，经进风斜巷 7、运输上山 5、m_2煤层的进风平巷 12，然后通过两层间的材料进风斜巷 14 进入 m_1煤层区段进风平巷 10，冲洗工作面。污风则经 m_1煤层区段运输平巷 11、轨道上山 4、回风斜巷 8 进入总回风巷，由风井排至地面。

二、石门盘区式准备

石门盘区是开采的近水平煤层在倾角较小时，盘区运输上山采用盘区运输石门来代替的一种准备方式。盘区运输石门与运输大巷直接相通，机车牵引列车可直接进入盘区石门内进行装车。这样取消了上山胶带输送机的运输环节，简化了盘区的生产系统。

1．开采条件与巷道系统

石门盘区开采的基本条件：盘区开采三层中厚煤层，层间距 8 ~ 10 m，顶底板岩层中等稳定，煤层倾角 3° ~ 5°，矿井水文及地质构造简单；盘区走向长度 2 000 m，倾斜长近 900 m。进入盘区的主要运输大巷在煤层底板中布置，采区回风大巷布置在盘区的上部煤层底板中。根据盘区的开采基本条件，盘区划分为 4 个区段，采用石门盘区联合布置的准备方式，工作面双翼布置，采煤工作面的长度在 180 ~ 200 m。

2．巷道布置与掘进顺序

如图 2—2—2 所示为煤层群石门盘区联合布置示意图。

盘区巷道掘进顺序如下：由运输大巷 1 到盘区走向的中部后，直接开掘盘区石门 3；在煤层群底板岩层中开掘盘区下部车场绕道 19；由此沿倾斜向上，距煤层约 10 m 的底板岩层中，掘进盘区轨道上山 4。在区段上下边界距 m_3煤层底板约 8 m 的岩层中分别开掘区段运输集中平巷 6 和区段集中回风平巷 7，区段集中运输平巷与轨道上山用材料绕道 17 联通。自区段集中平巷每隔一定距离（100 ~ 150 m），分别掘进风行人斜巷 10、回风运料斜巷 11 和区段溜煤眼 12，这 3 种巷道均从集中平巷穿过 2 个煤层后到 m_1煤层。与此同时，开掘区段煤仓 8、变电所 21 和绞车房 20 等硐室。然后，从距盘区边界最近的进风行人斜巷和回风运料斜巷分别开掘 m_1煤层区段超前运输平巷 13、超前回巷平巷 14 及开切眼，待盘区构成完整的巷道系统，安装好开采机械设备后，即可在 m_1煤层工作面采煤。当 m_1煤层工作面采过靠近盘区边界的第 1 个进风行人斜巷和回风运料斜巷之后，即可准备 m_2煤层上分层的超前运输平巷 15、超前回风平巷 16 和开切眼，随后在 m_2煤层上分层工作面进行采煤（在安全生产条件允许的情况下，可实现分层同采）。同样可依次准备出 m_2煤层下分层及 m_3煤层各分层的采煤工作面。待第 1 区段各层煤全部采完之后，及时拆除集中运输平巷 6 内的输送机等设备，铺设轨道作为第 2 区段的集中回风平巷。

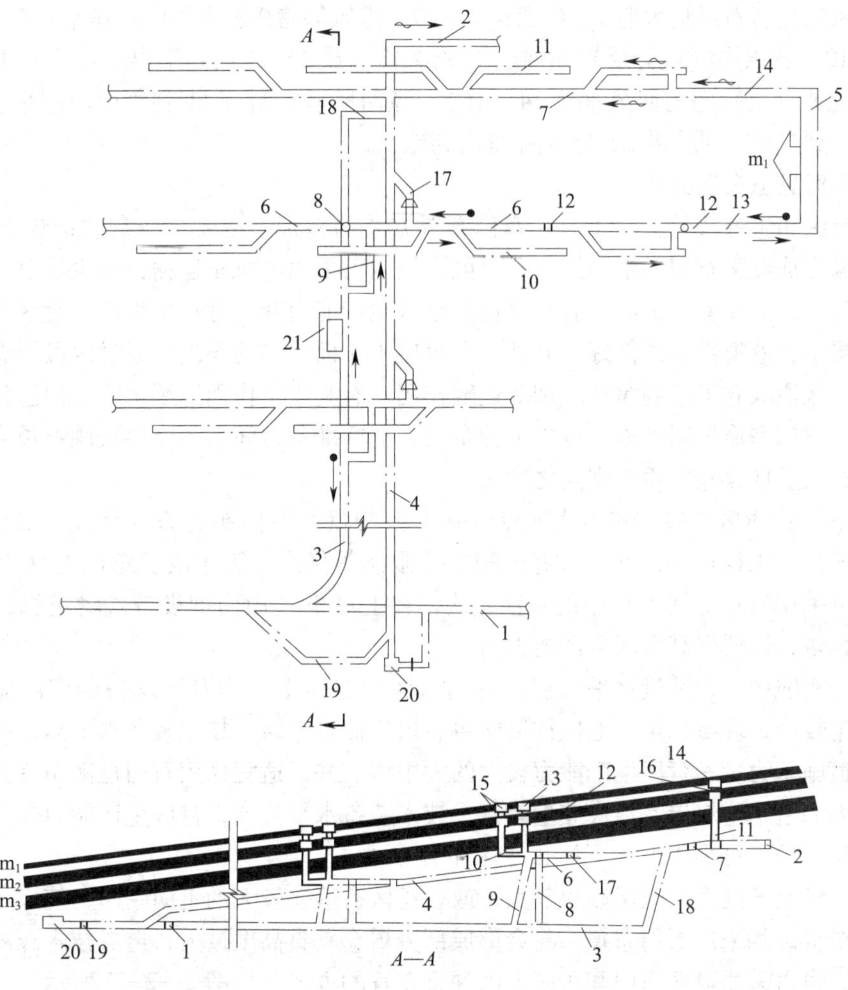

图 2—2—2　煤层群石门盘区联合布置

1—岩石运输大巷　2—盘区回风大巷　3—盘区石门　4—盘区轨道上山　5—m_1煤层采煤工作面　6—区段岩石运输集中平巷　7—区段岩石轨道集中平巷　8—区段煤仓　9—进风斜巷　10—进风行人斜巷　11—回风运料斜巷　12—溜煤眼　13—m_1煤层超前运输平巷　14—m_1煤层超前回风平巷　15—m_2煤层超前运输平巷　16—m_2煤层超前回风平巷　17—材料绕道　18—盘区石门尽头回风斜巷　19—车场绕道　20—绞车房　21—变电所

3. 盘区主要生产系统

（1）运煤系统

各煤层采煤工作面采出的煤炭，由煤层或分层工作面超前运输平巷 13（或 15 等），经区段溜煤眼 12 到集中运输平巷运至区段煤仓 8，在区段石门 3 中装入矿车运出盘区。

（2）运料系统

采煤工作面所需的材料和设备，由运输大巷 1 经盘区下部车场 19、无极绳轨道上山 4 运到集中轨道平巷 7，然后由回风运料斜巷 11 提到各煤层（或分层）工作面超前回风平巷 14（或 16）运到采煤工作面。

（3）通风系统

新鲜风流自岩石运输大巷1，经盘区石门3、进风斜巷9进入集中运输平巷6，再经进风行人斜巷10、各煤层（或分层）超前运输平巷13（或15），送到采煤工作面。工作面污风则由煤层（或分层）超前回风平巷14（16），经回风运料斜巷11到集中轨道平巷7，再经轨道上山4到盘区回风大巷2，经风井排出到地面。

三、盘区巷道布置分析

石门盘区布置方式与上（下）山盘区布置方式的差别，主要是将盘区运煤上（下）山的倾斜运输变成盘区石门的水平运输。盘区石门内可采用电机车运输，减少了盘区和大巷之间的运输环节，运输能力加大，有利于提高盘区生产能力和合理集中生产。盘区石门位于煤层底板岩层中，巷道维护条件好。此外，各煤层工作面采出的煤炭，通过区段煤仓在石门内装车外运，区段煤仓可起到缓冲和调节运输作用，有利于工作面连续生产。但这种布置方式的缺点是：石门和溜煤眼的岩石掘进工程量大，盘区准备时间长。当煤层倾斜长度大，倾角稍大时，石门盘区煤仓的垂高则随之增大。

上（下）山盘区布置方式的优缺点，基本上与盘区石门布置方式相反。盘区上（下）山布置方式具有工程量小，不受大巷运输方式限制等优点。为了改善盘区上（下）山的维护条件，可采用岩石上（下）山的布置方式，在上（下）山内铺设带式输送机，同时加大盘区煤仓容量，以便提高盘区生产能力。

在生产实践中，开采近水平煤层，石门盘区和上（下）山盘区均得到广泛应用。通常在煤层倾角较小、埋藏稳定、地质构造简单、煤炭储量丰富、技术装备水平高，并且有一定的岩石巷道施工力量、盘区生产能力较大的大中型矿井，适宜采用石门盘区布置方式。对煤层倾角较大的近水平煤层，煤炭储量丰富，技术装备水平较高，盘区生产能力较大，矿井采用胶带连续运输，可采用上（下）山盘区布置方式。

在盘区倾斜长度大，煤层倾角较大，或在盘区有落差较大的走向断层，使煤层上升或下降时，整个盘区均采用石门布置，将会形成部分煤仓垂直高度过大，造成技术经济上极不合理的情况，也可采用盘区石门和盘区上山混合布置的方式，如图2—2—3所示。

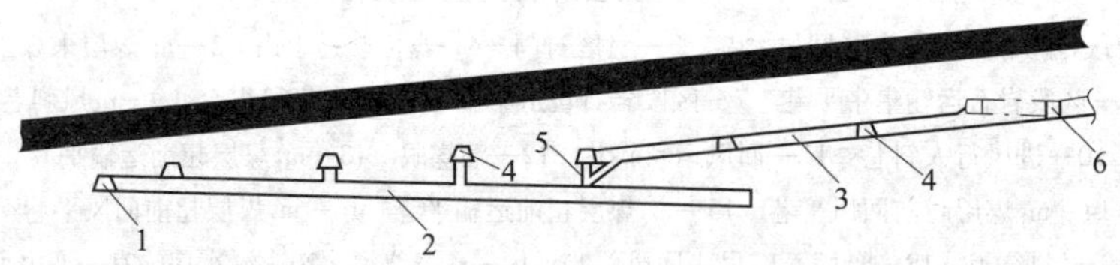

图2—2—3　盘区石门与盘区上山混合布置

1—运输大巷　2—盘区石门　3—盘区上山　4—区段集中平巷　5—煤仓　6—回风大巷

随着井下运输采用胶带运输机连续化运输技术发展，采用上（下）山盘区布置方式将是盘区布置方式的发展趋势。

四、示例

1. 基本条件

山西郑家庄矿井初期开采一盘区为山西组2号、4号煤层，2号煤层为大部可采薄及中厚煤层，见煤点厚度1.02～2.14 m，平均1.79 m；煤层结构简单。盘区走向长度2 100 m，倾向长度 1 200 m，煤层倾角一般在 5°～7°。煤层在盘区中部的厚度较大，由中间向西逐渐变薄，为大部可采煤层，顶板岩性多为砂岩、砂质泥岩，底板为砂质泥岩、泥岩、中粒或细粒砂岩，地质构造简单。4 号煤层位于 2 号煤层下 3.8～5.9 m，见煤点厚 3.85～5.70 m，平均 4.46 m。大部分含 1 层夹矸，局部有 3 层，厚 0.05～0.46 m，平均 0.26 m。煤层总体具有由东向西逐渐增厚的趋势，最厚 5.70 m 位于井田西部。为全盘区可采煤层，顶板岩性多为炭质泥岩、泥岩和少量砂质泥岩，底板为砂质泥岩和泥岩。煤层赋存平缓，地质构造简单，区域内没有发现大的褶曲及断层；该矿为高瓦斯矿井。

2. 矿井移交生产和达到设计生产能力时的盘区数目和位置

矿井移交生产和达到设计生产能力时，设计以一个盘区保证矿井的设计生产能力。首采盘区布置在井底车场附近的一盘区，一盘区 4 号煤层布置一个综采工作面、2 号煤层布置一个综采工作面。为使矿井尽快建成投产，尽早出煤，一盘区开拓在井底车场附近，首采工作面布置盘区下山的西侧。

3. 盘区巷道布置

根据设计的井田开拓方案，矿井首采盘区布置 1 号集中煤仓附近的一盘区，一盘区共布置 3 条下山。其中胶带下山、轨道下山均沿 4 号煤层布置，一期回风下山沿 2 号煤层布置。采用煤层群联合布置的下山盘区巷道两侧各留设 40.0 m 的保护煤柱。

布置在 4 号煤层中的回采工作面，其工作面胶带运输巷道直接与一盘区胶带下山垂直连接，工作面轨道巷道直接与轨道下山连接（设置风门），回风巷道直接与回风下山连接；布置在 2 号煤层中的回采工作面，其工作面胶带巷道与布置在 4 号煤层中的胶带下山通过溜煤眼连接，工作面轨道巷道通过 18°斜巷与布置在 4 号煤层中的轨道下山相连接，回风巷道则直接与布置在 2 号煤层中的回风下山相连接。盘区内工作面采用下行前进式布置，回采工作面采用后退式开采。

4. 盘区主要生产系统

（1）运煤系统

4 号煤层综采工作面（2 号煤综采工作面）采煤机落煤→可弯曲刮板输送机→工作面巷道转载机→工作面巷道破碎机（粉碎大块煤）→工作面巷道可伸缩胶带机（2 号煤→工作面溜煤眼）→胶带下山胶带输送机→上仓胶带巷胶带输送机→集中煤仓→主立井箕斗→地面外运系统。

（2）辅助运输系统

副立井→副立井井底车场→轨道下山→回采工作面轨道巷道、掘进工作面→回采工作面。

（3）通风系统

主立井、副立井→轨道下山、胶带下山→工作面胶带、进风巷道→回采工作面→工作面轨道巷道、回风巷道→回风下山→集中回风巷→1 号回风立井→地面。

（4）排水系统

回采工作面巷道、掘进工作面→轨道下山→井底水仓→副立井排水管路→地面井下水处理站。

根据所提供的开采条件，参考盘区巷道布置图，进行盘区巷道设计训练。按 1∶2 000 比例画出该盘区巷道布置系统图。

2.2.2　带区式准备

技能点

1. 合理确定带区巷道布置方式；
2. 绘制带区开采巷道布置图。

知识点

1. 带区开采巷道布置方式；
2. 带区开采生产系统；
3. 仰采、俯采开采的特点。

带区式准备方式开采巷道系统，是沿煤层倾斜方向布置采煤工作面的回采巷道，到阶段的上部或下部边界后，沿走向开掘工作面的切眼，工作面沿煤层倾斜向上或向下推进。通过本节的学习，熟悉矿井采用带区开采巷道布置的基本特征和适宜倾斜长壁开采的条件。进行倾斜长壁开采巷道绘制训练，能够掌握回采巷道与主要巷道的相互关系。

带区开采是近水平煤层开采时一种常用的准备方式，也称倾斜长壁采煤法。是直接从开采水平的主要运输巷道向煤层沿倾斜方向开掘布置采煤工作面，安装好开采设备后，沿倾斜方向推进开采。带区开采采煤工作面是水平状，为减少带区装载点的数目，一般采用相邻条带共用装载点的布置方式，称为相邻带区布置方式。也有 2 个以上条带工作面共用装载点的布置方式，称为多带区布置方式。带区布置也分为单一煤层和多煤层带区。带区开采不设采区上山，巷道系统简单，初期开掘工程量较小，建井速度快，在一些倾角较小的矿井使用效果较好。

一、单一薄及中厚煤层的相邻带区巷道布置

采用带区准备方式开采单一薄及中厚煤层，采用相邻带区布置方式，巷道系统十分简单。

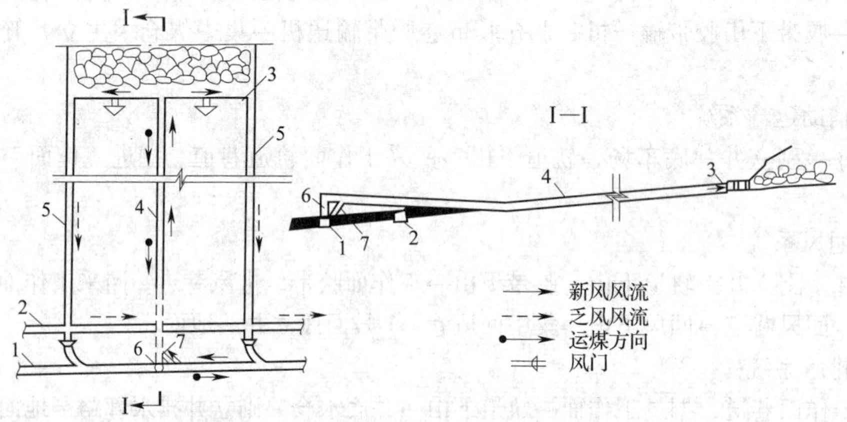

图 2—2—4　单一薄及中厚煤层倾斜长壁工作面巷道布置

1—水平运输大巷　2—水平回风大巷　3—采煤工作面　4—工作面运输巷道
5—工作面回风巷道　6—煤仓　7—进风行人斜巷

1．巷道布置与掘进顺序

某矿井开采单一中厚煤层，煤层厚度 1.6 ~ 2.2 m，采用带区准备方式。工作面采用倾斜长壁俯斜开采，每个条带采煤工作面的长度为 150 ~ 200 m；工作面推进距离为阶段的斜长，其长度 1 000 m 左右。主要运输大巷与回风大巷都布置在煤层中，位于条带的下端。巷道布置系统如图 2—2—4 所示。巷道掘进顺序为：自水平运输大巷 1 开掘进风行人斜巷 7，到煤层顶板，形成条带煤仓，沿倾向开掘顶板岩石巷道从回风大巷的上方通过进入煤层，沿煤层倾斜向上掘进工作面运输巷道 4 至阶段上部边界。同时，自水平运输大巷 1 沿煤层倾斜向上掘进工作面回风巷道 5，该巷道与水平回风大巷 2 相交，至阶段上部边界后，井切眼布置工作面，便可进行采煤。工作面如采用炮采或普采可布置为对拉形式，两侧的回风巷道 5 则同时掘进；采用综合机械化开采时，工作面生产能力大，不宜布置为对拉形式，在一个工作面生产过程中，可采用沿空留巷方式，保留运输巷道 4，在另一条带开采时继续使用。

2．带区主要生产系统

（1）运煤系统

自采煤工作面 3 采出的煤，运至条带运输巷道 4，经胶带运输机直接运到煤仓 6，在水平运输大巷 1 装车外运。运输巷道中运输设备，在靠近工作面处设置一部转载机，巷道中铺设可伸缩胶带输送机。

（2）通风系统

新鲜风流自水平运输大巷 1，经过进风行人斜巷 7，进入运输巷道 4 到采煤工作面 3，乏风通过回风巷道 5，直接到水平回风大巷 2，进入矿井的回风系统。

（3）辅助运输系统

材料和设备从水平运输大巷 1，直接进入工作面的回风巷道 5，运到工作面。回风巷道中铺设轨道，用无极绳绞车或单轨吊车运送设备和材料。在一些现代化的矿井，目前有的采用无轨胶轮车进行辅助运输，直接将材料与设备运至采煤工作面。

二、煤层群相邻带区联合开采巷道布置

开采倾角较缓的近距离煤层群采用带区准备方式时，一般采用集中大巷联合布置。除要掘进必不可少的水平大巷和各煤层的采煤巷道外，还需要开掘煤层之间的联系巷道。依据各煤层巷道布置与开采方式，分为分层布置和集中布置 2 种。

1．分层布置

分层布置是在大巷装车站附近开掘一套煤仓和材料斜巷，联系各煤层的采煤巷道，如图 2—2—5 所示。上煤层开采结束后，再布置下煤层开采巷道，形成采煤工作面的分层布置开采。

2．集中布置

集中布置是开采厚煤层或多煤层时，自水平大巷沿煤层底板岩层或在下部薄及中厚煤层中，开掘为各煤层共用的集中巷道，由集中巷道每隔一定距离开掘联络巷道，通达各煤层，首先从临近上部边界的联络巷道掘出上部煤层的一部分回采巷道与工作面切眼，形成开采系统进行开采，如图 2—2—6 所示。在开采过程中，通过联络巷再分段超前掘出上部煤层的回采巷道。超前掘进回采巷道，减少巷道的服务时间，有效改善巷道维护状况。集中布置方式可以分（煤）层开采，在满足安全生产要求的情况下还可形成分（煤）层同采生产系统，提高矿井生产能力。

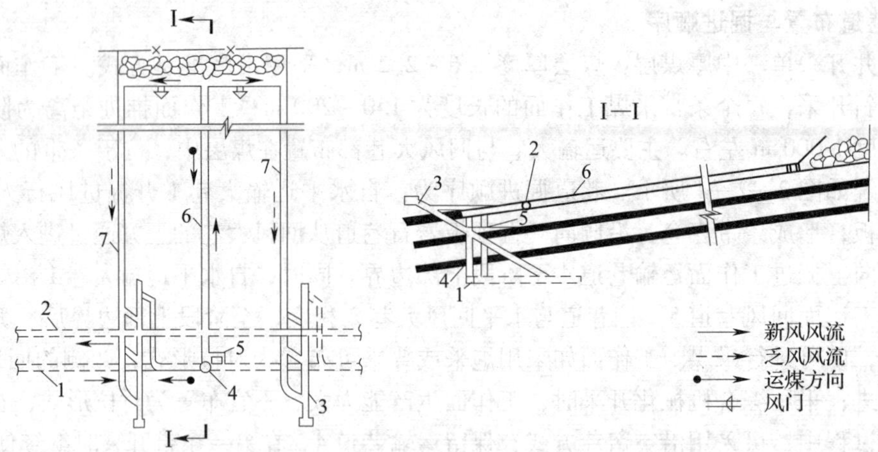

图 2—2—5　煤层群倾斜长壁开采巷道分层布置

1—水平运输大巷　2—水平回风大巷　3—材料斜巷　4—煤仓　5—进风行人斜巷
6—工作面运输巷道　7—工作面回风巷道

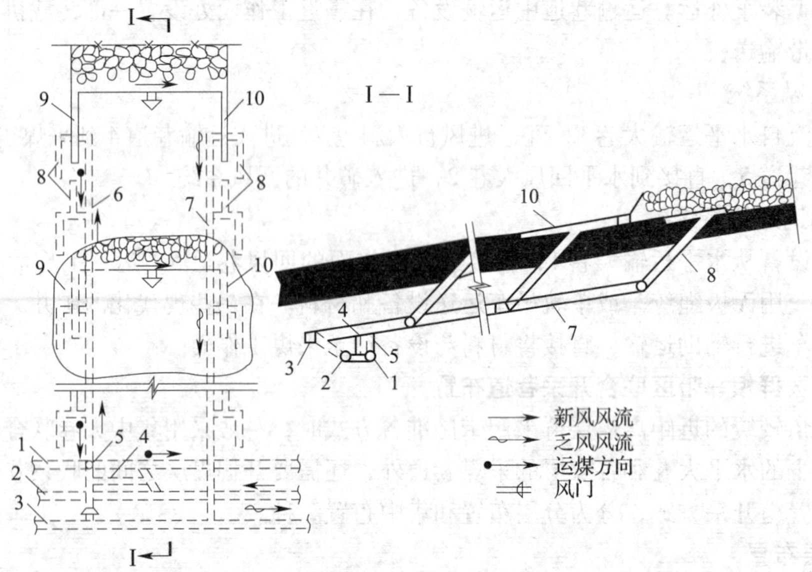

图 2—2—6　厚煤层倾斜长壁开采巷道集中布置

1—运输大巷　2—轨道大巷　3—回风大巷　4—进风行人斜巷
5—条带煤仓　6—条带集中运输巷　7—条带集中轨道巷
8—分段联络斜巷　9—分层工作面运输巷　10—分层工作面回风巷

三、多分带的带区巷道布置

多分带组成的带区准备方式的特点是：在阶段内根据地质构造等因素，划分为若干个开采区域，在各开采区域内布置 4 ~ 6 个分带工作面，组成一个统一的采准系统。如图 2—2—7 所示，该带区内布置有 6 个分带，由一个带区煤仓、一条带区集中运料斜巷与大巷联系。沿煤层开掘为 6 个带区服务的带区运煤平巷和带区轨道平巷，减少开掘岩石工程量，能够提高掘进速度，缩短带区的准备时间。但须留设较大的平巷保护煤柱，围岩条件较差时，巷道维护困难。多分带的带区布置方式主要适应在围岩稳定的薄及中厚煤层开采时采用。

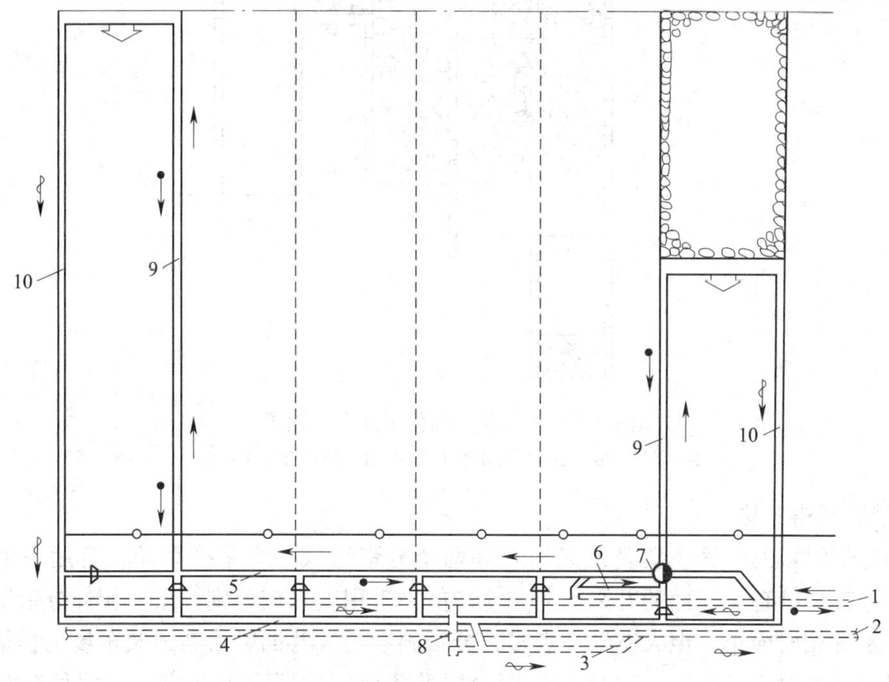

图 2—2—7　倾斜长壁开采多带区巷道布置

1—水平运输大巷　2—水平回风大巷　3—材料运输与回风斜巷
4—集中轨道平巷　5—集中运输平巷　6—行人及进风斜巷　7—带区煤仓
8—绞车房通风斜巷　9—分带工作面运输巷　10—分带工作面回风巷

四、带区巷道布置分析

1. 带区布置方式

带区开采根据采煤工作面的推进方向与布置方式分为仰斜开采和俯斜开采。采煤工作面沿倾斜方向从上向下开采为俯采，从下向上开采为仰采。煤层顶板及其他地质条件没有特殊要求时，往往采用水平大巷上方的煤体俯斜开采，水平大巷下方的煤体仰斜开采的方式，如图 2—2—8 所示。在特定条件下，如煤层含水较大、顶板稳定性差等情况时，采用合理的布置方式，可有效地减缓对开采的影响。采用综采时，俯斜开采对支架的侧向倾倒及煤壁片帮均可有效减缓，故倾斜长壁更值得考虑选用。倾向采煤也具用一些缺陷，在使用范围上尚有一定局限性。一般倾斜长壁开采适用在倾角 12°以下的煤层。目前正积极采取措施，制造适合倾斜长壁开采的采煤机组和运输设备，倾斜长壁开采的使用范围可进一步扩大。

2. 带区车场形式及线路布置

带区车场是带区的分带与开采水平相连的巷道，主要是为各个分带服务。根据车场的不同作用，分为煤炭装载车场和轨道运输车场。煤炭装载车场可根据装车点所处的不同巷道，又可分为大巷装车式车场和石门式车场。装载车场线路布置与走向长壁开采的采区下部车场装车站的布置方式基本相同。轨道运输车场在开采单一煤层时仅为一个采煤工作面服务，一般采用直接进入的绕道车场，形式比较简单。开采煤层群时一般需设置材料斜巷通达各煤层，和各煤层分层轨道运输巷相连接。材料斜巷结合车场具体条件可设计成走向斜巷或倾向斜巷。

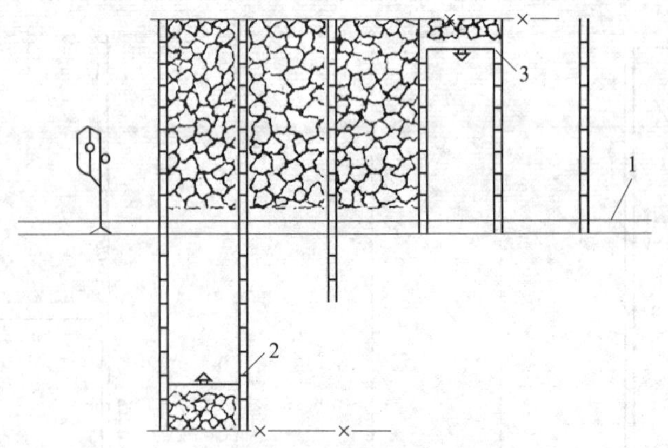

图 2—2—8　仰斜与俯斜开采布置图

1—水平大巷　2—仰斜开采工作面　3—俯斜开采工作面

3. 带区巷道布置

相邻分带组成的带区主要特点是由相邻两个分带组成一个采准系统，合用一个带区煤仓，相邻分带可结合工作面的开采工艺与生产能力采用同采或分别开采。相邻分带这种准备方式生产系统相对简单，但大巷装车点多，分带斜巷与大巷的联络巷道及车场工程量相对较大。多煤层开采时，各煤层（分层）采用分层准备或集中联合准备方式。两种布置方式相比，分层布置时减少岩石集中巷，掘进工程量少；采煤过程中该工作面开采范围内不进行巷道掘进工作；工作面出煤经运输巷道直接装入大巷煤仓，运输环节少、系统简单。但当煤层较厚或巷道围岩比较软弱时，长距离的煤层巷道在掘进和采煤期间的维护工程量较大，对生产有一定的影响，这样的条件采用集中布置方式则比较有利。各煤层工作面的开采顺序，一般采用分煤层依次开采。采用集中联合准备同一区段内的各分层工作面也可以保持一定错距实现分层同时开采。目前由于工作面单产的提高和安全生产要求，分层同时开采已很少采用。

2.2.3　柱式体系开采准备

技能点

1. 掌握柱式采煤法煤房布置及开采特点；
2. 选择房柱式采煤法开采方式。

知识点

1. 柱式体系开采准备方式及开采特点；
2. 柱式体系采煤法巷道布置参数及合理选择。

柱式体系开采是在近水平煤层开采时采用的一种采煤法。柱式采煤法的实质是在煤层内开掘一系列宽为 5 ~ 7 m 的煤房，煤房之间相互联通，形成长条形或正方形块状的煤柱支撑顶板，煤柱宽度由数米至二十多米不等。开掘煤房以及回收煤房之间煤柱的过程就是柱式体系的采煤过程。

我国由于煤层赋存状况比较复杂，适宜采用柱式体系开采的煤层条件有限，柱式体系在我国应用较少。本节主要是在设定的开采条件下，分析适宜采用柱式体系开采的有利因素，进行柱式体系开采工艺设计和巷道布置系统练习。通过该节的学习与系统训练，能够熟悉房柱式开采基本特征与开采工艺过程。

柱式体系采煤法根据不同开采方式分为两大类：房式开采与房柱式开采。在煤层中开掘煤房，根据条件留下煤柱支撑顶板，采过后不再回收煤柱，减少围岩的垮落造成地表沉降破坏，称为房式采煤法。在煤层中开掘煤房后，再将煤柱按要求尽可能采出，这种先采煤房，后采煤柱的方式称为房柱式采煤法。柱式采煤法巷道布置，主要是确定煤房和煤柱的布置方式与参数。

一、房式采煤法开采系统

房式采煤法是在煤体中开掘煤房（巷道）出煤。煤房之间开联络巷道相互联系，煤房之间留设一定尺寸的煤柱支撑上覆岩层。只采煤房不回收煤柱，有效地控制围岩的冒落和地面沉降。图 2—2—9 为美国某矿井采用连续采煤机—梭车工艺系统的房式采煤方法巷道系统。主巷由 5 条煤房组成，盘区准备巷为 3 条煤房，在盘区准备巷两侧布置回采煤房，形成回采区段。盘区一翼前进，另一翼后退。主巷留设的煤柱为 60 m，以利主巷维护。区段开采由 6 个房间同时推进。房宽 7 m，留置的煤柱尺寸为 8 m×8 m，各区段间煤柱宽为 8 m。受地质构造影响，回采区段推进长度约 220 m。

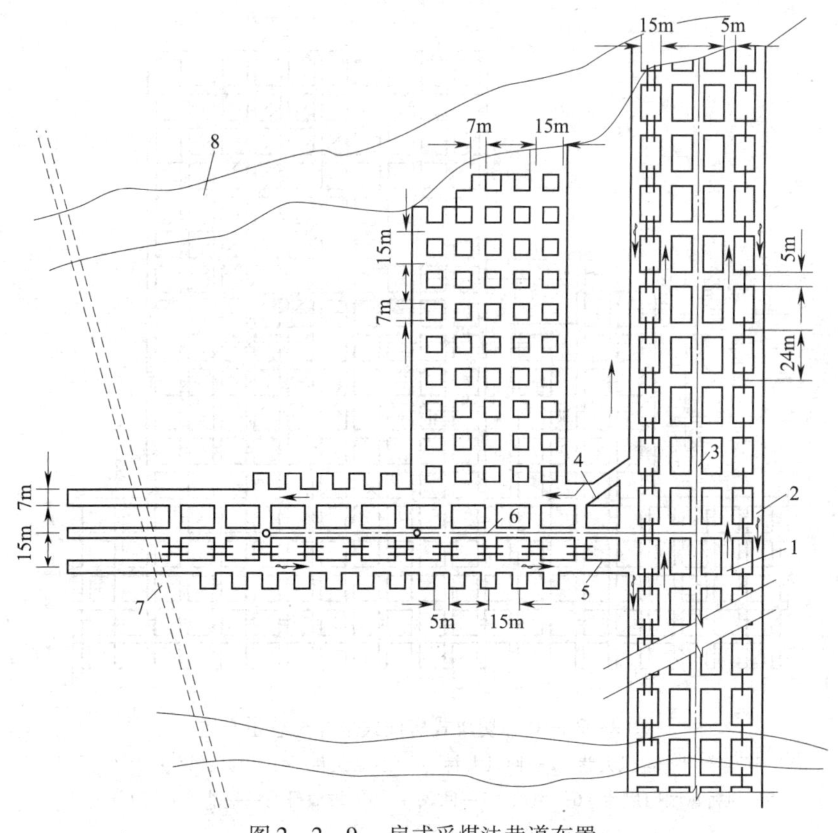

图 2—2—9　房式采煤法巷道布置

1—进风大巷　2—回风大巷　3—运输大巷　4—盘区进风巷

5—盘区回风巷　6—盘区运输巷　7、8—地质破坏不可采区域

房式采煤法的煤柱尺寸和形状还可分为多种形式，如长条式、切块式等，但其布置方式基本相似。房式采煤法主要适用于煤层顶板中等稳定以上的中厚近水平煤层开采条件。如为保护地面建筑，控制地表移动采用房式采煤法时，留设的煤柱尺寸不宜太小。

二、房柱式采煤法巷道布置

房柱式采煤法的特点是首先开掘煤房，煤房间留设不同形状的煤柱，采完煤房后有计划地回收留设煤柱。根据煤柱回收方法和煤房开掘方式，房柱式采煤法主要分为切块式和“旺格维利”布置方式。

1. 切块式采煤法

通常把 4 ~5 个以上煤房组成一组同时掘进，煤房宽 5 ~6 m，煤房中心距为 20 ~30 m，每隔一定距离用联络巷贯通，形成方块或矩形煤柱。煤房掘进到预定长度后，即可回收煤柱。图 2—2—10 为一典型切块式房柱式采煤法巷道布置方式。主巷由 5 条煤房组成，中间 3 条进风，两边各 1 条回风。采用带式输送机运煤。主巷一侧开掘的独头短巷，用来堆放开采中的矸石，做到矸石不外运；在主巷另一侧布置盘区，盘区内不再布置准备巷道，直接采用多煤房推进，在到预定边界后返回，逐个回收留设的煤柱。该盘区是由 5 条煤房组成开采系统，煤房宽 5 m，煤房之间留设方形煤柱，煤房与煤房中心距为 29 m。盘区间留设 24 m 方形煤柱，该煤柱在后退回收煤柱时采出。

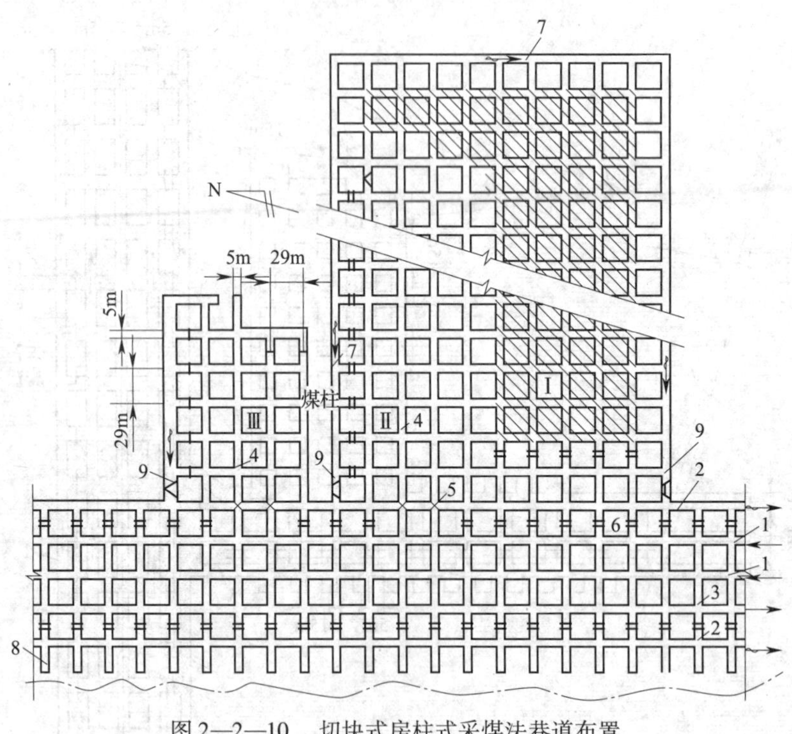

图 2—2—10　切块式房柱式采煤法巷道布置

1—进风大巷　2—回风大巷　3—运输大巷　4—盘区进风巷

5—风桥盘区回风巷　6—风墙　7—回风巷　8—堆放矸石的短巷　9—调节风门

2. “旺格维利”采煤法

（1）“旺格维利”采煤法巷道布置

“旺格维利”采煤法是澳大利亚在房柱式开采技术基础上发展起来的一种高效短壁柱式

采煤法，它与传统房柱式采煤法的主要区别是：采煤区段划分和区段内煤体切割及回收方法不同。在煤柱回收后，顶板可类似长壁工作面一样充分自然冒落，使煤房、煤柱的回采避开支撑压力高峰区。开采系统是在盘区准备巷道一侧或两侧划分长条形房柱，如图 2—2—11 所示。长条形房柱宽约 15 m，长约 65 ~ 95 m。条形房柱内先采房，房宽 6 m，到边界后，后退回出 9 m 宽的煤柱。盘区准备巷道长度按地质条件和带式输送机长度确定。长条房柱间的回采顺序一般用后退式。

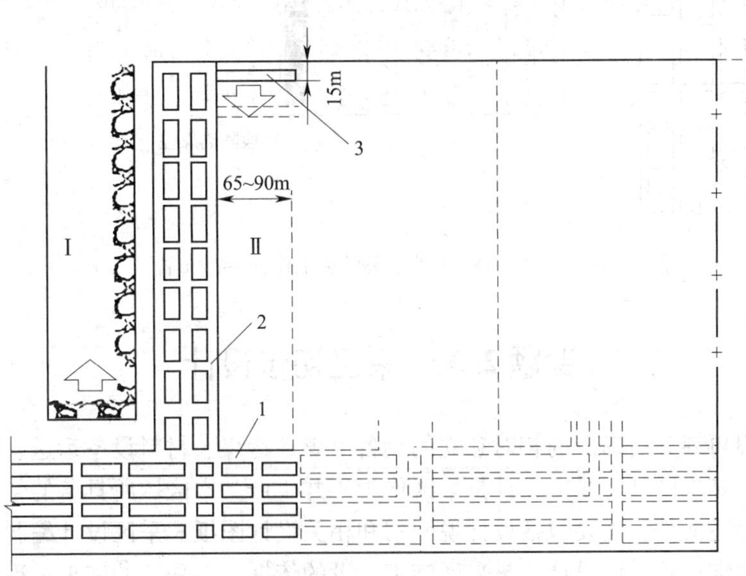

图 2—2—11 “旺格维利”采煤法巷道布置

1—大巷 2—盘区准备巷 3—长条形房柱

（2）布置形式及参数确定

在神东矿区采用“旺格维利”采煤区段的巷道布置分为 2 种形式：一种是类似于长壁工作面布置形式，上下工作面巷道均双巷布置，巷宽 4.5 ~ 5.0 m，巷间煤柱宽度 15 ~ 20 m，工作面长度约 100 m，工作面煤房宽度 5.0 ~ 6.0 m，煤房布置间距一般不大于 25 m，巷道高度与煤层及回采高度相同。煤房与巷道的支护形式采用树脂锚杆。工作面巷道布置如图 2—2—12 所示。另一种是采煤区段集中布置 3 条工作面巷道，作为进风、回风和运输巷道。巷间煤柱、巷道宽度、煤房间距、支护形式与第一种形式相同。当工作面沿工作面巷道单翼布置时，其区段长度约 100 m；当工作面沿工作面巷道双翼布置时，其区段长度可达 200 m。工作面巷道布置如图 2—2—13 所示。

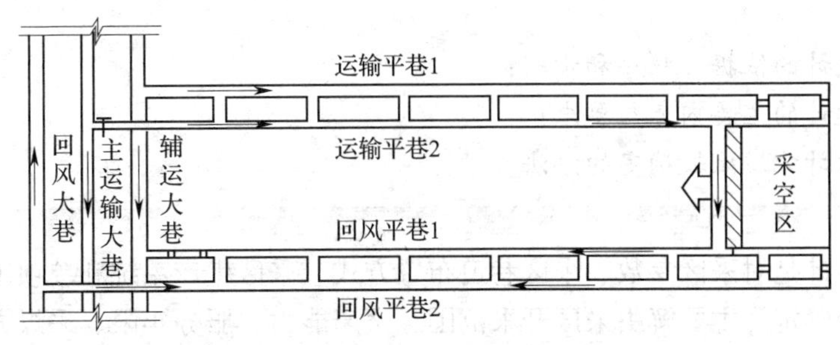

图 2—2—12 “旺格维利”采煤法工作面巷道布置（一）

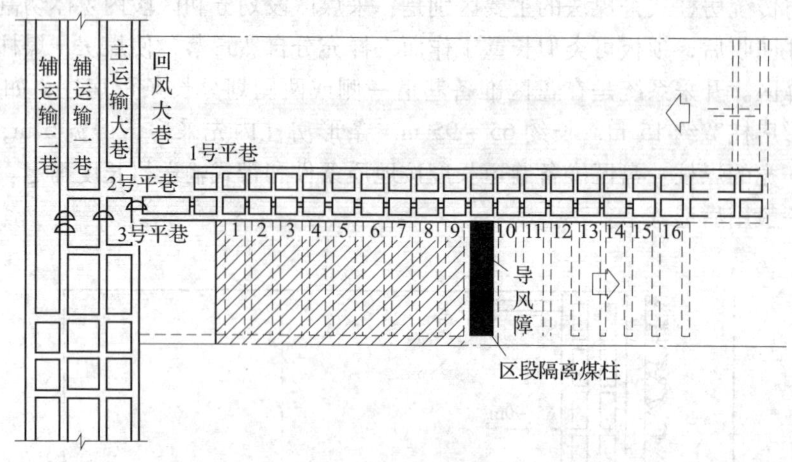

图2—2—13 “旺格维利”采煤法工作面巷道布置（二）

课题2.3 采区初步设计

采区是井田再划分后形成的相对独立的具备出煤、运煤、材料设备运送、通风、供电等功能的矿井生产基本区域。采区设计是采区作为矿井生产基本区域所具备的各种特性和功能的设计计算和描述文件，主要包括设计说明书和相关设计图纸。采区设计编制完成后要经过审查和批准。批准后的采区设计，是采区施工开设的依据，在采区的施工过程中及以后的生产过程中，一般不能随意更改。在采区施工前进行系统、全面的采区设计是十分必要的。进行采区设计的基础资料是已批准的采区地质报告，矿井设计规范与各项安全管理规定。矿井生产、接替和发展规划是采区设计的主要依据。编制采区设计说明书和进行采区巷道施工图纸设计是采矿专业技术人员必须具备的基本能力。

2.3.1 采区设计

技能点

1. 掌握采区设计方案比较的方法和原则；
2. 能够进行采区说明书的编制工作。

知识点

1. 采区设计的依据、程序和步骤；
2. 采区设计的主要内容与要求；
3. 采区设计方案比较确定的方法。

采区初步设计是对采区参数、采区巷道布置方式、采区生产系统和单项工程的施工方法与要求进行比较确定。主要解决采区开采范围、生产能力、服务年限、采煤方法、巷道布置方案等许多技术问题。采区设计步骤包括：收集资料、现场调研、提出采区设计方案、方案的比较与确定和进行有关巷道工程的施工设计。在方案设计中可采用方案比较法、统计分析法、标准定额法、数学分析法等方法对设计方案进行技术分析和经济比较，优化采区设计的各项参数。使采区设计方案更加合理，为采区正常、安全、高效生产创造必要的条件。

进行采区初步设计是依据采区设计原则，结合采区开采条件编写采区设计说明书和绘制相关的设计、施工图纸。设计说明书是一份体现一个采区各种特性和功能的技术文件；采区设计图纸是采区主要巷道布置、各种硐室、井巷工程施工与机电设备选择的主要依据。采区初步设计对采区的生产机械化水平和整个矿井生产与经营有重要的影响。

一、采区设计概述

1. 采区设计的依据

（1）经过批准的采区地质报告

编制采区设计所需的地质资料是由煤矿地质部门以采区地质报告的形式提供，并经矿总工程师批准。采区地质报告包括地质说明书及附图 2 部分。

1）地质说明书主要包括：采区开采范围及与相邻采区关系。采区沿煤层上、下、左、右的境界位置，采区的走向和倾斜尺寸，相邻采区开采情况及其对本采区开采的影响，尤其要确定采区上部的位置；若采区位于第 1 水平，要搞清煤层露头，风氧化带界限，小窑开采边界，局部可采煤层的分布等；若是位于第 2 水平或以下各水平，应搞清上部开采水平最下区段巷道的标高及阶段煤柱的留设，上部原有（旧）巷道的利用和维护情况，以及这些旧巷对开采的影响；还应考虑采区上方的地表情况及其对本采区开采的影响。采区内可采煤层数，煤层厚度、倾角、层间距、顶底板岩性及厚度，煤层稳定程度，煤层结构，煤的硬度、质量密度、牌号及用途等。采区内及采区周围对开采有一定影响的断层、褶曲、陷落柱、火成岩的分布及侵入煤体情况。水文地质特征，煤层顶底板含水性、涌水量，第四系冲积层厚度、含水情况，有无隔水层及隔水性能，含水层同煤系地层的水力联系，采区内的钻孔封孔质量，采区周围的积水情况及其对采区开采的影响。本采区瓦斯等级、煤尘爆炸性、煤与瓦斯突出及自然发火情况及发火期。采区内的各可采煤层储量状况，要按煤层分级别进行储量计算。采区内高级储量所占比例以及钻孔布置要符合国家的有关规定，并附有采区煤炭储量计算汇总表，见表 2—3—1。

表 2—3—1　　工业储量计算表

块段编号	块段内煤层平均倾角/（°）	煤层厚度/m			面积/m^2		平均视密度/（t/m^3）	储量/10^4 t				备注
		钻孔	真厚	平均厚度	投影	实际		A	B	C	合计	

2）采区地质报告的附图主要有：采区井上下对照图、各煤层底板等高线图、储量计算图、钻孔柱状图、综合柱状图、勘探线剖面图、煤层对比图、水文地质图和相邻采区采掘工程平（立）面图等。

（2）矿井生产技术条件

采区是矿井的生产单元，生产矿井新采区的开拓与开采应以矿井现有的生产条件为基础，适应矿井生产的需要。特别是新设计采区的巷道系统和生产系统应成为全矿井巷道系统和生产系统的有机组成部分，为此应对矿井概况做以下了解：

1）矿井地质。井田地理位置及交通情况，地形及地震情况（附交通位置图），井田境界、尺寸和开采面积。煤田生成期、井田内主要含煤地层情况（附煤层综合柱状图），可采煤层特征（附煤层与煤质特征表），煤质牌号用途，井田主要地质构造和水文地质条件。矿井地质储量和可采储量，矿井瓦斯等级、煤的自燃、煤尘爆炸性等。

2）矿井开拓与开采。矿井设计生产能力和服务年限：矿井的实际生产能力和剩余服务年限；矿井工作制度，设计的和实际的投产时间。井田开拓方式，井筒形式、数目、位置及用途，井田划分、开采水平数目和位置，现在各水平的开拓与开采情况，现开采水平运输大巷的布置形式、位置，井底车场形式以及硐室布置（附矿井开拓平面图和井底车场简图）。矿井开采水平内采区划分及开采情况。采区巷道布置形式及参数，主要采煤方法，采煤工艺类型，开采顺序等。并附有代表性的采区巷道布置平面图。

3）矿井主要生产系统。矿井主运输、辅助运输、提升、通风、排水、供电、压风、洒水等系统的布置方式及其能力，主要设备的技术特征。

4）矿井生产组织管理。矿井的生产组织机构和管理机构，各采区的人员配备，全矿井的主要技术经济指标（产量、全员效率、成本及主要材料消耗等）。

（3）已开采采区情况

新采区使用的技术装备具有很大的继承性，部分设备是从原生产采区直接撤出来的，采区巷道布置方法在一定程度上也要参照原采区的形式。为此，在进行生产矿井的新采区设计时，要对与设计采区条件类似的原采区的巷道布置、生产系统、采煤工艺、采掘工作面配备及采区技术经济指标等方面的经验教训进行调研，作为设计采区的重要参考资料。

（4）设计遵循的文件及参考资料

采区设计必须符合《煤矿安全规程》《煤炭工业技术政策》《煤炭工业矿井设计规范》、上级对设计有关问题的批示及会议纪要等。设计参考资料有各种费用参数、标准巷道断面手册、劳动定额手册、材料消耗定额手册、巷道施工定额手册、采矿（工程）设计手册、综采技术手册、常用设备手册等。

2. 采区设计的程序与步骤

《煤矿安全规程》第48条中规定：“采区开采前必须按照生产布局合理的要求编制采区设计，并严格按照采区设计组织施工。”采区设计一般分2步进行：首先进行采区方案设计，再进行采区施工设计。采区初步方案设计应先报矿务局（集团）总工程师批准后，再进行采区施工设计。采区施工设计必须依照批准的采区方案设计编制，由矿总工程师组织审批，采区的准备与施工必须依照采区施工设计进行。

采区设计包括编写的采区设计说明书和绘制采区巷道设计、施工图纸。采区设计是在矿总工程师的领导与组织下进行的，进行采区设计一般按下述步骤和方法进行：

（1）掌握设计依据，明确设计任务

首先要熟悉采区地质资料，研究检查采区的勘探精度，地质构造控制程度，以及地质资料的可靠度，必要时需要核算储量。通过了解和掌握采区地质特征和开采条件，为采区设计的顺利进行打基础。设计者应熟悉与采区设计有关的技术资料，理解矿有关领导和有关部门对本设计的指示精神和具体要求，尤其要领会和掌握矿总工程师对采区设计的意图和精神实质。

（2）深入现场，调查研究

为提出合理和切实可行的采区设计方案，需要熟悉矿井现有的生产情况，深入现场，调查研究，掌握第一手资料。调查的内容应根据设计的要求而定，通常为矿井生产技术条件和类似采区开采情况。调查的方法可采取实地考察和向工程技术人员征询意见，还可查阅有关图纸和文字材料。调查需要提前制定调查的纲目和需获得的资料清单，确保现场调查工作的实效性。

（3）酝酿方案，编制采区设计方案

采区设计方案的提出，是一个逐步形成的过程。在熟悉设计资料时，就应掌握采区的开采条件和地质构造特征，明确采区设计的方向和设计中所要解决的主要问题。如果在熟悉采区地质资料时，发现采区内的煤层开采条件好、储量较大，设计中就应考虑提高采区开采的机械化水平，提高采区生产能力；反之，就应降低采区开采的机械化水平和采区生产能力。同时，还应尽量减少采区巷道工程量，以求经济合理。深入现场调查研究的过程，也是设计方案酝酿形成的过程，要深入与设计采区条件类似的现生产采区进行调研，以获取利用价值较高的资料。在此基础上，针对方案设计中所要解决的主要问题，初步提出若干个粗线条的设计方案。经过广泛地征求意见，深入的讨论研究不断修改充实后，即可形成若干个较为可行的方案。将这些方案编制出方案说明，再出方案设计图。然后对这些可行的方案进行技术、经济分析和具体的经济比较，最后选出技术较先进、经济较合理的设计方案。

（4）设计方案审批

采区设计方案编出后，由矿总工程师组织矿的有关科室和有关基层单位的人员进行审查，提出意见，经修改后，由矿总工程师签字上报矿务局（集团）。矿务局（集团）总工程师接到上报的采区设计后，负责组织有关技术、安监等部门人员对采区设计方案进行审查和提出修改意见，最后由矿务局（集团）总工程师审批，通过审批的设计方案是采区施工设计的依据。

（5）编制采区施工设计

采区设计由矿总工程师组织有关人员进行编制，经审批的采区设计方案是采区设计必须遵守的技术文件，审批的意见必须全部贯彻到采区设计中去。在进行采区施工设计过程中，如发现采区设计方案中的某些问题需要修改时，还必须上报原审批部门重新进行审批。

（6）采区施工设计的实施与修改

整个采区设计完成后，由矿总工程师签字并上报矿务局（集团）备案。备案后的采区设计是编制掘进和采煤作业规程、指导采区施工和投产后进行采煤工作的依据。在采区施工和采区开采过程中，如发现采区地质情况有重大变化或根据生产技术发展拟改用新的采煤工艺时，需由矿总工程师负责组织对采区设计进行修改，修改后需上报矿务局（集团）重新审批才能执行。

二、采区设计的内容

采区设计的内容包括编制采区设计说明书和绘制采区巷道布置设计与巷道工程的施工设计图纸的两大部分。

1. 采区设计说明书

采区设计说明书主要包括以下内容1：

（1）采区概况。设计采区的位置、境界、几何尺寸、邻近采区开采情况，采区采动后对地面的影响。

（2）采区地质。开采煤层层数、层间距离、煤层厚度、倾角、硬度、煤种、夹石分布及变化情况；采区储量、地质构造、瓦斯、二氧化碳含量及其突出倾向，煤层自然发火倾向，煤尘爆炸性，开采煤层围岩的性质，含水性，冲击地压危险性；采空区范围及积水情况；钻孔、探巷资料及其柱状图。

（3）采区生产能力。采区可采储量及采区服务年限。

（4）采区巷道布置。采区内部划分，开采顺序及采掘工作面安排。

（5）采煤方法。采煤工作面工艺设计，劳动组织和循环作业方式，工作面设备选型等。

（6）采区生产系统。确定运煤、运料、通风、供电、排水、压气、充填、灌浆、通讯照明、洒水等系统。有关机电设备、管道等的选择与设施的布置。

（7）采区车场。采区上、中、下部车场设计。

（8）采区硐室。煤仓、绞车房、变电所等硐室设计。

（9）采区巷道断面及交岔点设计。

（10）安全技术措施。如防治煤与瓦斯突出及其瓦斯抽放，防治煤层自然发火，防治透水，防治冲击地压等措施。

（11）采区主要技术经济指标。采区走向长度和倾斜长度，区段数目，可采煤层数目及煤层厚度，煤层倾角，采煤方法，采区地质储量和可采储量，采区生产能力，采区服务年限，采区采出率与掘进率，巷道总工程量，主要原材料消耗定额、效率，采区吨煤成本等。

2. 采区设计图纸

采区设计的图纸主要包括：

（1）采区巷道布置平面图及剖面图（比例1∶1 000或1∶2 000）。

（2）采区生产系统图（比例1∶1 000或1∶2 000）。

1）采区运输系统图（包括煤、矸、材料、设备、人员的运输）。

2）采区通风系统及通风监测仪的设施布置图。

3）采区供电、通讯、压风、排水、防尘、灌浆及瓦斯抽放系统（管线布置）图。

4）采区机械配备图，并标注达到采区生产能力期间主要设备的配备及安设地点、型号及数量。

以上采区的各生产系统图一般分别绘制在采区巷道布置平面图中。

（3）采区车场施工图（包括下部、上部与一些区段的中部车场，比例1∶200）。

（4）交岔点施工图（比例1∶50或1∶100）。

（5）采区主要巷道断面图（比例1∶50）。

（6）采区各硐室施工图（包括采区煤仓、采区变电、采区绞车房，比例1∶50、1∶100或1∶200）。

（7）采煤方法图（包括工作面的层面图及控顶距断面，比例1∶50或1∶100）。

三、采区设计方案确定的方法

由于采区设计影响因素很多，在进行采区方案设计时需采用不同的方法进行比较确定。

采区设计方案与设计参数确定的方法通常有方案比较法、统计分析法、标准定额法、数学分析法等。随着现代科学技术的发展，优化设计在采区设计中也得到广泛应用。下面对这些方法的实质和基本原则作简要的介绍。

1. 方案比较法

方案比较法是我国目前确定开采设计方案时应用最广的方法。方案比较法的实质是对不同的具体方案进行技术经济分析和对比，而后择优选用。在解决设计中的某个问题时，如不能通过简单的直观分析来确定，就可以根据设计的具体条件，提出几种在技术上可行的解决办法，每一种解决办法就为一个方案。而后对各方案进行对比，经过多方面技术分析和经济比较后，最后选定一个技术上优越、经济上合理的方案。该方案则为较优的设计方案。

（1）设计方案的技术比较

采区设计方案的技术比较是方案比较法的中心和基础环节，它的比较结果在很大程度上决定着设计方案的最终取舍，特别是在某些经济比较重要的费用参数尚无统一标准定额，有些数据难以精确计算的情况下，技术比较尤显重要和权威。所谓技术上优越，是指所选用的方案生产系统简单，安全可靠；采用了适宜于该采区技术条件的先进技术和新工艺；有利于实现采、掘过程的机械化及自动化；有利于生产集中化；有利于提高采区采出率；有利于加强采区的生产技术管理水平；有利于采煤工作面正常接替等。采区设计方案技术比较的内容主要包括：

1）巷道工程量、巷道布置系统的复杂程度及工期。

2）巷道维护状态及难易程度。

3）采区运煤、运料、排矸、通风、排水、供电、行人、通讯等生产系统及设备的可靠性、安全性和投资状况。

4）生产集中化的程度及生产过程机械化与工艺技术的先进性、可靠性及安全性等。

5）采区的生产管理及劳动定员等。

6）采区生产能力及煤炭采出率。

7）采区所需材料、设备供应条件，原有固定资产利用程度等。

技术分析比较对各方案的基本特点做简要的说明，分析其不同之处，按对采区设计影响的主次关系编列核对比较项目，分析论证其技术优劣，见表2—3—2。通过技术分析比较，一般保留2～3个技术较优方案进一步进行经济比较。

表2—3—2　　　　2个方案的技术比较

比较项目	第1方案	第2方案
掘进工程量	大	小
煤柱损失	大	小
采区安全生产	较安全	不安全
区段平巷维护	容易	困难
综采设备搬家路程	短	长
通风距离	短	长
准备时间	长	短

（2）设计方案的经济比较

经济比较是对通过技术比较，保留的各方案进行经济计算，比对投资与效益状况，最终选择经济效益好的方案。经济比较主要包括：

1）工程投资费用。主要是指采区投产时所掘进巷道与购置采区主要设备投入的资金（对生产矿井此项费用归生产经营费）。

2）生产经营费。主要包括生产过程中的运输费用、巷道维护费用以及工作面生产费用等。对通风困难或涌水量特大的采区也应将通风费用或排水费用列入进行比较。

在进行经济比较时，应尽量利用表格来进行，表格的形式见表2—3—3、表2—3—4、表2—3—5、表2—3—6。

表2—3—3　　第A方案巷道掘进费用计算表

巷道名称	支护方式	巷道断面/m^2		掘进单价/（元/m^1）	巷道长度/m	同类巷道数/条	掘进费用/元
		毛	净				
共计							

表2—3—4　　第A方案巷道维护费用计算表

巷道名称	准备期维护单价/（元/（a·m））	回采期维护单价/（元/（a·m））	维护长度/m	维护时间/a	维护费用/元
共计					

表2—3—5　　第A方案运输费计算表

巷道名称	运输距离/km	运输量/（t/（a·m））	运费单价/（元/（t·km））	年运费/（元/a）	吨煤运费/（元/t）
共计					

表2—3—6　　各方案费用总表

比较项目	第1方案		第2方案	
	总金额/元	相对百分比/%	总金额/元	相对百分比/%
巷道掘进费用				
巷道维护费用				
运输费用				
工作面生产费用				
全部费用				

（3）应用方案比较法的注意事项

1）设计方案的提出与技术分析是方案经济比较的基础。务必使所比较的方案在技术上是优越、完整和切实可行的。应仔细分析各方案的不同之处，详细编列比较项目，反复核对，避免遗漏。

2）进行经济比较时，主要列入应比较的重要项目的费用。对费用相同的项目或费用差别很小的项目，可不进行比较。重要项目通常包括：巷道掘进费、采区运输费、巷道维护费和工作面生产费等。

3）正确选用各项原始计算数据。各项费用参数的选取应符合比较方案的自然和技术条件。

4）为了明显地表明各方案的费用差别，应以百分比表示，将费用最小的方案定为100%。由于原始资料或数据不可能十分准确，计算结果有一定误差。各方案费用的差额不超过10%时，可以认为在经济上是相等的。

5）一般来说，技术上先进，经济费用低的方案，应确定为最优方案。但经过比较，存在两个费用相差不显著的方案时，还应进一步进行技术综合分析，考察对采区或矿井生产影响较大的技术指标的优劣。例如，两个技术上较优越、经济费用相同的方案，如果采区接续是突出矛盾，则选取准备工期短的方案为最终方案。再比如，当采区通风问题比较突出时，应选择巷道布置简单，通风管理容易的方案为最终方案。当然，在实际进行方案比较的过程中，如遇到这类问题，一般由矿总工程师根据生产要求最后拍板定案。

2. 统计分析法

统计分析法是根据现有矿井生产建设的实际情况，针对需解决的问题进行调查统计，借以分析某些参数之间的关系，确定某些参数的合理取值或可取值的范围。例如，统计分析在一定条件下的工作面长度与其技术经济指标之间的关系，以寻求合理的工作面长度；调查统计一定条件下的巷道维护费用，以确定相似条件下的费用参数；统计分析现有采区的主要技术经济指标作为设计相类似采区时的参考数据等。

统计分析法建立在数理统计的基础上，由于采矿问题的复杂性，要得到大量同类的可比的统计资料是比较困难的。因此对于条件多样，影响因素复杂的技术方案问题，不宜采用这种方法。但作为一种辅助方法，从现有的生产矿井的经验教训中总结某些开采设计所需的参数，则还是可行的和必要的。由于统计数据是在原有的生产技术条件下取得的，当采用新技术新工艺时，原有数据即不能适应新的情况，故应重新调查研究，这是应用统计分析法时必须注意的。

3. 标准定额法

标准定额法是以规程、规范、规定的形式对开采设计中的某些技术条件或参数做出具体规定，而后根据此规定条件来确定技术方案内的其他参数值。例如，根据规定的巷道允许风速求巷道的最小断面。在一些具体条件下，受原有技术条件的限制，也可看做是标准定额法的应用。例如，按绞车的容绳量确定上、下山的长度等。

标准定额法的依据是一定条件下的技术可能性、生产安全性、经济合理性或生产技术管理的需要规定的“定额值”（或约束条件）。“定额”的规定是依据专门的研究，它不是一个独立的方法，但用于解决某些实际设计问题还是比较方便的。

4. 数学分析法

数学分析法通常是以吨煤费用最低为准则，列出吨煤费用与欲求参数之间的函数关系，用求函数极值的方法求解开采设计方案中某些参数的取值。如采区走向长度即受几类互相矛盾的因素影响：当走向长度发生变化时，部分费用随其长度增加而增大，部分费用随其长度增加而相对减少，还有一些费用不受长度变化影响。数学分析法就是通过函数关系找到相对费用为最低的参数值。

数学分析法是以一定的技术方案为前提，所拟定的技术方案不同，其费用项目及编列的函数方程也就不同，故数学分析法不能解决不同技术方案的对比，而只用以研究某一方案的合理参数值。由于采矿问题的复杂性，应用数学分析法时，要将某些条件予以简化，以适应编列函数方程的需要（如将煤层储量视作均匀分布，费用参数视为定值等），并且这种方法不能全面考虑技术、安全和管理等因素，只能把由数学分析法求得的参数值作为一个参考值，看作是一个合理取值范围。

5. 矿井优化设计（经济—数学规划法）

开采设计方案确定方法各有优缺点，需要在其基础上发展完善。现代应用数学的发展，尤其是计算机技术的发展，又为发展新的设计方法提供了有效的手段。近年来，国外逐步发展了经济—数学规划法，应用计算机技术解决矿井开采设计的复杂问题。

矿井开采设计是由矿井开拓、准备、回采、巷道掘进与维护、井下运输与提升、矿井通风、动力供应、地面生产工艺等多个分系统组成。每个分系统又各有不同的技术方案（定性参数）和具体参数（数量参数）。各分系统之间、分系统内的各参数之间都是互相联系、相互制约的。某一分系统或其某一参数发生变化，都可能影响到整个系统，从而使设计矿井（或采区）的技术经济指标发生变化。因此，应把矿井（或采区）作为一个复杂的系统来研究，不仅要使各分系统自身合理化，而且要使它们组成的矿井开采系统最优，整个系统达到最优化。对矿井设计来说，根据拟订的方案，按照设计的要求（如吨煤费用最低、劳动生产率最高等）来编列函数方程，就构成了规划论中的目标函数；同时，设计方案的某些技术原则和参数必须满足一定的技术条件和“定额”的规定，将其用数学式来描述，便形成了规划论中的约束条件。目标函数和约束条件一起，就构成了矿井（或采区）的经济—数学模型。对于一个矿井（或采区）来说，目标函数和多数约束条件均为非线性函数，因此，矿井（或采区）设计为非线性规划问题。所以求解经济—数学模型就归结为求解多目标函数在一定约束条件下的最大值（如劳动生产率最高）或最小值（如吨煤费用最低），从而求出最佳配合的设计方案及各参数值。

2.3.2 采区参数的选择

技能点

1. 能够分析设计采区各参数的合理性；
2. 正确选择确定设计采区主要参数。

知识点

1. 采区主要参数及参数确定时的影响因素；
2. 采区参数数值的确定方法；
3. 采区主要参数的取值范围。

采区参数包括：采区走向长度、采区倾斜长度、区段及采煤工作面长度、采区各类煤柱尺寸、采区采出率、采区生产能力、采区服务年限等。它们有各自明确的概念。每一个参数都有自己的若干个影响因素，综合考虑各因素对参数的影响情况，分析选择确定参数的过程，增强对采区各参数特点认识，合理的确定采区各相关参数。

采区作为矿井的一个生产单元应具备完善的生产系统，而完善的生产系统就体现在采区的各个参数合理的基础上。采区参数之间彼此互有联系而又相互制约，合理的确定采区参数是采区设计的主要任务。

一、采区走向长度

1. 影响采区走向长度的因素

确定合理的采区走向长度，应考虑采区地质条件、开采技术装备条件、采区生产能力、工作面接替以及经济因素的影响。

（1）地质条件

1）地质构造。较大的地质构造对采区长度影响较大。为了便于布置采区巷道，往往以大的断层及褶曲轴作为划分采区的界限。

2）煤层及围岩稳定程度。围岩的稳定程度影响区段巷道的维护状况。在松软的煤层中布置区段巷道，维护较困难，采区走向长度不宜过大。如采用岩石集中平巷且围岩较稳定时，工作面采用超前平巷，煤层巷道维护时间很短，采区长度可适当增大。

3）煤层倾角。由于开采条件和所使用的采煤方法的限制，急斜煤层采区走向长度较缓斜和倾斜煤层短。随着开采技术的发展，急斜煤层采区走向长度有加大的趋势。

（2）生产技术条件

1）区段平巷的运输设备：区段运输平巷一般采用带式输送机。吊挂带式输送机有效铺设长度为300～500 m/台，可伸缩胶带式输送机铺设长度可达800～1 000 m/台。目前选用带式输送机一般对采区走向长度影响不大。煤层赋存不稳定时，区段轨道平巷坡度起伏较大，采用小绞车牵引矿车运送材料和设备，采区走向长度可适当缩短，以免多段运输增加辅助运输工人数。

2）设备搬迁。开采机械化水平提高，工作面搬迁工作量相应增大，条件适宜应尽量加大采区走向长度，以充分发挥运输设备效能、减少设备拆装次数及采煤工作面搬迁次数。

3）采区供电。采区走向长度加大，采区变电所至负荷的供电距离增加，电压降大，影响工作面机电设备的正常运转。所以在确定采区走向长度时，要考虑电压降的影响。660 V电压，供电距离一般在800 m以内。目前综采工作面采用移动变电站，采区走向长度一般不受供电距离影响。

生产技术条件目前对采区走向长度已经没有大的影响。

（3）经济因素

合理的采区走向长度应当使吨煤费用最低。采区走向长度的变化会引起多项费用的变化，如区段平巷的维护费和运输费随着采区走向长度的加大而增加；采区上（下）山、车场和硐室的掘进费和机电设备安装费随着采区走向长度的加大而相对减少；而区段平巷的掘进费则与采区走向长度的变化无关。因此，在经济上存在着使吨煤费用最低的采区走向长度的合理值。如图2—3—1所示，表示吨煤费用随采区走向长度变化的关系曲线。在生产矿井内进行采区设计时，应利用现场的统计资料，分析采区走向长度与各费用的关系，通过数学分析计算，进行优化设计，分析确定采区走向长度的最优尺寸。

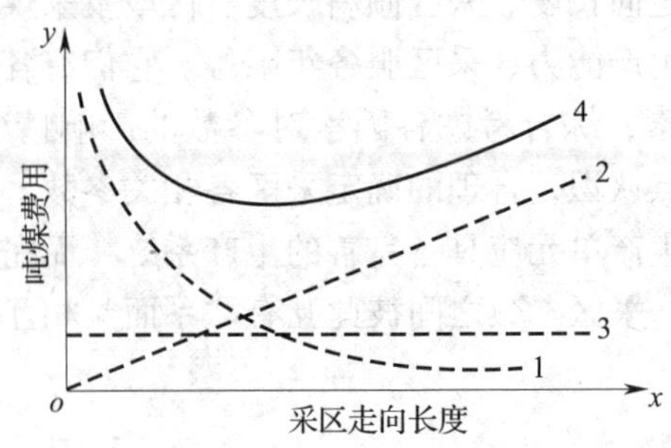

图 2—3—1　吨煤费用与采区走向长度的关系

1—随采区走向长度增加而减少的费用　2—随采区走向长度增加而增加的费用

3—与采区走向长度无关的费用　4—3 种费用叠加的吨煤费用

2. 采区走向长度确定的原则

（1）以技术经济合理确定采区走向长度

对于煤层赋存稳定，地质构造简单，采区走向长度不受自然条件限制的井田，应按开采技术合理的走向长度，将阶段划分为若干个采区。采区间一般垂直划分其境界线与煤层倾斜线基本一致。

（2）以自然条件确定采区的走向长度

当煤层受某种自然条件限制时，例如，较大的断层切割、煤层有变薄带、局部不可采，或火成岩侵入煤层形成较厚的岩墙，或地面有河流、湖泊、铁路、建筑物，需要留设安全煤柱。在这些情况下，为减少无效进尺和开采上的困难，减少煤柱损失，应结合自然地质条件划分采区，尽量使采区有一个合理的走向长度。

（3）多煤层、多水平采区的长度确定

矿井开采多煤层，当上、下煤层（组）开采相互受采动影响时，上、下煤层（组）的采区划分应一致，以免造成复杂的压茬关系，给上、下煤层的开采增加困难。划分下水平采区时，要考虑上水平的开拓与巷道布置现状。要求上、下水平的采区石门，采区上山要相互对应，应尽量保持采区划分的一致性。

（4）呆滞煤量不考虑划分

对因某种特殊原因暂不能开采的块段，如某些需临时留设煤柱、待迁村庄的压煤等在划分采区时暂不考虑开采，作为呆滞煤量，不划入采区开采范围。

3. 采区走向长度选择

根据我国煤矿生产实践经验，为合理集中生产，充分发挥采区设备和井巷设施的作用，增加采区服务年限，缓和矿井采区接替紧张局面，采区的走向长度有逐渐增大趋势。在不受地质条件限制时，使用单体液压支柱的普、炮采采区，其走向长度一般为 1 200 ~ 1 800 m；综采双翼布置采区，走向长度一般不小于 2 000 m；采用单翼布置，其走向长度一般不小于 1 000 m。在一些开采条件比较简单的现代化矿井，有的采煤工作面推进长度已超过 3 000 m。在顶板破碎，地质构造复杂，巷道维护困难或自然发火期较短的煤层以及开采装备水平低的小型矿井，采区走向长度应适当缩短。表 2—3—7 为采区设计走向尺寸参考数值。

二、采区倾斜长度

采区倾斜长度是由开采水平高度确定的。在进行开采水平划分时，重点就是考虑采区合理的倾斜长度，在开采水平高度已定的条件下，采区倾斜长度和煤层倾角有关。采区倾斜长度一般在 800 ~ 1 200 m 为宜。在开采近水平煤层时，采用盘区上（下）山布置，盘区上山长度一般不超过 1 500 m，盘区下山长度不宜超过 1 000 m；如采用盘区石门布置，盘区斜长可根据具体条件确定，一般不受运输设备的限制。

表 2—3—7　　采区设计走向尺寸参考数值

煤层类型	采区巷道布置形式	采煤机械化程度	双翼采区走向长度/m
近水平、缓倾斜及倾斜煤层	单层布置	炮采 普采 综采	1 000 ~ 1 500 1 200 ~ 1 800 ≥2 000
	联合布置	炮采 普采 综采	1 200 ~ 1 600 1 400 ~ 2 000 ≥2 000
急倾斜煤层	阶段石门	炮采	600 ~ 1 000
近水平、缓倾斜煤层	倾斜长壁（沿倾斜推进方向）	炮采 普采 综采	500 ~ 700 600 ~ 800 800 ~ 1 500

三、采煤工作面长度

采煤工作面长度是工作面运输平巷的上帮至工作面轨道平巷的下帮之间的倾斜长度。采煤工作面的长度是采区设计的一个重要参数，是区段划分时主要考虑的因素，对采区生产、安全与经济效益都有直接的影响。

1. 影响采煤工作面长度的因素

采煤工作面长度是实现采煤工作面高产、高效的基础。在一定范围内加大采煤工作面长度能获得较高的产量和效率，减少采区巷道的开掘工程量和维护量，降低吨煤成本。采煤工作面长度过大对开采安全不利，会影响工作面的推进度。在确定采煤工作面长度时，应考虑以下影响因素：

（1）煤层赋存条件

1）煤层厚度。煤层较薄时，工作面行人运料不便；煤层采高超过 2.5 m 时，单体支护的工作面支护和回柱放顶操作比较困难，采煤工作面长度不宜过长。

2）煤层倾角。煤层倾角大于 25°时行人运料不便，特别是急斜煤层，由于采煤工作面作业条件困难、劳动强度大、滑落煤块岩块易伤人等原因，工作面长度一般较短。

3）围岩性质。顶板松软破碎或坚硬顶板的采煤工作面顶板控制工序占用时间较长，采煤工作面长度均不宜过长。

4）地质构造。采区中小断层多或顶底板起伏变化较大，采煤工作困难、支护复杂，容易打乱正规循环作业，工作面也不宜过长。落差较大的走向断层常作为划分区段的境界，在客观上也限制了采煤工作面长度。

对缓倾斜和近水平煤层，采高适中，地质构造简单，围岩中等稳定以上时，则可适当加大采煤工作面长度。

（2）机械装备及技术管理水平

1）采煤机。由于滚筒采煤机和刨煤机破煤速度较快、效率高，为了充分发挥采煤机的效能，条件相同的普采工作面长度一般大于炮采工作面。使用液压支架可及时支护顶板，综采工作面长度可比普采工作面更长。采煤工作面过长也造成管理复杂，遇到地质变化的可能性也愈大，采用采煤机落煤时采煤工作面长度也不宜超过 300 m。

2）输送机。采煤工作面输送机的运输能力和有效铺设长度是限定工作面长度的主要因素。确定工作面长度必须和选用的运输设备相配合，必须能满足工作面生产的要求，使采落的煤炭可及时运出。

（3）工作面通风能力

在瓦斯涌出量较大的煤层，工作面的通风能力也是限制采煤工作面长度的重要因素。当工作面进度一定时，采煤工作面愈长，则产量愈高，需要风量增加，受采煤工作面断面的限制，可导致风速过大，引起煤尘飞扬，影响安全生产。所以，在高瓦斯矿井中，必须考虑通风能力对采煤工作面长度的影响。

（4）顶板控制与巷道布置

顶板控制对工作面长度的影响，主要是在顶板破碎或压力大时，采空区处理能力赶不上采煤的速度，尤其在使用单体支护的普采工作面常出现这种现象。巷道布置方式对采煤工作面长度有一定影响。主要是在开采煤层群联合布置的采区，必须使各区段上、下煤层工作面长度相互配合。要保证主要可采煤层工作面长度合理性，则其他煤层的工作面长度可能不大合适。

2. 采煤工作面长度的确定

实际工作中，都是根据煤层赋存条件、机械装备情况、通风及采空区处理等因素综合考虑确定采煤工作面的合理长度。由于采煤工作面长度与煤层自然条件、技术装备条件、工人操作技术水平和生产管理水平等关系十分密切。各矿区对在不同开采条件下，通过统计分析或模拟优化方法确定各种开采工艺的合理取值范围。在实际设计时，主要是结合现场开采条件，在采煤工作面长度合理范围值中选取。

考虑到我国目前的开采技术条件和开采技术设备的发展，采煤工作面长度可参见表 2—3—8 推荐的长度范围内选取。

表 2—3—8　　采煤工作面长度的选取

煤层类型	采煤工艺	工作面长度/m
缓倾斜中厚煤层	综采	150 ~ 240
	普采	120 ~ 180
	炮采	100 ~ 150
缓倾斜薄煤层	综采	120 ~ 150
	普采	100 ~ 120
	炮采	80 ~ 100

目前我国综合机械化采煤工作面的长度，一般为 200 m 左右；开采有瓦斯和煤突出危险煤层，工作面长度应不大于 200 m。普采工作面的长度，一般为 150 m 左右；炮采工作面长

度，一般为 120 m 左右；采用对拉工作面布置，总长度一般控制在 200 ~ 300 m。小型矿井采煤工作面长度一般采用下限值或适当降低。急倾斜煤层采用伪斜柔性掩护支架采煤法的工作面长度一般为 50 ~ 70 m。

在进行采区设计时，确定采煤工作面长度，首先根据开采工艺选取一个合理的长度值，再结合采区的倾斜长度和所选取的采煤工作面长度，进行采区内区段划分；确定区段数目（区段数目必须取整数），进行区段划分，最终确定采煤工作面长度。确定采煤工作面长度时不能强求所有区段的工作面长度都相等。

四、采区煤柱尺寸及采区采出率

1. 采区煤柱尺寸

在采区开采过程中，需要留设一定的保护煤柱，保证巷道的完好和开采安全。确定煤柱合理尺寸主要考虑围岩所受压力的大小以及煤柱本身的强度。在通常情况下，煤层埋藏深度和厚度较大、围岩承受的压力就较大；煤柱强度主要取决于煤层的物理力学性质，并与煤柱的形状尺寸、巷道的服务年限及巷道支护情况有关。在选择确定煤柱尺寸时，依据《建筑物、水体、铁路及主要井巷煤柱留设与压煤开采规程》的相关规定和影响因素综合分析确定。

（1）采区上（下）山之间的煤柱宽度（沿走向）：薄及中厚煤层一般为 20 m，厚煤层多为 20 ~ 25 m。采煤工作面停采线至采区上（下）山间的煤柱宽度：薄及中厚煤层在 20 ~ 30 m，厚煤层一般在 30 ~ 40 m 以上。

（2）上、下区段平巷之间的煤柱宽度：薄及中厚煤层一般为 8 ~ 15 m 以上，厚煤层有的大于 30 m 以上。目前推广采用区段巷道无煤柱护巷技术，采用小煤柱护巷时煤柱宽度一般为 1 ~ 3 m。

（3）大巷留设煤柱护巷时煤柱宽度：运输大巷一侧薄及中厚煤层一般为 20 ~ 30 m，厚煤层一般为 25 ~ 50 m；回风大巷一侧薄及中厚煤层一般为 20 m，厚煤层一般为 20 ~ 30 m。大巷布置在底板较坚硬的岩层中，距煤层垂距在 20 m 以上时，可以采用跨大巷回采，不留大巷保护煤柱。

（4）采区边界两个采区之间的煤柱宽度一般为 10 m。如为边界采区，煤柱按矿井边界的要求留设。

（5）断层一侧煤柱宽度根据断层落差及含水等具体情况而定：落差大且和含水层相通时留 30 ~ 50 m，落差较大不与含水层相通一般留 10 ~ 15 m，采区内断层落差较小的断层可不留保护煤柱。

采区内留设的煤柱，在采煤工作面开采时或采区结束时有一部分可以回收，但不可能全部回收出来。采区留设的煤柱是影响采区采出率的主要因素。

2. 采区与采煤工作面采出率

采区采出率是采区采出的煤炭量与采区工业设计储量之比。采区开采过程中煤不可能全部采出，必有一部分煤炭损失。采区的煤炭损失除包括上述的煤柱损失外，还有开采过程中，采落的煤炭不可能全都装运出来，丢的煤称为落煤损失；在开采厚煤层时，开采过程出现丢底或丢顶现象，这样损失的煤炭称为厚度损失。

采区采出率分设计和实际采出率，是以百分率表示。采区采出率 C 可用下式计算：

$$\text{采区采出率}\ C=\frac{\text{采区采出煤量}}{\text{采区设计工业储量}}\times 100\%$$

$$\text{采区采出煤量}=\text{采区设计工业储量}-\text{采区煤炭损失量}$$

采区开采损失是指采区内各种煤柱损失以及工作面的落煤损失和厚度损失之和。采煤工作面落煤损失，主要是遗留在底板上的浮煤或运输过程中泼洒出的煤；厚度损失主要包括未采出的工作面底板余煤或顶板煤皮。为了提高采区采出率，在采区巷道布置上应积极采取措施，少留煤柱或不留煤柱；加强工作面管理，尽量减少落煤损失；采用合理开采方式，避免厚度损失。工作面采出率可用下式表示：

$$\text{采煤工作面采出率}\ K=\frac{\text{工作面采出煤量}}{\text{工作面煤炭实际储量}}\times 100\%$$

采出率是反映采区巷道布置方案和工作面管理的一个重要指标，《煤炭工业矿井设计规范》对采区和采煤工作面采出率规定了控制指标。规定采区采出率：薄煤层不低于85%，中厚煤层不低于80%，厚煤层不低于75%，水力采煤不低于70%。采煤工作面采出率：薄煤层不低于97%，中厚煤层不低于95%，厚煤层不低于93%。在采区设计时，如计算采区采出率低于上述规定值，应采取措施改变设计方案，减少开采损失，确保设计采区采出率必须达到或大于规定的要求。

提高采区采出率的措施：加大采区走向长度和采煤工作面长度；把总回风巷和运输大巷布置在煤层底板岩石中，取消大巷护巷煤柱；把采区上（下）山布置在煤层底板岩石内，实行跨上山开采，取消采区上（下）山煤柱；推广无煤柱开采技术，采用沿空留巷或沿空掘巷取消区段煤柱；取消或减少采区隔离煤柱；适当加大采高，减少开采时留底煤和丢顶煤现象发生。

五、采区生产能力

1. 影响采区生产能力的主要因素

采区生产能力是采区内同时生产的采煤工作面和掘进工作面出煤量的总和。合理确定采区生产能力，可以充分发挥采区主要巷道和设备的效能，改善采区各项技术经济指标；确定采区生产能力，主要考虑以下因素：

（1）地质因素

采区内可采煤层数目、厚度、倾角、层间距、煤层结构、顶底板岩石性质、煤层坚硬程度和地质构造等是影响采区生产能力的主要因素。矿井瓦斯等级、煤层自然发火倾向性和水文情况对采区生产能力也有不同程度的影响。开采条件简单，煤层赋存稳定时，可加大采区的生产能力。

（2）采区储量与服务年限

煤炭储量是确定采区生产能力的基础，采区的生产能力必须与采区储量相适应，确保采区的服务年限符合设计规范规定。采区产量除了递增递减期外，要保持在生产能力以上，避免波动幅度过大，保障矿井的正常接替与持续生产。

（3）技术装备

开采技术装备是确定采区生产能力的关键因素。采区的采煤、掘进、运输设备的机械化程度和采区通风、供电能力都直接影响采区生产能力的确定。

（4）矿井生产能力

采区生产能力确定是受矿井生产能力的限制，矿井生产能力是建立在采区生产能力的基础上，矿井同时生产的采区数目与井型有关。如为大型矿井，设计采区生产能力小，这样就需同时开掘较多的采区，会使建井时间长、投资大、造成管理分散，影响矿井经济效益；设计采区生产能力大，超过矿井生产能力，则造成矿井通风、运输、提升能力不配套，使采区生产能力不能正常发挥。

为了保证矿井采区的正常接替，生产采区处在产量递减期时，接替采区应完成包括巷道掘进、设备的安装和试运转等的全部准备工作，并留有适当余地；矿井应尽量避免出现 2 个以上采区同时处于生产接替状态。

2. 确定采区生产能力的方法

采区的实际开采能力一般按公式（2—3—1）计算：

$$A_B = k_1 k_2 \sum_{i=1}^{n} A_{0i} \tag{2—3—1}$$

式中 A_B——采区生产能力，万 t/a；

A_{0i}——第 i 个采煤工作面产量，万 t/a；

n——同时生产的采煤工作面个数；

k_1——采区掘进出煤系数，取 1.1；

k_2——工作面之间出煤影响系数，$n=2$ 取 0.95，$n=3$ 取 0.9。

确定采区生产能力主要是确定采煤工作面产量和采区同时生产的工作面个数。

（1）采煤工作面产量

$$A_0 = LV_0 M\rho C_0 \tag{2—3—2}$$

式中 L——采煤工作面长度，m；

V_0——工作面平均年推进度，m/a；

M——煤层采高或厚度，m；

ρ——煤的视密度，t/m^3；

C_0——采煤工作面采出率。

采煤工作面的设计生产能力和开采工艺方式有关。一般参考如下数值选取：综采工作面，采高在 2 m 及其以上设计生产能力不小于 50 ~ 80 万 t/a，采高 1.1 ~ 2 m 设计生产能力不小于 30 ~ 50 万 t/a；普采工作面设计生产能力为 20 ~ 30 万 t/a；炮采工作面设计生产能力为 15 ~ 20 万 t/a。采用大采高支架或放顶煤开采的安全高效工作面设计生产能力可大于 300 万 t/a，如采用进口综采设备，采煤工作面生产能力可超过 500 万 t/a。

（2）采区同时生产的采煤工作面数目

采区内同时生产的工作面数目应根据煤层赋存条件、开采程序、采区运输能力、采掘机械化程度、管理水平等因素综合考虑确定。《煤矿安全规程》第 48 条规定：“一个采区内同一煤层的一翼最多只能布置 1 个回采工作面和 2 个掘进工作面同时作业。一个采区内同一煤层双翼开采或多煤层开采的，该采区最多只能布置 2 个回采工作面和 4 个掘进工作面同时作业。严禁在采煤工作面范围内再布置另一采煤工作面同时作业。”

为保持采区合理的开采强度，双翼采区内同采工作面数目一般应为 1 ~ 2 个。综合机械化开采在一个采区内一般只布置一个综采工作面。安排两个综采工作面可造成生产互相影响和设备效能的有效发挥。

3. 采区生产能力的验算

初步确定采区生产能力，必须经过采区各生产环节的验算。

（1）采区运输能力

采区的运输能力应大于采区生产能力，其中主要是运煤设备的生产能力要与采区生产能力相适应。对于普采或综采工作面，集中巷和上（下）山运煤设备的生产能力应与同时开采采煤工作面开采设备的生产能力相适应。运煤能力的计算公式：

$$A_B \leqslant 330A_n T\eta_0/K \tag{2—3—3}$$

式中 A_n——设备生产能力，t/h；

η_0——开采设备正常工作系数，取0.7～0.9；

K——产量不均衡系数，取1.2～1.3；

T——日运煤时间，h（设计规范规定计算能力以年工作330 d，日工作16 h计算）。

（2）采区通风能力

采区的生产能力必须与通风能力相适应。根据矿井瓦斯等级、进回风巷道数目、断面和允许的最大风速，验算通风允许的最大采区生产能力如下：

$$A_B \leqslant 330 \times 60v\ S/CC_1 \tag{2—3—4}$$

式中 v——采区主要巷道内允许的最大风速，m/s；

S——采区主要巷道净断面积，m^2；

C——日生产1 t煤需要的风量，m^3/（min·t）；

C_1——风量备用系数，取1.15～1.30。

采区生产能力必须通过采区各生产环节的能力验算并符合要求，否则必须对采区生产能力进行调整，确保采区安全生产。

六、示例

1. 采区概况

某采区位于××矿一水平右翼，东以矿井边界为界，西与三采区相邻。北+108 m为采区上部边界，以上为煤层风化带，南以±0等高线为采区下部边界；采区平均走向长度1 230 m，平均倾斜长度520 m，采区开采面积为688 800 m^2，如图2—3—2所示。

采区内有m_1、m_2两层可采煤层，煤层赋存稳定，煤层倾角12°，东部边界附近的煤层倾角略有变化。

2. 采区内地质构造

根据地质勘探和邻近采区揭露的资料分析，本采区地质构造简单，没有大的地质构造影响采区开采。

3. 煤层要素与顶底板特征

m_1煤层：平均厚度2.2 m，煤的密度为1.42 t/m^3，为稳定煤层，含有0.1 m夹石，煤质中硬，节理较为发育，为低瓦斯煤层。m_1煤层伪顶厚0.1 m，为泥岩；直接顶厚3 m，为炭质泥岩；基本顶为粉砂岩；底板为中砂岩，底板上有0.3 m厚泥质页岩，较松软。

m_2煤层：平均厚度2.0 m，煤的密度为1.43 t/m^3，为稳定煤层，结构简单，煤质中硬，节理发育，低瓦斯。m_2煤层伪顶厚0.4 m，为泥页岩；直接顶为粉砂岩；底板为细砂岩或粉砂岩。

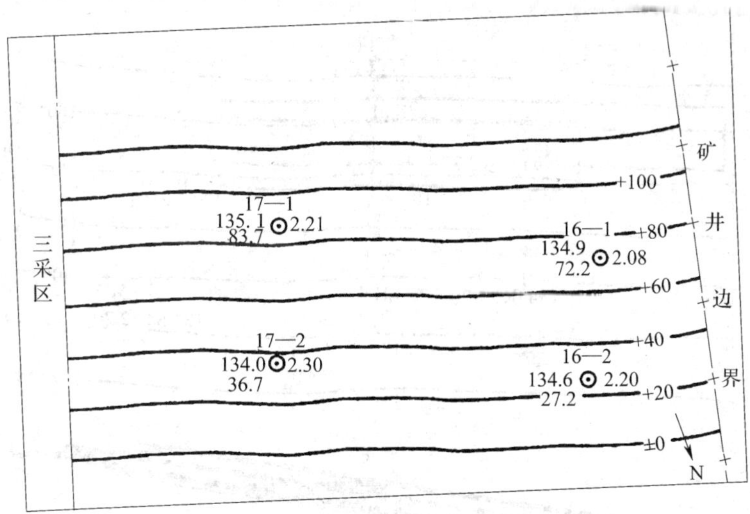

图 2—3—2　采区境界 m_1 煤层底板等高线图

4. 采区储量与生产能力

根据采区开采范围，分煤层计算，采区设计工业储量为 413.7 万 t，设计可采储量 357.6 万 t。根据煤层赋存条件，在 m_1 及 m_2 煤层中均采用走向长壁普通机械化采煤法，各布置一个工作面同时开采。采区日产量 1 500 t，年设计生产能力为 45 万 t，服务年限 7 a。

5. 采煤方法与巷道布置

（1）采区布置形式

采区开采两层中厚煤层相距较近，采用普通机械化开采，采区采用联合布置的双翼采区，每翼走向长度为 600 m。

（2）采区上山

根据采区煤层赋存情况和采区地质构造简单等条件，对采区上山布置提出 3 种方案：

方案 1：双岩上山。在距 m_2 煤层 12 m 的底板岩层中布置 2 条上山，上山位于采区走向中央，轨道上山通过石门与煤层联系。2 条上山间距 20 m。

方案 2：双煤上山。在 m_2 煤层中布置 2 条上山，间距 20 m；上山位于采区走向中央。

方案 3：一煤一岩上山。其中一条布置在采区中央的 m_2 煤层中；另一条布置在 m_2 煤层底板岩层中，距 m_2 煤层 12 m。煤层上山为运输上山，岩层上山为轨道上山。

（3）区段巷道布置

m_1 及 m_2 煤层均为中厚煤层，采用一次采全高；根据本采区煤层的条件，决定采用沿空掘巷留 2 m 小煤柱，区段巷道采用单巷掘进布置方式。

（4）联络巷道

由于本采区采用上山联合布置，在联络巷道的布置上，采用区段石门 – 溜煤眼结合的联系方式。方案 1 中的溜煤眼分煤层设置，即 m_1、m_2 煤层均在本煤层的区段运煤平巷中设溜煤眼与采区运输上山联系。方案 2、3 中运输上山均布置在 m_2 煤层中，故仅 m_1 煤层区段运输平巷用溜煤眼与运输上山联系。各方案的轨道上山均用石门与煤层区段轨道平巷相联系。

各方案采区巷道布置方式，如图 2—3—3、图 2—3—4 和图 2—3—5 所示（图中标注相同）。

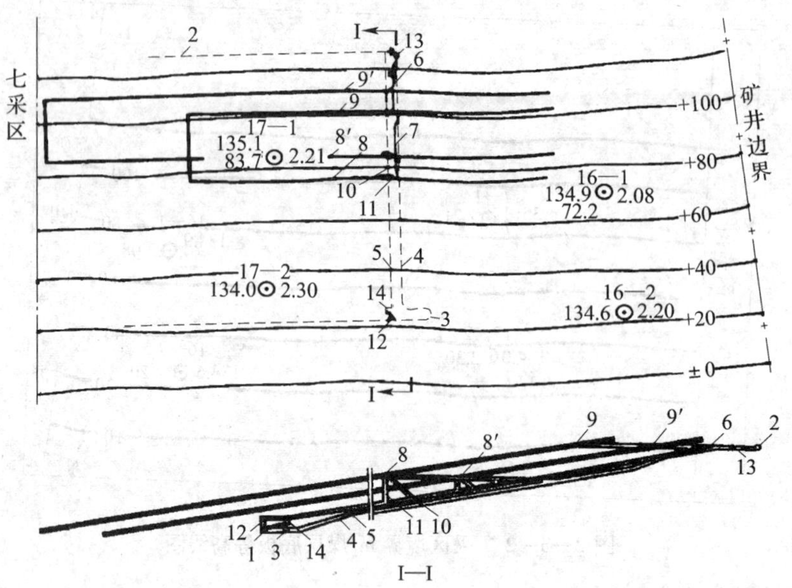

图 2—3—3　方案 1（双岩上山）采区巷道布置图

1—运输大巷　2—回风大巷　3—下部车场　4—轨道上山　5—运输上山　6—上部车场　7—中部车场　8、8′—m_1、m_2 区段运输平巷　9、9′— m_1、m_2 区段轨道平巷　10—联络斜巷　11—溜煤眼　12—采区煤仓　13—采区绞车房　14—进风行人斜巷

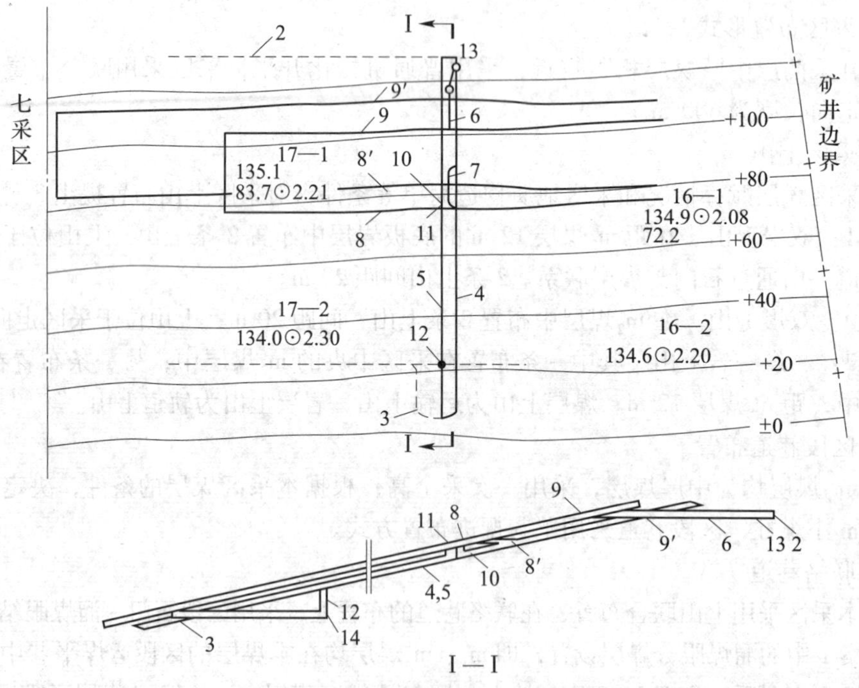

图 2—3—4　方案 2（双煤上山）采区巷道布置图

6. 方案比较

根据已提出的方案及方案比较的原则，首先进行技术比较，见表 2—3—9；考虑到有利

于管理等因素，确定保留方案1与方案2进行进一步的经济比较。各方案中相同的部分可不参加经济比较，如各方案区段巷道与主要硐室的费用可认为是相同的，不参加方案的经济比较。主要对采区上山及联络巷道掘进投资费用进行比较。采区经济比较见表2—3—10，经济比较汇总见表2—3—11。

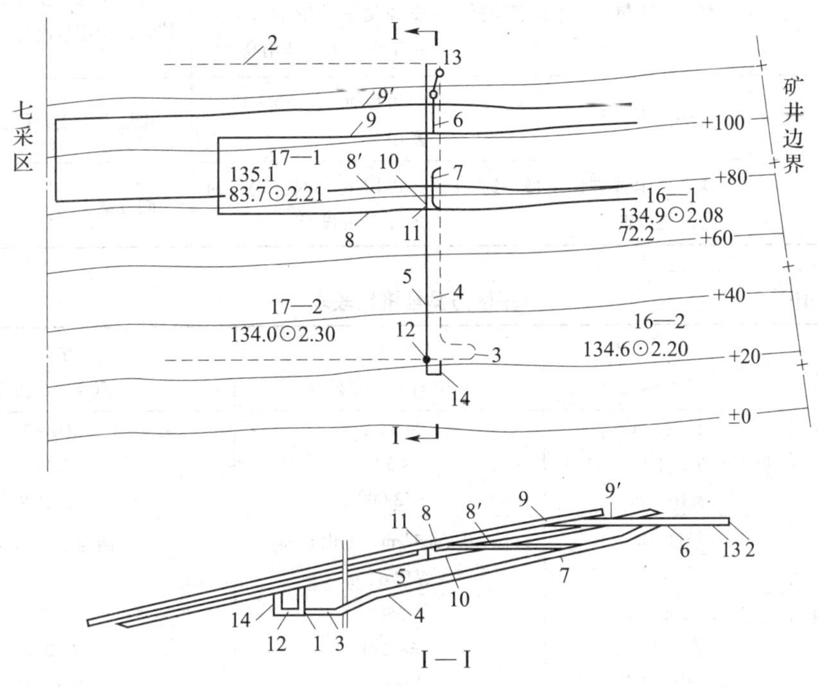

图2—3—5　方案3（一煤一岩上山）采区巷道布置图

根据经济比较的结果，两方案费用相差在2%以内，可认为是基本相等。考虑到巷道掘进难易程度和减少岩石工程量，有利采区尽早投产等因素，确定采区设计采用方案2。采区的2条上山都布置在m_2煤层中。根据设计方案按比例绘制采区巷道系统的平面图与剖面图。

表2—3—9　　采区方案技术比较表

项目＼方案	方案1 双岩上山方案	方案2 双煤上山方案	方案3 一煤一岩上山方案
掘进工程量	工程量大。因两上山均在岩层中，故要多掘进252 m石门和60 m溜煤眼	工程量小	工程量较大。比方案2多掘170 m石门
工程难度	困难。一是岩巷施工；二是巷道连接复杂	较容易	困难
通风距离	长。每区段增加130 m的通风距离	短	较长。每区段增加60 m通风距离
管理环节	多。一是溜煤眼多；二是漏风地点多	少	多（同方案1）

续表

项目＼方案	方案1 双岩上山方案	方案2 双煤上山方案	方案3 一煤一岩上山方案
巷道维护	维护工程量少，维护费用低	煤层上山，梯形金属支架受采动影响大，维护工程量大，费用高	第一条煤层上山，维护工程量较大，费用较高
支架回收	无法回收	可以回收，70% 可以复用	煤层上山支架可以回收复用
工程期	岩石上山掘进速度慢，约 14 个月才能投产	煤层上山掘进快，约 10 个月可投产	同方案1

表 2—3—10　　采区方案经济比较表

项目＼方案		方案1 双岩上山方案	方案2 双煤上山方案
上山掘进费用	长度 /m 掘进单价 /（元 · m^{-1}） 费用 /元	560×2 850 952 000	560×2 700 784 000
石门掘进费用	长度 /m 单价/（元 · m^{-1}） 单条费用 /元 总费用（4 条）	两煤层间 42 m，上山到 m_2 煤层 63 m 650 68 250 273 000	两煤层间 42 m 650 27 300 109 200
溜煤眼掘进费用	（ϕ=2 m）长度 /m^3 单价 /（元 · m^{-1}） 每区段费用/元 总费用（3 组）	63 400 25 200 75 600	0
主要巷道维护费用	长度 /m 单价 /（元 · $(m \cdot a)^{-1}$） 维护时间 /a 费用 /元	560×2+63×2 45 7.7 430 514	560×2 100 7.7 862 400

表 2—3—11　　采区方案经济比较汇总表

项目＼方案		方案1	方案2
初期投资 /元 （包括上山、石门两条、溜煤眼一组）		1 113 700	838 600
初期投资比较 / %		132.8	100
总需	总投资/元	1 300 600	893 200
	总费用/元	1 731 114	1 701 000
总费用比较/%		101.8	100

复习思考题

1. 采区巷道基本形式有哪些？说明各形式中主要巷道的名称。说明采区巷道布置的基本原则是什么。

2. 采区划分区段的原则是什么？区段的参数如何确定？

3. 何谓无煤柱护巷？说明区段巷道无煤柱护巷布置方式及特点。

4. 厚煤层目前主要开采方法有哪些？各自的特点和主要适应条件是什么？

5. 采区上（下）山的布置形式有哪些？规定采区必须布置3条以上上（下）山的条件是什么？

6. 采区车场如何进行分类，分析采区上、中、下部车场的基本类型和适用条件。

7. 进行采区设计的主要依据是什么？说明采区设计的程序和主要步骤。

8. 画出采区下部车场巷道布置图。基本条件：大巷装车站，顶板绕道，卧式朝向井底布置形式。

模块 3　采煤工作面开采工艺

采煤工作面开采工艺是煤矿开采方法的主要内容，依据不同落煤方式和支护形式，主要分为爆破开采（炮采）、普通机械化开采（普采）、综合机械化开采（综采）。采煤工作面开采工艺设计主要是根据采煤工作面的开采条件，选择适当的开采工艺方式并进行设计。采煤工作面开采工艺设计的主要内容包括：采煤工作面的落煤方式及工艺过程，顶板支护设计，采煤工作面生产系统与巷道支护，开采设备选型和采煤工作面的工程质量管理。

本模块任务主要结合准备方式模块所设计采区（盘区、带区）中的一个采煤工作面基本条件进行采煤工作面开采工艺设计。依据开采条件和各开采工艺方式的主要特征，分析说明选择综采、普采或炮采的主要因素与合理性；根据选择的开采工艺方式进行开采工艺设计。通过采煤工作面开采工艺设计练习，系统地学习各开采工艺过程与特征，熟悉不同开采工艺的主要适用条件。能够掌握采煤工作面的开采工艺设计主要内容、方法、步骤和要求。具备采煤工作面开采工艺选择和设计的基本技能。

模块能力训练：结合设计采区区段划分情况，确定一个采煤工作面，根据采煤工作面具体条件，画出采煤工作面巷道布置图，进行采煤工作面开采工艺选择与设计。

课题 3.1　爆破采煤工艺

3.1.1　爆破落煤、装煤与运煤

能力点

1. 能够正确进行采煤工作面爆破参数设计；
2. 掌握爆破工作的基本操作技能及安全事项；
3. 掌握采煤工作面生产时的安全注意事项。

知识点

1. 采煤工作面爆破落煤的效果要求；
2. 采煤工作面炮眼布置方式；
3. 采煤工作面爆破安全管理制度；
4. 采煤工作面煤炭装煤工作。

爆破采煤工艺，简称“炮采”，其特点是采用爆破方法落煤，人工或机械方式装煤，可弯曲刮板运输机运煤，用单体支架控制工作空间的顶板。采用炮采劳动强度大、产量和生产效率低，是一种较落后的回采方式。但炮采工艺具有开采设备简单，投资小，对复杂的地质

条件适应性强的特点，在一些地质条件比较复杂或不适宜机械化采煤的地区，仍然要采用炮采。在一些开采机械化水平较低的中小型矿井，爆破采煤仍是主要的开采方式。

采煤工作面的五大生产工序是：落煤、装煤、运煤、支护和处理顶板（放顶）。爆破落煤、装煤与运煤是爆破采煤五大工序中的3个重要工序。爆破落煤包括打眼、装药、填炮泥、联炮线、放炮等几项工作；装煤主要采用爆破装煤与人工装煤；运煤一般采用刮板输送机运输或在大倾角条件下采用自溜运输。这3个工序管理的好坏直接影响工作面回采效率和采煤工作面的煤炭采出率。

要完成炮采工作面爆破落煤、装煤与运煤3个工序设计任务，必须熟知：爆破落煤的效果要求，炮眼布置方法与主要爆破参数，钻眼落煤的主要机具与设备，爆破工作的基本操作方法及安全注意事项，装煤方法与运煤设备的管理工作等。结合设计工作面开采条件进行爆破设计，选择装煤方法和工作面的运煤设备。

一、爆破落煤

1. 爆破落煤的效果要求

采煤工作面的钻眼爆破工作，在保证达到预定循环进度的前提下，必须做到：

1）煤炭破碎均匀，不出现需要二次破碎的大块煤；不抛撒过散，便于装煤。

2）煤壁平直整齐，不留顶底煤；不破坏顶、底板岩层，便于支护及推移输送机等工序的操作。

3）放炮时不崩倒支架、不崩翻或压死输送机，保证安全和正常生产。

4）严格火药管理，尽量节省炸药、雷管等爆破材料。

2. 炮眼布置方式与爆破参数

为了满足上述要求，应根据煤层的硬度、采高、节理裂隙以及顶板的状况，正确地确定炮眼布置方式与爆破参数（炮眼间距、深度、角度等）。

（1）炮眼布置方式

采煤工作面常见的炮眼布置方式有以下3种：

1）单排眼：用于薄煤层、煤质较软及节理发育的煤层中，如图3—1—1a所示。

2）双排眼：包括对眼、三花眼。一般用于采高较小的中厚煤层及煤质中硬的工作面中，如图3—1—1b、c、d所示。

3）三排眼：即五花眼。用于煤层坚硬和采高较小的中厚煤层工作面中，如图3—1—1e所示。

（2）炮眼角度

炮眼角度应满足下列要求：

1）炮眼与煤壁的水平夹角一般为50°～80°，煤软时取大值，煤硬时取小值。为了不崩倒支架，应使水平方向的最小抵抗线朝向两柱之间的空当。

2）炮眼在垂直面上与顶、底板之间的夹角和距离，视煤质软硬和粘顶情况以及顶板稳定程度而定，以不破坏顶、底板为原则。当顶板稳定时，顶眼的仰角为5°～10°，眼底距顶板0.2～0.5 m；顶板不稳定时，顶眼应与顶板平行，炮眼与顶板的距离为0.4～0.5 m。底眼的俯角一般为10°～20°，眼底距底板一般不大于0.1 m，以防止留底煤影响运输机推移和便于装煤。

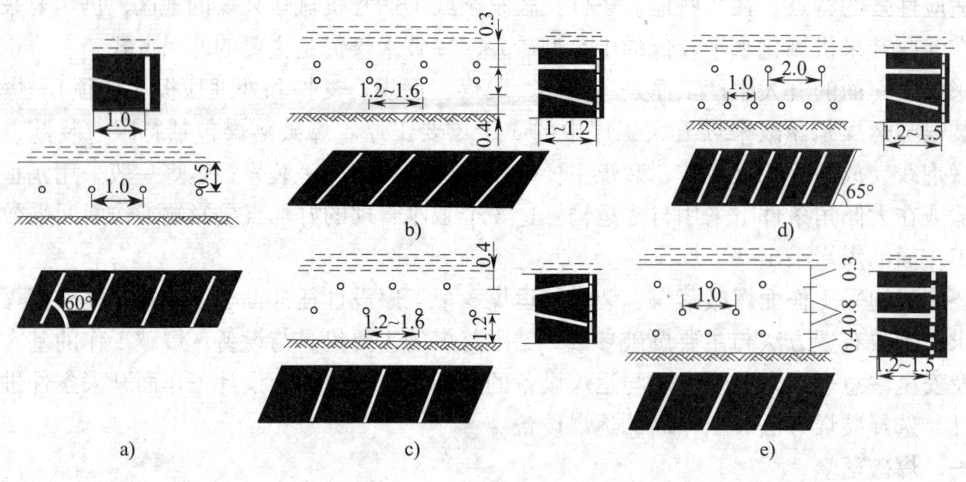

图3—1—1　炮眼布置图

（3）炮眼间距

炮眼的水平间距，一般视煤的硬度而定，多为0.8～1.2 m。

（4）炮眼深度

炮眼的深度应根据每循环的进度而定，一般有浅进度及深进度2种。浅进度主要是与金属支柱和金属铰接顶梁配合，并参考可弯曲刮板输送机和爆破装煤效果的匹配，目前采用较多的每循环进度为0.8～1.2 m；深进度主要在中小型矿井采用木支架支护时采用，每循环进度可达1.6～1.8 m。

（5）炮眼装药量

炮采工作面的炮眼装药量，依据煤的硬度、炮眼深度、炮眼间距和采高等因素确定，一般有下列2种计算方法。

1）根据吨煤炸药消耗定额计算

在生产矿井内，都规定有不同煤层炮采工作面的吨煤炸药消耗定额，这种定额多根据本矿多年的统计资料，经统计分析后确定的，一般比较符合实际。煤矿在制定消耗计划和发放炸药时，多是以这种定额为依据。在编制作业规程确定炮采工作面的炮眼装药量时，也应以此为根据。

当吨煤炸药消耗定额已知时，可用下式计算每一循环的炸药消耗量：

$$Q = HL\rho qI(\mathrm{kg}) \tag{3—1—1}$$

式中　H——采高，m；

L——工作面长度，m；

ρ——煤的视密度，t/m^3；

q——吨煤炸药消耗定额，kg/t；

I——循环进度，m。

每个炮眼的平均装药量为：

$$Q_{平} = \frac{Q}{N}(\mathrm{kg}) \tag{3—1—2}$$

式中　N——循环的炮眼数目。

$$N = \frac{L}{l}n \tag{3—1—3}$$

式中　L——工作面长度，m；

l——炮眼间距，m；

n——炮眼排数。

2）根据装药系数计算

《煤矿安全规程》第 329 条规定："炮眼深度和炮眼的封泥长度应符合下列要求：

①炮眼深度小于 0.6 m 时，不得装药、爆破；在特殊条件下，如挖底、刷帮、挑顶确需浅眼爆破时，必须制定安全措施，炮眼深度可以小于 0.6 m，但必须封满炮泥。

②炮眼深度为 0.6 ~ 1 m 时，封泥长度不得小于炮眼深度的 1/2。

③炮眼深度超过 1 m 时，封泥长度不得小于 0.5 m。

④炮眼深度超过 2.5 m 时，封泥长度不得小于 1 m。"

上述规定，限制了具有一定深度的炮眼的最大装药量。根据上述规定确定的炮眼最大装药量时，可用下式计算：

$$Q_{\max} = \frac{\alpha P l}{m}(\text{kg/孔}) \tag{3—1—4}$$

式中　P——每个药卷的质量，kg；

l——炮眼深度（小于 1.0 m 时）或长度（大于 1.0 m 时）；

m——每个药卷的长度，m；

α——炮眼装药系数，即每米炮眼的平均装药长度。

炮眼深为 0.6 ~ 1 m 时，$\alpha = 0.5$；炮眼长度大于 1.0 m 时，可用下式计算：

$$\alpha = \frac{l - 0.5}{l} \tag{3—1—5}$$

在确定炮眼装药量时，首先按吨煤炸药消耗定额计算，再按装药系数进行计算，如果计算结果前者小于后者，即可认为前者的计算结果合理，可以采用；如果计算结果前者大于后者，则认为前者的计算结果不合理，按其装药不符合规定，应缩小炮眼间距，增加炮眼数目，使每个炮眼的装药量减少，使其符合《煤矿安全规程》炮眼封泥长度的规定。

炮眼平均装药量确定以后，还要根据各类炮眼作用、顶板情况等，对炮眼装药量进行调整。不管煤质软硬，一般腰眼和顶眼的装药量要比底眼装药量酌情减少；采用双排炮眼时，底、顶眼的装药量可按 1:（0.5 ~ 0.7）的比例分配；采用三排眼时，底、腰、顶眼的装药量，可按 1:0.75:0.5 的比例分配。

当把各类炮眼的装药量确定以后，还应选定药卷的质量和根据每个药卷的质量对炮眼装药量进行调整，使每个炮眼的装药量最好等于药卷质量的整倍数，如 1、2、3、4 等个数的药卷，或 1、1.5、2、2.5、3 等个数的药卷，这样装药方便，便于爆破员掌握，否则很难执行。

通过上述两方面的调整以后，还应检查一下每个炮眼的实际装药量是否符合《煤矿安全规程》第 329 条的规定，不符合时还应进行调整。

最后，还需根据每个炮眼的规定装药量，反算预计的吨煤炸药消耗量和吨煤雷管消耗量，检查其是否超过定额，计算方法如下：

循环的产量为：

$$A = ILH\rho C(\mathrm{t}) \tag{3—1—6}$$

式中 I——循环进度，m；

L——工作面长度，m；

H——采高，m；

ρ——煤的视密度，$\mathrm{t/m^3}$。

每一循环的计划炸药量 Q（按三排眼）：

$$Q = NQ_1(\mathrm{kg}) \tag{3—1—7}$$

式中 N——炮眼数目；

Q_1——实际规定的炮眼平均装药量，即 $Q_1 = \frac{q_1 + q_2 + q_3}{3}$；

q_1、q_2、q_3——实际规定的底、腰、顶眼的装药量。

计划吨煤炸药消耗量 q 和吨煤雷管消耗量 p，可用下式计算：

$$q = \frac{Q}{A}(\mathrm{kg}) \tag{3—1—8}$$

$$p = \frac{N}{A}(\text{个}) \tag{3—1—9}$$

计算的结果应等于或稍低于消耗定额。如高于消耗定额还要进行适当调整，尽量能满足各方面的要求。

3. 钻眼落煤的机具与设备

爆破落煤工序的主要工作过程包括钻眼、装药、填炮泥、联炮线、爆破等。

（1）钻眼机具

炮采工作面的钻眼工作，一般都是使用手提式煤电钻和麻花钎子配合，进行钻眼工作，钻孔的直径为 38 ~45 mm。煤电钻常用的型号为 MZ－12 型，电机功率为 1.2 kW，电压为 127 V。钎头是旋转式钻眼工具中最重要的部分，钎头上镶焊硬合金片。

（2）爆破材料

炮采工作面的爆破工作，必须使用煤矿许用炸药。其中使用最多的是煤矿铵梯炸药。低瓦斯矿井内，炮眼中无水时，用 2 号煤矿铵梯炸药，有水时用 2 号抗水煤矿铵梯炸药；高瓦斯矿井内，炮眼中无水时，用 3 号煤矿铵梯炸药，有水时用 3 号抗水煤矿铵梯炸药。在选用炸药时，必须严格按瓦斯等级选取。铵梯炸药在出厂时药卷的直径有 32 mm、35 mm和 38 mm 几种，药卷的质量分别为 100 g、150 g 和 200 g；长度为 170 mm 或 190 mm。有效使用期为 4 个月。采煤工作面主要使用的是直径 38 mm、质量为 150 g 铵梯炸药。在高瓦斯矿井采煤工作面推广使用的煤矿许用炸药是煤矿安全型水胶炸药和煤矿乳化炸药。

炮采工作面一般都有瓦斯和煤尘爆炸的危险，必须使用煤矿许用电雷管，包括煤矿安全瞬发电雷管和毫秒延期电雷管。使用毫秒延期电雷管可提高爆破效果，提高出块率，缩短爆破占用的循环时间；一次通电，按照先底眼，再腰眼，最后顶眼的起爆延期顺序，将需要一次爆破的工作面长度段内的炮眼全部起爆；可充分利用每排炮眼爆破后生成的附加自由面，提高爆破效果，相对降低了炸药消耗量。而且，由于在极短时间间隔内起爆，其震动波发生一定程度的干扰，从而减少了对顶板的震动，有利于顶板的稳定和维护。同时，有利于提高爆破装煤率，提高炮采工作面的单产和效率。这种爆破最后一段的延期时间不能超过130 ms，否则，会超过瓦斯、煤尘引燃时间而引起爆炸事故。

4. 爆破工作的基本操作及安全注意事项

（1）打眼时的安全注意事项

1）打眼时不能扎毛巾、不能戴手套，衣服袖口要扎好，以免麻花钎子绞住伤人。

2）应按作业规程规定的要求打眼，爆破后即不能破顶，也不留伞檐，不能崩翻刮板输送机和崩倒支架。

3）打眼时要认真检查顶板和支柱的完好情况，发现问题要立即处理。

4）要坚持"敲帮问顶"制度，注意检查煤帮的稳定性，尤其是采高较大时打顶眼，更应注意片帮伤人。

（2）连线方式与爆破段长度

炮采工作面的爆破工作，是采煤工艺中占用时间较长的一道工序。缩短爆破时间是提高工时利用率，保证正规循环作业并做到安全生产的主要技术措施。为此，在编制炮采工作面的作业规程时，应对爆破时每次联炮的个数和一次爆破的爆破段长度做出具体规定。

一次爆破的长度，应根据顶板情况、循环进度和地质条件等确定。在循环进度比较小，顶板比较稳定时，应尽量采用全工作面一次爆破或一次多爆破的方式，这种爆破方式可减少每班的爆破次数，提高工时利用率，也有利于安全生产。要实现一次多爆破，确保爆破质量和安全，应采取一些有效的措施。当顶板稳定性较差时，可减少顶眼或加大顶眼距顶板的距离，以及采用留煤垛间隔爆破的方式，以防止爆破崩倒支架；在输送机与煤壁之间留0.1～0.2 m的炮道和加大底眼的俯角，以防止爆破崩翻刮板输送机等。

当循环进度比较大，或顶板比较破碎时，为了保证安全，防止爆破引起冒顶，一般多采用分段分次爆破的方式，即根据顶板的稳定性，把整个工作面长度分为若干段，每段的长度可为20～30 m。每次爆破只放一段，各段之间的爆破顺序，通常为沿倾斜由下向上进行。各段之间交叉平行作业，使爆破尽量少影响其他工序的进行，有利于采煤工作面的正规循环作业。

（3）爆破注意事项

爆破容易发生事故，必须注意安全。在编制炮采工作面作业规程时，在最后的安全技术措施部分，应根据采煤工作面的具体情况，有针对性的规定防止爆破引起各种事故的措施，以保证采煤工作的安全和有利于正规循环作业。

在防止爆破引起事故的技术措施方面，《煤矿安全规程》有明确规定，各矿也都有丰富的经验，应注意收集和学习。下面是结合现场经验提出的几条主要措施以供参考。

1）爆破工作必须有专职爆破工担任。装药时首先要清除炮眼内的煤粉，再用木炮棍将药卷轻轻装入，不得用力冲撞。带雷管的药卷（起爆药卷）应放在炮眼的底部，雷管的聚能穴朝向炮眼口（即采用反向装药）。装药后剩余的炮眼部分要装0.3～0.5 m长的炮泥封死炮眼，雷管脚线要挽起，不许与机电设备或其他导电物体接触。

2）每次爆破前必须检查瓦斯，在爆破地点20 m以内风流中，瓦斯浓度达到1%时，不准爆破，应找通风员处理，符合规定时再爆破。爆破前要检查支架的规格质量，发现不合要求的必须重新支好，有空顶的应补上，爆破前还要发出信号，把人员全部撤到安全地点，在可能通向爆破地点的通路上，都要设置警戒线。警戒距离不得小于 30 m，警戒人员必须由班（组）长亲自指派责任心强的人员担任。

3）爆破时，爆破工距爆破地点应保证有足够的安全距离。爆破时如崩倒支架，必须及时扶好；如崩翻刮板输送机，也应及时处理好；爆破时要随时注意观察顶板，如发现顶板出现异常，有冒顶预兆时，应停止爆破，及时进行处理。

4）爆破后要对爆破地点的支架、顶板等进行检查，有问题时应按规定及时处理，不应留给下班。经检查确认工作面已处于安全状态时，再发出恢复信号，并由布置警戒的班（组）长亲自撤除警戒，招回全部作业人员进入工作面重新工作。

二、装煤与运煤

1. 装煤工作

目前，炮采工作面大部分仍以人工装煤为主，劳动强度较大。为了减轻人工装煤的工作量，尽可能利用爆破提高装煤效果，即采取相应措施，使爆破时尽量将煤炭抛入溜槽中。一般爆破装煤率可达30%～40%，在加设挡煤板的条件下，70%左右的煤均可实现爆破自装。为了防止溜槽上压煤过多，输送机启动困难，应在输送机正常运转时进行爆破，一次爆破煤量不宜过多。一般采高越大，循环进度越小，则爆破自装率较高，但爆破装煤只能装入一部分煤炭，人工装煤量还比较大。为减少人工装煤量的劳动强度，提高生产效率，有的工作面采用机械装煤。目前使用最多的是在输送机煤壁侧装上铲煤板，爆破后部分煤自行装入输送机，然后工人用锹将其余部分煤装入输送机，余下的一部分底部松散浮煤靠大推力千斤顶在推移运输机时利用铲煤板将其装入输送机中运出。

2. 运煤方式及设备

炮采工作面的运输方式，应根据煤层倾角来确定。在缓倾斜煤层工作面，多采用刮板输送机运煤；在煤层倾角大于25°时，工作面可采用铁溜槽或搪瓷溜槽自溜运输，搪瓷溜槽自溜运输坡度可比铁溜槽小5°～6°。

炮采工作面常用的刮板输送机多为轻型可弯曲刮板输送机，这种输送机的优点是有利于爆破装煤和整体移置。在中厚煤层一般采用 SGW－40（或44）型刮板输送机，当采煤工作面的长度和产量较大时，可采用 SGW－80T 型可弯曲刮板输送机。在薄煤层工作面，可采用 SGD－420/22 型和 SGD－420/30 型可弯曲刮板输送机。为了便于爆破装煤和整体移置，这类输送机一般都靠近煤壁设置，多与单体液压支柱和铰接顶梁配合使用。

3. 刮板输送机的移置

采用 SGW－40（44）型或 80T 型可弯曲刮板输送机配备移溜器时，可实现输送机的整体自移，避免了拆移输送机的工序。装煤以后将底板整平，然后将输送机分段顺序推移到新的位置。机头、机尾的移置，除采用液压千斤顶外，也可利用设在机、风巷内的回柱绞车牵引，或用机巷内的输送机进行顶、拉。推移时应严格掌握推移顺序，可沿采煤工作面自下而上或自上而下顺序推移，但不允许由两端向中间推移，以免输送机在中部起拱。推移时应保持输送机的弯曲长度不小于 15 m。输送机推移后应呈一直线，铺放平稳，溜槽接头严密、严整无错口。达到采煤工作面“三直一平”工程质量管理标准。

4. 人工装煤时的安全注意事项

（1）爆破后进入煤壁进行装煤时，首先要敲帮问顶，发现顶板有浮石、伞檐和松动煤帮时，要及时进行处理，确认安全后，才能进行装煤工作。

（2）悬臂支架支护时，装煤前应及时挂梁，并把水平楔子打紧，顶梁与顶板之间要用木板背好。

（3）如工作面采用有靠帮柱子的棚子，在攉煤前应挖出柱窝，打上临时支柱，把顶板维护好后再攉煤。

（4）在顶板不好而又没有打上临时支柱时，应尽量站在原有支架下先贴输送机帮攉煤，并注意检查原有支架是否完好和支在岩层上，如不合格应及时进行处理，支好再攉煤。

（5）当利用运输机运料，拿长材料时，要先拿后头，把料从溜子上拖下来，绝不能先拿前头，以免前头升起，顶倒支架或顶伤人。

（6）在攉煤过程中，要经常注意顶板、煤帮、周围支架和输送机上下大块煤、下材料等，以免挤倒支架伤人。

（7）在攉煤时，还应注意拒爆的炮，如有拒爆的炮要找爆破工进行处理。

（8）在煤层倾角较大的底板上攉煤时，要注意防止下滑摔人，上部大块煤滚下伤人，更要注意原有支柱是否贴底，避免挖倒支柱伤人。

3.1.2 炮采工作面支护和采空区处理

能力点

1. 正确选择炮采工作面支护方式；
2. 合理确定工作面的支护规格；
3. 进行采煤工作面特种支架的选择。

知识点

1. 采煤工作面控顶距的确定；
2. 支架架设的一般要求；
3. 回柱放顶的方法。

爆破落煤后，煤层顶板即被悬露，如果不及时支护就会造成冒顶事故。维护好开采工作空间，保证生产正常进行和作业人员及设备的安全，是工作面支护的主要任务。为了减轻采煤工作面支架的压力，随着采煤工作面不断向前推进，除及时对采煤工作面进行支护外，还必须对采空区顶板进行处理。爆破采煤工艺的这 2 个工序称为顶板控制。采煤工作面支护质量和顶板处理的方法与效果，将直接影响采煤工作面安全生产。

炮采工作面普遍使用单体支架来支护工作空间。要完成采煤工作面支护和顶板处理这两大工序任务，必须学习掌握炮采工作面常用的支架形式及布置方式、采空区的处理方法、采煤工作面控顶距的确定、支柱规格的选择、工作面支架的支护密度的确定、特种支架的形式与架设要求和回柱放顶安全管理知识等。根据设计采煤工作面实际条件，进行采煤工作面支护和顶板处理这两大工序设计。

一、炮采工作面支护

为保证采煤工作面的安全生产，必须进行支护。炮采工作面普遍使用单体支架来支护工作空间。按其材料和结构不同，分为木支架和金属支架。

我国在20世纪50、60年代均采用木支架。但其性能差、易折断、坑木消耗量大，而且木支架对控制顶板不利，经常出现顶板事故。到20世纪70年代开始推广使用摩擦式金属支柱和金属铰接顶梁组成的金属支架，改用摩擦式金属支柱，使坑木消耗量大幅度降低，但存在支护性能差，支、回劳动强度大等缺点。20世纪80年代又发展了性能较好的单体液压支柱与金属铰接顶梁组成的金属单体液压支架。这种支架的使用，迅速取代了摩擦式金属支柱。目前，在我国大、中型煤矿已全部取消了摩擦式金属支柱。

在一些特殊条件下为保证采煤工作面处理顶板时的安全，采煤工作面还需架设特种支架，确保支护的安全性和可靠性。特种支架主要包括：抬棚、木垛、戗柱、密集支柱等。

根据直接顶顶板的稳定性和采煤工艺特点，炮采工作面常用的支架形式及布置方式有以下几种：

1. 带帽点柱

带帽点柱由一根立柱和一个柱帽组成，如图3—1—2所示。柱帽由厚50～100 mm，长0.3～0.5 m的方木或半圆木制成。

带帽点柱的架设方式有矩形排列和三角形排列2种，如图3—1—3所示。柱帽一般应斜向煤壁，与煤壁垂直线成15°～30°的夹角。由于矩形排列易于保证工作面支架的规格质量，目前多采用这种排列方式。

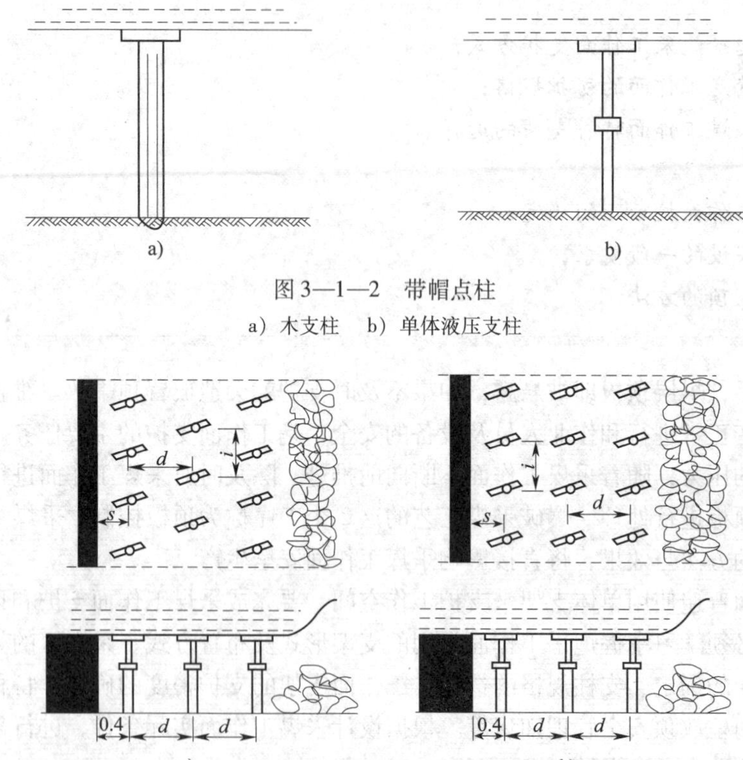

图3—1—2　带帽点柱

a）木支柱　b）单体液压支柱

图3—1—3　带帽点柱的排列方式

a）三角形排列　b）矩形排列

d—排距　i—柱距　s—炮道

带帽点柱的支护形式比较简单，架设容易，但柱帽与顶板接触面积小，只能用于直接顶比较完整稳定的采煤工作面。

2. 悬臂支架

悬臂支架是由单体液压支柱与铰接顶梁组成的。这种支架多配合可弯曲刮板输送机使用，输送机靠近煤壁。悬臂支架多采用齐梁直线柱布置方式，如图3—1—4所示。

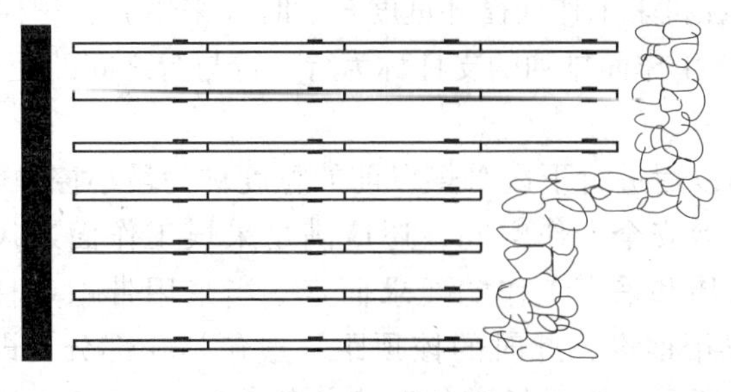

图3—1—4　齐梁直线柱布置

悬臂支架根据柱梁配合关系不同，分为正悬臂和倒悬臂2种。悬臂较长一端伸向工作面的叫正悬臂；悬臂较长一端伸向采空区的叫倒悬臂。在炮采工作面一般采用齐梁直线柱布置，主要采用正悬臂进行支护。

使用这种支架时，在爆破后能够及时控制顶板。把铰接顶梁接在原有支架的顶梁上，利用水平销，及时托住新暴露出的顶板，以保证工人工作的安全。当煤清理完推移输送机后，在梁下及时打上支柱。

采用齐梁直线柱布置时，顶梁长度应与循环进度相适应。即每个循环挂一次梁，每个梁下支设1根支柱；当采用的是1.2 m顶梁且顶板压力比较大时，可在每个梁下支设2根支柱。

悬臂支架的优点是：有利于输送机的整体移置和爆破装煤；支架的顶梁都相互铰接在一起，支架整体性较强，对顶板的维护条件也较好。其缺点是：靠煤壁处没有支柱，空顶面积大、时间较长；当顶板比较破碎时，易于在煤壁附近产生局部冒顶。因此，这种支护形式只能用于中等稳定以上的顶板，在顶板比较破碎的条件下使用，必须制定有效的顶板管理措施。

3. 架设支柱时的安全注意事项

采煤工作面架设支柱时应严格按照作业规程和质量标准化管理规定进行作业。在局部冒顶的地方架设支架和刹顶时，要防止顶板继续冒落伤人；在设有临时支护时，要遵循先支后回原则，回撤临时支护时要注意顶板和周围人员的安全；在煤层倾角比较大或采高比较大时，要注意搭好脚手架，两人配合作业，不能冒险单独作业。

二、采空区处理

1. 采空区处理方法

为了减轻采煤工作面支架的压力，维护好开采工作空间，保证生产正常进行和作业人员及设备的安全，必须及时对采空区进行处理。根据顶板特征及保护地表的特殊要求等，在不同条件下，采空区处理方法主要有全部垮落法、刀柱（煤柱支撑）法、缓慢下沉法和全部或局部充填法等几种方法。目前我国主要采用全部垮落法处理顶板，即随着采煤工作面推进，采空区顶板在放顶后使其自然垮落，充满开采后的空间。

2. 采煤工作面控顶距

采煤工作面控顶距分为最大控顶距和最小控顶距。

(1) 最小控顶距

在采煤工作面的支架布置中，支柱平行工作面的叫排，排与排之间的距离称为排距，排距一般等于循环进度，在机采工作面循环进度较大时（采用五、三控顶），排距有的也等于循环进度的1/2；垂直于工作面排列的支柱称为行，行与行之间的距离称为行距，在煤矿一般多称为柱距。

采煤工作面在放顶以后进行下次采煤以前的宽度称为最小控顶距。其大小主要是要保证采煤工作面所需的有效安全工作空间，还应满足采煤工作面通风的要求；控顶距一般根据顶板岩石的力学性质和采煤工作的要求而定。当采用带帽点柱和悬臂支护时，可弯曲刮板输送机多为靠煤帮铺设，此时的控顶距一般包括3部分，即输送机道、人行道和材料道，如图3—1—5所示。输送机道的宽度一般为0.8～1.2 m，人行道和材料道的宽度分别等于支柱的排距。循环进度采用浅进度时，一般为0.8～1.2 m，支柱的排距一般等于循环进度。当采用悬臂支护，顶板不好、底板松软的特殊条件时，也有把材料道与人行道合并（采用三、二控顶），即采煤工作面的最小控顶距为输送机道和人行道2部分的宽度，采煤工作面开采工作空间较小，开采时必须有相应的安全技术措施。采煤工作面控顶距小，有利于工作面的顶板控制，因此在满足采煤工作面安全生产需要的前提下，应尽量减小工作面的控顶距。

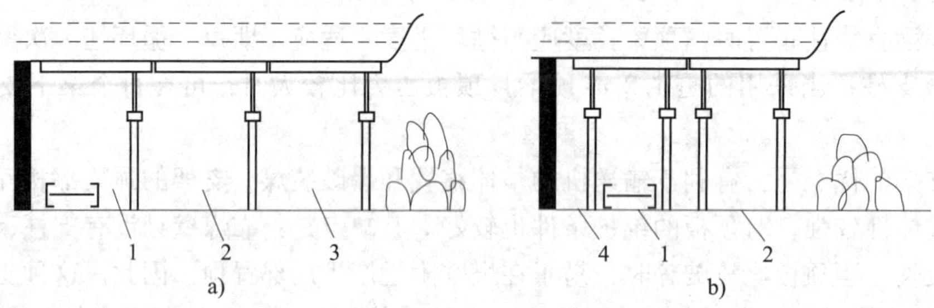

图3—1—5　最小控顶距

a）悬臂支护　b）棚子支护

1—输送机道　2—人行道　3—材料道　4—炮道

(2) 放顶步距

放顶步距即每次放顶的宽度。放顶步距主要根据工作面顶板岩石性质和开采工艺要求而定，完整坚硬的顶板，放顶步距应大些，若放顶步距过小，将会在采空区出现较大的悬顶，增大采煤工作面支柱的支撑压力，甚至会发生推倒支架的冒顶事故。松软破碎的顶板，放顶步距应小些，若放顶步距过大，造成顶板下沉量增大，也会增加采煤工作面的支柱压力，处理不好可发生冒顶事故。合理确定放顶步距，对于管理好采煤工作面顶板具有重要意义。

放顶步距一般应和循环进度相配合。当采用浅进度时，通常为等于1～2倍的循环进度。当采用中等进度或深进度时，通常等于循环进度。

(3) 最大控顶距

最大控顶距是采煤工作面在放顶前的最大宽度，它等于最小控顶距与放顶步距之和，如图 3—1—6 所示。

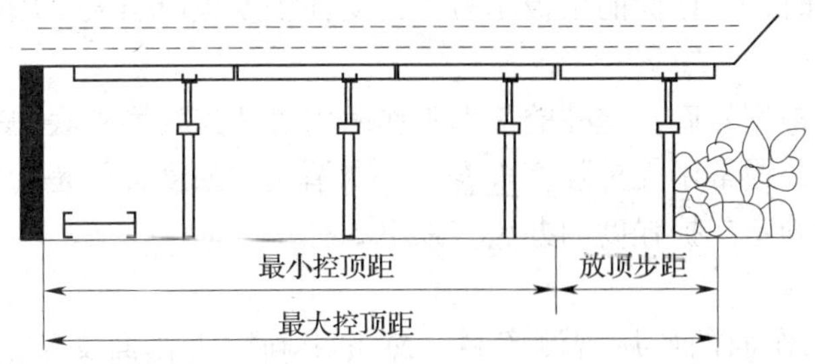

图 3—1—6　最大控顶距

在确定最大、最小控顶距时，应注意其宽度都是从煤壁到最后一排支柱后部梁头的距离（采煤工作面的控顶距和工作空间是有区别的）。

三、采煤工作面支护设计

1．采煤工作面支护规格的选择

（1）坑木规格的选择

井下用于支护的木材统称为坑木。常用的坑木有红松、白松、落叶松、柞木、椴木、桦木和杨木等。其长度一般为 1.6 m、1.8 m、2.0 m、2.2 m、2.4 m 等几种；直径一般为 120 mm、140 mm、160 mm、180 mm、200 mm、220 mm 等几种。用于薄煤层的支护多为上述几种规格的坑木按要求规格截制而成。

当工作面发生冒顶事故需要刹顶时，还要选取坑木为刹顶材料，各矿均有具体规定，酌情选取。

（2）单体支架支柱规格的选择

单体支架是单体支柱和铰接顶梁组合而成。单体支架的单体支柱有摩擦金属支柱和单体液压支柱。摩擦金属支柱目前已基本淘汰，单体液压支柱根据工作原理分为内注液式和外注液式 2 种。2 种支柱的工作原理不同，但性能基本相同。目前，采煤工作面主要使用外注液式单体液压支柱，在开采煤层厚度较小时或局部地点的临时支护也有采用内注液式单体液压支柱。

单体液压支柱的规格，要根据工作面采高及其变化情况选择，其次要根据顶板的下沉量，使支架的可缩量与顶板下沉量相适应。

单体支柱的最大、最小高度可用下式计算：

$$L_{max} \geqslant M_{max} - b \tag{3—1—10}$$

$$L_{min} \leqslant M_{min} - s - b - a \tag{3—1—11}$$

式中　L_{max}、L_{min}——支柱的最大、最小高度，mm；

M_{max}、M_{min}——采煤工作面煤层的最大、最小厚度，mm；

b——顶梁厚度，mm；

s——顶板在最大控顶处的最大下沉量，mm；

a——活柱最小安全回柱行程，取 50 mm。

2．采煤工作面支架的支护密度

确定采煤工作面的支护密度就是确定工作面支柱的排距和柱距。排距主要根据顶梁长度确定，进行支护密度设计主要就是确定支柱的柱距。

采煤工作面支架的支护密度主要决定于顶板压力的大小和支柱的最大工作阻力。当支柱的最大工作阻力一定时，工作面的顶板压力大，支柱密度也应当大，压力小时支柱密度也就较小。

在确定支柱的规格型号后，支柱的最大工作阻力可从支柱系列表中查得。

顶板压力的大小，通常用支护强度来表示，所谓支护强度，就是指顶板单位面积（m^2）所需的支撑力。目前确定支护强度的办法有以下 3 种：

（1）统计分析法

有本煤层临近工作面的矿压观测资料，据此来确定工作面支架的支护强度。这是目前确定支护强度最有效的办法，应尽量获得这种资料，把工作面支护设计建立在可靠的基础上。

（2）标准定额法

根据煤层的顶板分类，即已经确定本煤层的直接顶属于哪一类，基本顶属于哪一级。在此情况下，可通过查表确定采煤工作面的最低支护强度值。这种方法对缓倾斜煤层是比较可靠的。

（3）估算法

现场经常采用的方法，估算法主要是根据采煤工作面开采高度求得工作面的支护强度。其计算公式如下：

$$q = (4 \sim 8) h_m \rho (\mathrm{kN/m^2}) \qquad (3\text{—}1\text{—}12)$$

式中 h_m——采高，m；

ρ——顶板岩石的重度，kN/m^3；

4 ~ 8——计算岩柱高度的倍数，应根据基本顶来压的强度确定，周期来压不明显时，可取小值，周期来压强烈时应取大值。

当支护强度确定后，即可采用下式确定工作面支柱的柱距：

$$b = \frac{pn_1(n_2)}{kqR_1(R_2)} (\mathrm{m}) \qquad (3\text{—}1\text{—}13)$$

式中 b——工作面支架的柱距，m；

p——工作面所需支护阻力，kN/m^2；

R_1、R_2——最大、最小控顶距，m；

q——支柱的最大工作阻力，kN；

n_1、n_2——最大、最小控顶距时支柱的排数；

k——支柱的安全系数，取 1.2 ~ 1.3。

在计算支柱的柱距时，应分别按最大和最小控顶距进行计算，其结果应采用数值较小的那个。为便于现场支柱时控制与管理，最后确定支柱的柱距时，应取小数点后一位数，取数时只舍不进，以保证安全可靠。但柱距不应小于 0.5 m，否则会给工作面作业带来困难。此外，即使在顶板比较完整的条件下，柱距也不得超过 1 m。

四、特种支架的架设

采煤工作面采用全部垮落法处理采空区时，在回柱放顶前，为保证安全一般要沿放顶线架设特种支架，切断直接顶板，以增加工作面支架的稳定性。常用的特种支架有密集支柱、丛柱、抬棚、戗柱和木垛等。在采煤工作面回柱放顶时，是否需要架设特种支架和架设什么样的特种支架以及支架的规格要求等，都要根据顶板岩石的性质和工作面来压特征来确定。通常有以下几种情况：

1. 密集支柱放顶

放顶时，沿放顶线支设密集支柱，用来增加放顶线支架的工作阻力，使顶板沿放顶线折断垮落，如图3—1—7所示。这种方式适用于直接顶比较稳定，而基本顶来压又比较明显的工作面。

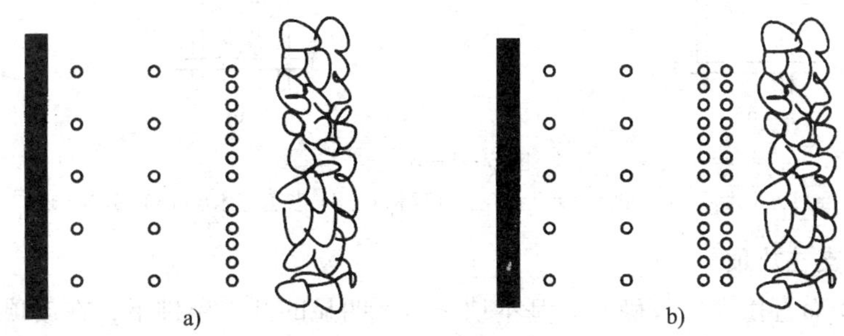

图3—1—7　密集支柱放顶

a）单排密集支柱　b）双排密集支柱

密集支柱即是沿放顶线密集排列的木支柱或金属支柱，一般情况下多采用单排密集支柱。根据顶板压力和工作面的柱距不同，每个柱空内加打1～3根密集柱，其间留有50～80 mm的空隙，便于回柱。当顶板压力比较大，回柱后顶板不易垮落时，也可以打双排密集支柱，即在放顶线支柱的里侧再打一排密集支柱。

为了更好地使密集支柱发挥效能，应在放顶前把密集支柱打好，沿倾斜隔3～5 m留一安全出口，其宽度不得小于0.5 m。密集支柱超前的距离，应在进行支架设计时作出明确规定。使用绞车回柱时，超前的距离应大些，使用人工分段回柱时，超前的距离一般较小些。

在采用密集支柱放顶的工作面，如果采高比较大，或放顶后冒落的矸石块度较大时，为防止推倒密集柱和支柱，可在密集柱靠工作面侧打戗棚。也可采用丛柱作为切顶支柱。每组丛柱由3～6根组成，柱间间隙为40 mm左右。

当初次来压和周期来压强烈时，通常要在密集支柱的里侧再架设一排木垛，以保证工作面安全。木垛是用坑木逐层叠放而成，其形式多为正方形，如图3—1—8所示。由于木垛支护面积较大，稳定性好，不易被大块矸石冲垮，而且允许有较大的压缩。因此，在周期来压强度大的采煤工作面及工作面的上、下出口处多设置有木垛。当采用缓慢下沉法处理采空区时，木垛也可作为主要放顶支架，使采煤工作面顶板达到缓慢下沉的效果。

为加强木垛的稳定性和刚性，有时在木垛四周用支柱圈定四个角，或在木垛中填矸石等，叫做实心木垛。木垛的架设密度，与周期来压的强度有关，来压明显的采煤工作面一般沿倾斜每隔5～10 m架设一个木垛。

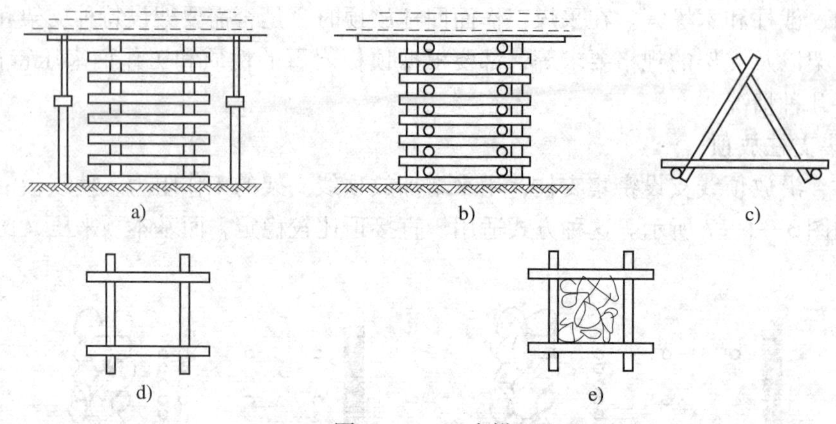

图 3—1—8　木垛

a）方木木垛　b）圆木木垛　c）三角形木垛　d）长方形木垛　e）实心木垛

2. 无密集支柱放顶

在采煤工作面直接顶比较破碎，基本顶来压不明显的开采条件下，在放顶时不支设密集支柱顶板也能放下来，而且工作面支架也不被压垮。但为了慎重起见，通常也要采取一些措施，如尽量缩小控顶距，增加工作面支柱密度，设计时加大安全系数，放顶支柱外加挡矸帘挡矸，以及增加备用支柱作为临时架设密集支柱使用等。

无密集放顶时，如工作面的采高较大，而放顶垮落矸石的块度也较大，则有推倒放顶线处支柱的危险，此时通常采用沿放顶线打戗棚（或抬棚）或戗柱的办法，以增加切顶支柱的稳定性，如图 3—1—9 所示。

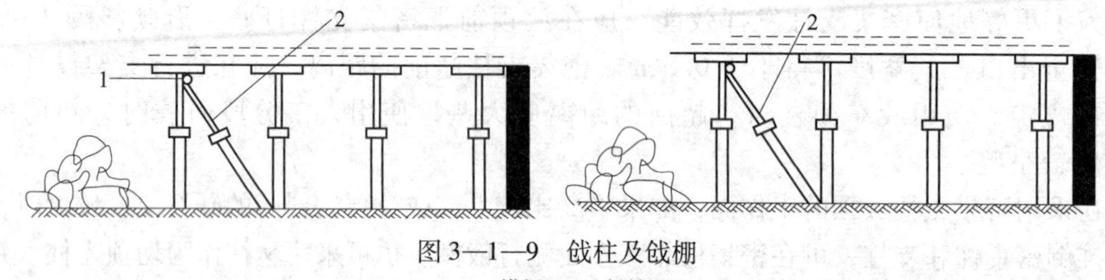

图 3—1—9　戗柱及戗棚

1—横梁　2—斜撑

设置采煤工作面特种支架的支护材料应尽量和采煤工作面使用的支架相同。

3. 强制放顶

当采用密集支柱、丛柱再加打木垛等也不能有效地保证安全时，就需要采用强制放顶的方法，处理工作面的顶板（强制放顶可参考矿山压力及测控技术等内容的有关教材）。

五、采煤工作面单体支架的架设

1. 对单体支架架设的一般要求

采煤工作面支架是保证采煤工作安全的重要手段，因此，支架的架设应符合下列要求：

（1）支架的形式、规格、质量等必须符合规程的规定。

（2）单体支架架设时，不能架在浮煤上，要挖柱窝。挖柱窝时，要注意检查顶板和煤帮，防止冒顶或片帮砸人，而且要站在有支架掩护的安全地点。

在见顶见底一次采全高的工作面，柱腿必须打在底板上，如果工作面倾角较大（25°以上）或底板光滑，挖柱窝时必须将底板刨成麻面。在松软底板或倾斜分层采上分层工作面是煤底时，为避免支柱下扎，打柱时，必须在柱窝里垫上方形或长方形的木板，即“穿柱鞋”，木板长一般 300 m 左右，厚 150 ~ 200 mm，宽稍大于支柱的直径。支柱扎入煤底严重时，柱鞋还可以适当加长或加厚，俗称“穿大鞋”。柱鞋要放平、穿正。

（3）支架要有迎山角，棚腿和点柱不能完全垂直于煤层的顶底板（除近水平煤层外），应有一个较小向上的偏角，即棚腿或点柱与顶底板的垂直线的夹角，如图 3—1—10 所示，叫做迎山角。其大小根据煤层倾角而定，迎山角一般控制在 3° ~ 5°，不能过大或过小。迎山角过大时，称为“过山”；迎山角过小时，称为“退山”。

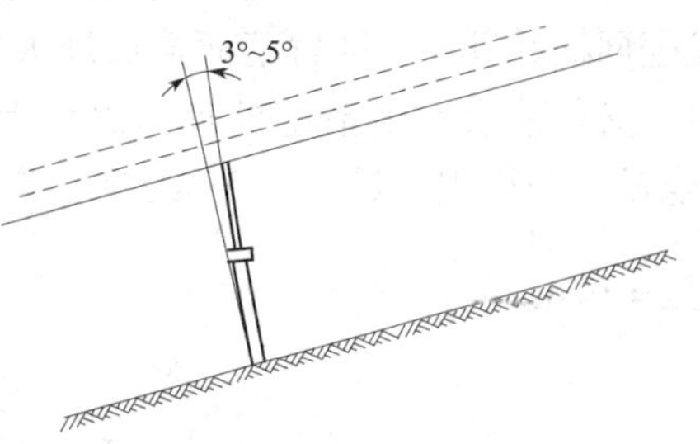

图 3—1—10　支架迎山角

（4）架设支架时要随时观察顶板，认真进行敲帮问顶，对松动的浮煤或浮石，应及时挑下，必要时架设临时支柱或支架。无论是敲帮、问顶、挑下松动的浮煤或浮石，都要站在斜上方有支架掩护的安全地点进行，并要注意后路畅通。

2. 单体液压支柱的架设

采用 NDZ 型内注式单体液压支柱时，用两用手把套入曲柄方头上，随即摇动手把，使活塞升高，手把摇动一次，活塞的上升量为 20 mm，连续摇动手把，活柱连续上升，一直到支柱顶盖与顶梁完全接触为止。这时，支柱已不用人扶而立于工作面，再继续摇动手把，反复动作，一般再连续摇动 3 次左右，支柱即可获得 59 ~ 78 kN 的初撑力。继续摇动手把的打紧程度，直到摇动手把时手感到吃力为止。

采用 DZ 型外注式单体液压支柱时，首先将注液枪管套于三用阀的注液阀上，挂好注液枪口的销紧套，即可操纵注液枪的把手，高压乳化液通过注液枪向支柱内腔供液，活柱快速上升，直至支柱顶盖与金属顶梁接触，并使顶梁紧贴工作面顶板为止。拔除注液枪时，要注意防止卸载阀溢流。外注式单体液压支柱的升柱，初撑力均靠泵站的压力获得，只要控制好泵站的恒定压力，即可保证足够的初撑力。注液完毕，注液枪要置于支柱的手把上或置于支柱的注射嘴上，不能放在底板上，更不能在底板上拖拽，以防煤尘污染。

单体液压支柱初撑力较大，在升紧过程中，会压缩木柱帽或金属顶梁上的插板，或浮煤、浮矸受压缩而活动，进而牵动临近支柱。因此，在升柱过程中，要注意检查邻近支柱，遇有松动立即打紧，切勿忽视造成事故。由于液压支柱的密封性要求严格，稍有不慎，支柱的支撑力及打紧程度就不符合要求，一定要在班中按顺序进行检查。若采煤工作面因故停产，在恢复开采前必须检查支柱的打紧程度，遇有降阻的支柱要补充升紧，防止单体液压支柱自动卸载发生倒柱事故。

六、采煤工作面回柱放顶

1. 采煤工作面回柱方法

炮采工作面使用全部垮落法处理采空区时，主要通过放顶来完成。回柱方法有人工回柱和机械回柱 2 种。机械回柱即用回柱绞车回柱，一般用于木支架工作面；单体液压支柱工作面一般采用人工回柱。其回柱方式有 2 种：近距离卸载与远距离卸载。顶板条件较好时采用近距离卸载；顶板条件较差，近距离卸载不能保证安全时，可采用远距离卸载。

2. 回柱放顶时的注意事项

回柱放顶时，采煤工作面顶板活动剧烈，也是采煤工作易于发生事故的工序，必须特别注意安全。在进行这项工作时，首先应沉着、冷静、不要着急。其次是加强支护好放顶附近控顶区内的支架，以保证在放顶时不被压坏、推倒而造成冒顶。回柱时要注意退路，把退路的障碍物清理干净，要根据不同的顶板采用不同的回柱方法，要特别注意破碎顶板，以避免发生回柱后矸石立即冒落而造成埋人事故；还要特别注意坚硬顶板出现采空区大面积悬顶时，必须采取一定措施处理，避免大面积悬顶突然冒落造成事故。放顶时必须严格遵守《煤矿安全规程》第56、57条的规定。

◎知识链接

工作面的初采与末采

一、工作面的初采

工作面的开采巷道掘完后，要安装输送机等机械设备。如掘进时已铺设输送机，也要加以调整，以使采煤工作面一开始就保证"三直两平"。三直包括："煤壁直、输送机直、支柱直"三项。其中，首先是输送机要铺直铺平，才能做到煤壁和支柱直；其次，将开切眼的支架改为适应工作面推进时的支架形式，改好后，开始落煤，并对输送机等进行全负荷启动试车。如运转正常，工作面呈伪斜，则先采成正倾斜，而后开始推进。到采煤工作面初次来压结束，这一开采过程称为采煤工作面的"初采"。

二、工作面的末采

采煤工作面采至停采线前，要提前采取措施控制工作面的顶板，采至停采线维护好开采空间，将全部开采设备撤出并回收工作面的支架，这项工作过程称为"末采"。

末采时回收工作面的支架的工作有一定危险性。首先必须保证工作人员的安全，保证安全通道的畅通，绝对避免由于安全出口冒顶而关埋工人的事故发生，同时也保证符合其他有关安全的规定。其次，回柱时要考虑便于及时回收并运出金属支柱、坑木及其他开采机械设备。采煤工作面开采设备与支护设备回撤运出后，要及时对采煤工作面进行密闭，防止发生煤炭自燃。

课题3.2　普通机械化采煤工艺

技能点

1. 普采工作面设备选型；
2. 进行普采工作面支护方式的选择；
3. 能根据煤层赋存条件选择合理的采煤机进刀方式；
4. 能进行普采工作面端头支护方式的选择。

知识点

1. 普采工作面开采工艺过程；
2. 熟悉采煤机的割煤方式；
3. 熟悉采煤机的操作注意事项。

由于炮采工作面劳动强度较大，安全性差，工作面的开采能力与劳动生产率较低，在20世纪60年代初，研制了机械落煤设备，开始出现了普通机械化采煤。

普通机械化采煤工艺，简称“普采”，其特点是用采煤机械完成落煤的过程，同时进行装煤工序，运煤为整体移置的可弯曲刮板输送机；支护采用单体支架，单体液压支柱（或摩擦式金属支柱）配合金属铰接顶梁；用全部垮落法（或其他方法）处理采空区（和炮采相同）。

通过刚才的描述，知道了“普采”是通过采煤机、刮板输送机和单体支架相配合来工作的。但是，采煤机是如何工作？刮板输送机如何运煤、如何移动？顶板支护形式是什么？其与炮采支护是否相同？它们三者具体的配合过程是什么？以上种种问题在解决时要考虑哪些内容？总的来说，首先要分析设计采煤工作面开采条件，如果适宜采用普通机械化采煤工艺，则结合普通机械化采煤工艺设计要求，主要完成普通机械化开采设备选型、采煤机工作方式选择、工作面支护设计以及采煤工作面工程质量与安全管理措施制定等任务。

一、普通机械化采煤工艺过程

1. 普采工作面主要开采设备选型

普采工作面开采设备主要包括采煤机、工作面刮板输送机和运输巷道运输设备等。普采的设备选型比较复杂，应使设备配备齐全，各生产环节能力相互配合，才能发挥其高产、高效、低耗、安全的优点。在开采设备中，选择好采煤机尤其重要，因其对采煤工作面生产影响很大，选用时应特别注意。

（1）采煤机的选型

普采工作面落煤设备主要有滚筒采煤机和刨煤机，刨煤机由于一次切割厚度较小，高度固定，对中硬以上煤层适应性较差，使用范围有限。普采工作面落煤设备选型，主要考虑滚筒采煤机的选型。在选择滚筒采煤机时，应根据煤层顶底板性质、煤质软硬、煤的结构、开采高度等具体条件进行综合分析，以保证选择的采煤机合理。当煤层较薄、顶板中等稳定或比较破碎时，可选用单滚筒采煤机；开采中厚煤层，煤质中硬以上，煤层中含有夹矸时，一般多选用双滚筒采煤机；当煤层顶板非常稳定，允许有较大的空顶范围时，为了提高产量，加快推进速度，也可以选用大功率的采煤机。

（2）工作面刮板输送机选型

输送机的选型应根据采煤机的型号进行选择，使用单滚筒采煤机时，以选用SGW－150型为主，因其具有功率大、铺设长度大、过负荷能力大、能够适应频繁操作、重载启动能力强、溜槽坚固、耐磨、采煤机不易掉道等优点，可较好地满足单滚筒采煤机开采时运输要求。如采用双滚筒采煤机时，可选用SGD－730/180型、SGD630/180型和SG-ZCF－630/220型和SGDCF－630/180型等输送机。后2种是与无链牵引采煤机配套使用的运输机。

（3）工作面巷道运输设备选型

工作面巷道运输设备多采用桥式转载机和可伸缩胶带输送机，常用的有：桥式转载机为SZQ－140型或SZB－630/30型；可伸缩胶带输送机为SPJ－800型或SD－800型。

普采工作面为开采服务的设备还有液压泵站、喷雾泵站和通讯信号控制装置等。可结合设备配套手册，进行选型。

2. 普采工作面采煤工艺过程

普采工作面的采煤工艺过程为：采煤机进刀—割煤—挂梁—推移输送机—支柱—回柱放顶等工序。普采工作面实现了机械落煤和装煤，有效地减轻了工人的劳动强度，但由于采煤机械较大，采煤工作面的机道宽度增加，在工作面直接顶板比较破碎的条件开采时，控制比较困难，也是影响普采工作面采煤使用的一个主要因素。

二、滚筒采煤机落煤与装煤

1. 采煤机的截割方式

采煤机截割煤壁的方法及割煤与其他工序之间的配合关系，称为截割方式。截割方式直接影响采煤工作面各工序的配合，而且最终影响到采煤工作面的产量和效率。

（1）单滚筒采煤机的截割方式

1）单向采煤，如图3—2—1所示。单向采煤的特点是采煤机上行时割煤，下行时装煤，往返一次只进一刀。单向采煤的具体工作过程为：采煤机自下切口沿底板上行割煤，工人跟机清理顶煤和挂顶梁，必要时可打临时支柱；采煤机至上切口后，翻转弧形挡煤板并快速下放，将煤装入输送机中，同时清理底煤；在采煤机后方15 m处将输送机推向煤壁；推移输送机后，即可架设固定支柱，托住顶梁。这些工作一直进行到下切口，即完成了采煤机的一次截割工作。

上述采煤方式装煤率高，但较费工时，且采煤机截割后顶板要悬露较长时间后才能架设支柱，故使用不多。一般用于下列条件：顶板稳定而采高较大；煤的粘顶性强，截割后顶煤不能及时垮落；顶部煤硬或含较硬的夹石，需专门爆破处理；顶煤下落后，余煤量较大等。当倾角较大时下行装煤效果好。

当采高较大或顶板不太稳定时，可以改为采煤机上行时割顶煤，跟机挂顶梁，采煤机由上切口下行时清底煤、装余煤，随后推移输送机并架设固定支柱托住顶梁直至下切口，采煤机便完成了切割一刀的所有工作。

2）双向采煤，如图3—2—2所示。双向采煤的特点是采煤机往返一次进两刀，所以又称为穿梭采煤。具体工作程序为：采煤机上行时沿底割煤，煤厚大于滚筒直径时可先放震动炮，使割煤后顶煤自行垮落；离采煤机后方10~16 m跟机清理顶煤并挂梁，随后清扫余煤，推移输送机及架设固定支柱托住顶梁。当采煤机割至上切口后，翻转挡煤板，采煤机下行用同样方式割第二刀。如果顶煤比较坚硬，采高又大，也可以在割底煤后，随即推移输送机，然后爆破崩落顶煤自动装入输送机中。

3）分段单向采煤方式，即将工作面分为两段，也称为“半工作面”采煤方式，如图3—2—3所示。其具体工序为：采煤机在工作面中部斜切进刀，沿底割煤，由中部向下切口推进，然后由下向上装煤，至工作面中部后继续向上割煤到上切口，再下行装煤。也可采用先割顶煤后清底煤，即采煤机由工作面中部向两端移动时割顶煤及挂梁，由两端向中部时清底煤，推移输送机及架设固定支柱。这时推移输送机应当由一端逐渐向另一端推移，或由中部向两端推移，以免输送机在中部起拱。当工作面较长并有中巷时可采用这种方式。如两端顶板不好，采煤机可选在中部某处顶板稳定的地方进刀，工作比较灵活，并可减少对工作面两端的影响。

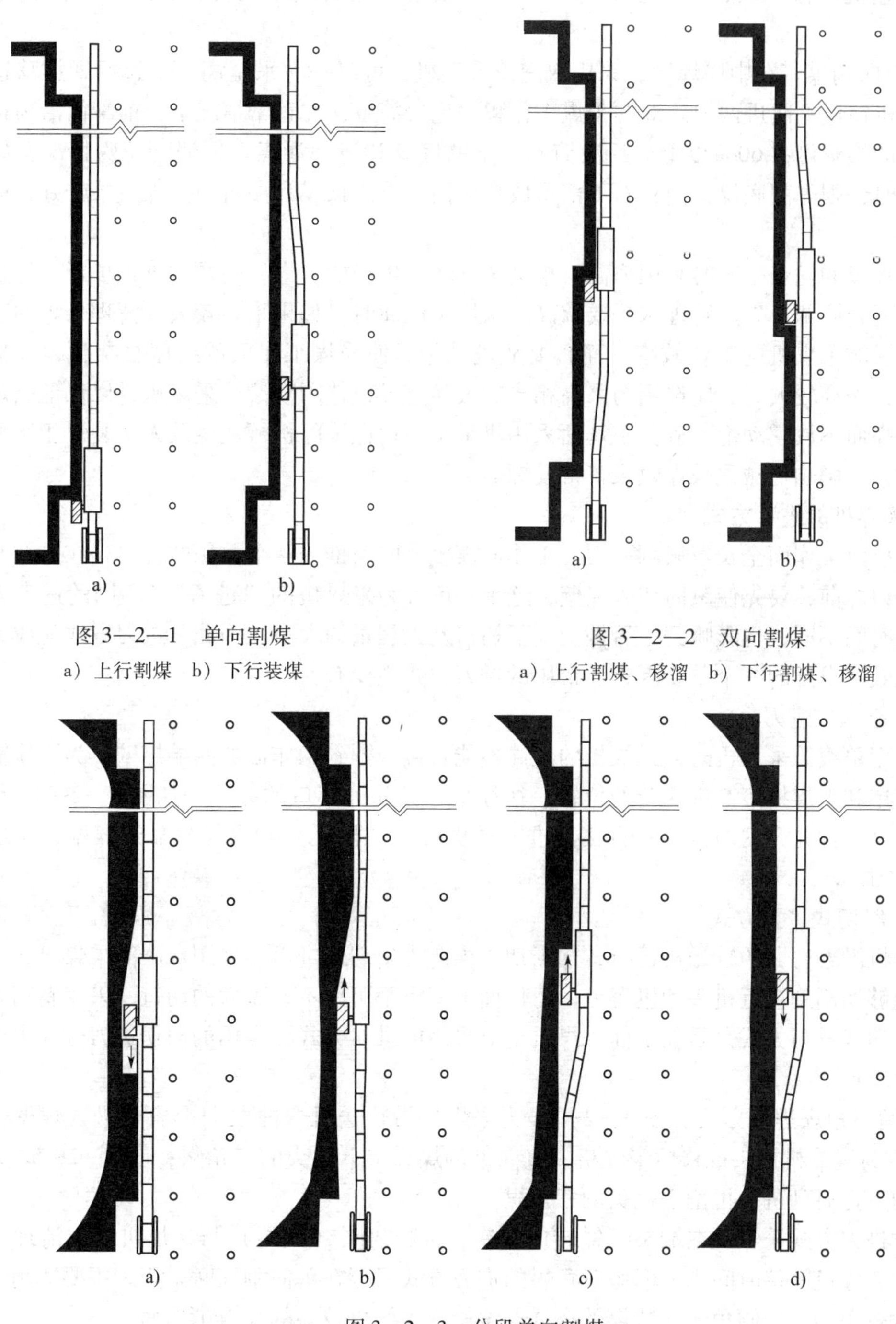

图 3—2—1　单向割煤

a）上行割煤　b）下行装煤

图 3—2—2　双向割煤

a）上行割煤、移溜　b）下行割煤、移溜

图 3—2—3　分段单向割煤

a）下行割煤　b）上行装煤　c）上行割煤　d）下行装煤、进刀

（2）双滚筒采煤机的截割方式

采用双滚筒采煤机割煤时既可以采用单向割煤，也可采用双向割煤。

1）单向割煤。采煤机上行或下行时割煤，反向运行装煤后推移运输机，采煤机往返一次，运输机推移一次，采煤机只进一刀。一般用于煤层倾角比较大，或煤质比较坚硬的条件下。

2）双向割煤。在中厚煤层，采用双滚筒采煤机，可以一次采全高，采过后即推移运输机，采煤机往返一次进两刀。双向采煤工作程序比较简单，在正常情况下，前滚筒沿顶板割煤，采下的煤量可占60%以上，后滚筒割余下的底煤和清理浮煤。但遇到特殊情况，如中部有夹石时，则先割底煤，使夹石下部形成自由面，再割顶煤和夹石，割煤效果较好，但装煤率低。

双向采煤的优点是工时利用率高、推进速度快、生产能力大，能及时维护顶板。但是各工序必须配合协调，生产管理水平要求高。采用单滚筒时，如果采高较大，清理余煤的工作量太大，影响采煤机的工作效率，而且要放震动炮，使采煤工作面的工序复杂化，人员太多。因此，采高较大时，应选用与采高相当的滚筒直径或选用双滚筒采煤机，以保证采煤机一次采全高而不放震动炮，避免工作面采用机采又出现炮采的机械装煤及人工装煤相互混合的开采工艺。影响机械化采煤效果正常发挥。

2. 采煤机的进刀方式

采煤机沿工作面全长每截割一刀，工作面煤壁就向前推进一个截深的距离。在重新开始截割下一刀之前，要先使滚筒切入煤壁，这个工序称为采煤机的“进刀”。不同的进刀方式所花费的时间不同，也影响到是否做上、下切口及工程量的大小。因此，进刀方式就成为影响采煤机效率发挥的一个重要因素。常用的进刀方式主要有：

（1）推入式进刀方式

当采用单滚筒采煤机时，采煤机的滚筒不能直接截割到工作面的两端煤壁，为了使输送机头、机尾和采煤机滚筒进入新的位置，往往采用预先开切口的办法，如图3—2—4所示。在采煤机进入预先开的切口后，直接推进输送机机头（机尾）和采煤机靠近煤壁，实现采煤机的进刀。

（2）斜切式进刀方式

采煤机沿着弯曲的输送机运行，逐渐切入煤壁为斜切式进刀。采用双滚筒采煤机，摇臂较长，能够切割到接近机头和机尾处，工作面上、下都可以不预做大的切口，采用斜切方式进刀。斜切式进刀方式是目前滚筒采煤机主要采用的进刀方式。常用的斜切进刀方式主要有以下几种：

1）留三角煤进刀方式。图3—2—5a为采煤机沿输送机弯曲段向上斜切进入煤壁；图3—2—5b为运输机机头推移后采煤机一直向上割煤，留下机头的三角煤；图3—2—5c为采煤机反向下行时到机头再割去机头的三角煤。

这种进刀方式采煤机在端头只需转向一次，推移机头（机尾）与采煤机反向清理浮煤平行作业，停机等待时间少，但留三角煤的进刀方式只能在单向割煤时采用。主要适用于工作面长度较短、煤层倾角大、装煤效率低、滚筒降尘效果较差的采煤工作面。

2）割三角煤进刀方式。图3—2—6a为采煤机割煤到机头后下滚筒下降到底板，上滚筒上升，翻转挡煤板，向上运行；图3—2—6b为采煤机沿输送机推移的弯曲段上行，并逐渐切入煤壁，进入直线段后停止采煤机，推移下部输送机机头；图3—2—6c为调整滚筒，翻转挡煤板后，采煤机下行割三角煤至运输平巷；图3—2—6d为采煤机上行，再次推移下部输送机头，采煤机上行正常割煤，前滚筒割顶煤，后滚筒割底煤。

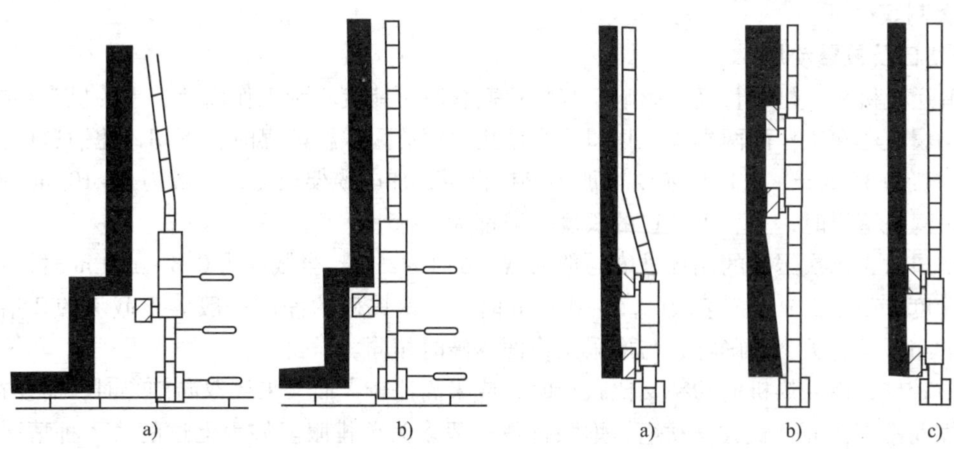

图 3—2—4　推入式进刀方式

a）推入切口前　b）推入切口后

图 3—2—5　留三角煤进刀方式

a）上行斜切进刀　b）推进机头　c）返回割三角煤

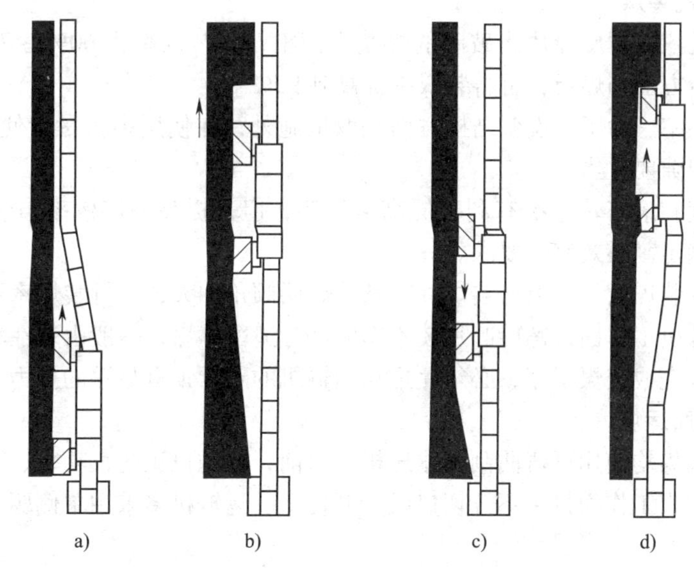

图 3—2—6　割三角煤进刀方式

割三角煤进刀方式，采煤机在端头停机转向次数较多，其中转向割三角煤时必须等输送机机头（机尾）移置完毕后进行，因而停机等待时间较长，但能实现采煤机的双向割煤作业。是采用双向割煤必须采用的进刀方式。

3）采煤机中部斜切进刀。在采用单向割煤，当机头与机尾顶板条件较差时，可采用中部斜切进刀方式。中部斜切进刀过程和留三角煤进刀方式基本相同，只是进刀的地点选择在采煤工作面中部顶板条件较好的地段，有利于工作面顶板控制。采煤机在中部斜切进刀后，推移下段运输机，工作面运输机呈直线状。采煤机继续上行割煤到机尾后反向下行装煤，滞后采煤机推移运输机；过中部后，采煤机进入割煤状态，运输机不再推移，采煤机下行割煤到机头后反向上行装煤，过中部后再次斜切进刀，推移下段运输机，进入下一次割煤循环。

3. 开切口及放震动炮

由于输送机机头、机尾长度的影响，采煤机割煤时可能割不到工作面上、下的机头和机尾处，需用爆破法在工作面两端预开切口。当使用单滚筒采煤机落煤时，下切口比输送机机头稍长，一般为 3 ~ 5 m；上切口还要增加采煤机机身长加电缆架长度，一般为 8 ~ 10 m。使用双滚筒采煤机落煤时，上、下切口的长度一般都为 3 ~ 5 m。

预开切口时，每次爆破的循环进度一般为截深的 1 ~ 2 倍，当截深为 0.8 ~ 1.0 m 时，每次爆破的深度等于截深；当截深为 0.5 ~ 0.6 m 时，每次爆破的深度一般等于截深的 2 倍。切口炮眼的布置及有关参数确定，与炮采工作面爆破时相同。

当煤质较硬，而采煤机的功率又比较小时，或采高比较大而又采用双向割煤时，需要在采煤机割煤前沿工作面全长放震动炮，炮眼排数一般多为单排眼。如为上述的第 1 种情况，炮眼一般布置在采高的中部，如为上述的第 2 种情况，炮眼一般布置在采高的靠上部。炮眼深度一般比截深大 0.1 ~ 0.2 m，炮眼间距一般为 1 ~ 1.5 m，炮眼多采用垂直于煤壁布置。炮眼装药量一般比较少，根据眼深和煤的硬度，可为 150 ~ 300 g。

4. 滚筒采煤机装煤

滚筒采煤机是依靠螺旋叶片将破碎的煤装入溜槽，其装煤率为 60% ~ 70%。为了提高装煤率，在滚筒后方加挡煤板，可将装煤率提高到 90%。

为了提高装煤率，除了从设备结构方面采取措施外，在使用中应尽量使出煤口加大些，挡煤板与滚筒的间隙要适当。

加大牵引速度和滚筒转速都有利于提高装煤率，但是提高割煤效率与装煤效率有矛盾时，原则上应先满足割煤效率的要求。

采煤机下行的装煤效果比上行装煤好，随着煤层倾角加大，上行装煤率下降。

螺旋滚筒采煤机工作面，螺旋叶片装不净的部分遗留碎煤，一般由装在输送机上的铲煤板来清除。要顺利完成装煤工序，必须使推移运输机的千斤顶有足够的推力。

5. 普采工作面运煤

普采工作面运煤均使用可弯曲刮板输送机。目前，输送机正向大功率、高强度、高链速发展，而且为了采煤工作面机头不开切口或少开切口，运输机多采用单侧驱动，采用短和矮的机头、机尾。

（1）普采工作面输送机移置

普采工作面输送机一般都采用液压千斤顶移置，具体移置方法与要求见炮采工作面输送机移置。

运输平巷铺设转载机一般应与工作面输送机同步推进，当转载机与可伸缩胶带输送机重叠到一定长度后，必须收缩胶带输送机，使工作面能够继续向前推进。

（2）可弯曲刮板输送机常见故障及处理办法

可弯曲刮板输送机在其运行过程中，可能发生底链出槽、断链、溜槽脱节、输送机不能启动等故障。发生故障后，应及时处理，尽快恢复生产。

1）底链出槽。底链出槽的原因有以下几种：刮板过稀、底链过松；输送机过度弯曲，内外链条松紧不一致，张力不同；链子一根已断，刮板被拉斜，链子被拉出等。

底链出槽后，处理较费时间，可采用倒茬法处理掉底链，速度较快，同时还可解决及时换溜槽的问题。具体做法是先把机头过渡槽上的中部槽上链松开，取出第一节中部槽，接上链；用钢丝绳一头钩住刮板，另一头分成两股钩住上部溜槽，开正车将上部溜槽逐节下拉，直到掉底链处为止；使底链入槽后，加中部槽接上链后，紧链试运转。为了避免底链出槽，还可以对输送机采取一些改进措施。

2）断链。发生断链的原因：链环磨损、老化；链环与刮板接口螺丝脱落；溜槽脱节，卡住连接环等。处理时可把要断的上链，转到机头处更换；断下链也可用上述倒茬法处理。

3）溜槽脱节。溜槽脱节主要是连接销损坏或输送机弯曲过大引起。连接销损坏后，可用长螺杆临时作为销子，待检修班更换。

4）刮板输送机不能启动。其原因可能是电气线路损坏或传动部减速器连接节的故障，但经常是由于输送机负荷过大引起。因此，除加强机电维修外，在输送机启动前，应设法减轻其负荷，并尽量避免频繁启动。

可弯曲刮板输送机在使用过程中，还有许多其他机电事故，应采取相应的措施，并加强日常机电维修工作。

6. 采煤机的操作

采煤机的截割工作是整个生产过程的中心环节。因此，正确地使用采煤机，提高采煤机的工作效率，是提高工作面产量的主要途径。应注意以下几个方面：

（1）合理掌握采煤机的牵引速度

采煤机的牵引速度对采煤机的截割效率影响很大，采煤机的截割效率，即采煤机单位时间内截割煤层的有效体积，可近似地用下式表示：

$$A = SDv_A \tag{3—2—1}$$

式中 A——采煤机截割效率，m^3/min；

S——滚筒有效截深，m；

D——滚筒直径，m；

v_A——采煤机牵引速度，m/min。

由上式可知，在采煤机选定的情况下，当 S、D 为已知时，采煤机的截割效率与其牵引速度成正比，适当提高采煤机的牵引速度，可以提高采煤机的截割效率。

采煤机的牵引速度，主要根据煤的软硬程度确定。煤软时，牵引速度可快；煤质较硬或有夹石时，宜适当减慢牵引速度，防止采煤机超过负荷，若能采取松动煤体等措施，则可以在硬煤层中采取较快的牵引速度。

（2）严格掌握工作面工程质量

采煤机割煤时，应做到工作面成一直线，采高设计符合要求，而且顶底板平整。为了保持一定的采高，采煤机运行应根据煤层的厚度变化，及时升降采煤机的摇臂，调整采高。否则将发生采煤机飘刀或啃底，这不仅会造成工作面采高不符合设计要求，同时也会使顶底板高低不平。

采煤机飘刀啃底的主要原因有：溜槽歪斜或沿底板倾斜方向抬起，采煤机截割时，由于煤壁对滚筒的截割阻力，破坏了机体的平衡。

当底板附近煤质较硬和采煤机牵引速度较高时，采煤机上行，截齿所受截割阻力较大，容易出现飘刀现象。尤其在截齿磨钝时，这种现象更为明显。如果采煤机牵引速度不变，所采用的滚筒转速较小，此时截齿吃刀深度较大，因而截齿阻力较大，也容易出现飘刀现象。当采煤机下行牵引速度慢，截齿锐利，底煤或底板较软时，容易出现啃底现象。

防止采煤机飘刀啃底的措施有：推移输送机时，用木块等物垫平溜槽，使输送机保持平稳；沿倾斜方向，输送机铺设坡度基本与底板坡度一致，尽量避免局部溜槽抬起；正确使用底托架调高装置，保持采煤机平稳运行；采煤机牵引速度适当，减少煤壁的截割阻力；改变截齿布置。

（3）防止采煤机掉道

当单滚筒采煤机发生飘刀或啃底现象后，如不及时处理，就可引起机体掉道。此外，输送机内大块煤、矸石或其他材料将机体顶落；输送机弯曲度过大，使采煤机运行阻力陡增引起采煤机掉道；工作面不直，输送机上、下两端过分超前或落后，由于采煤机牵引链的引力作用，或因截齿严重磨损甚至丢失，使滚筒端盘阻力增大，把机体挤掉道；输送机距煤壁过近，使滚筒摇臂外壳挤在煤壁上，造成采煤机掉道；机器重心偏或截深过大等。为了防止采煤机掉道，除采取防止采煤机飘刀啃底的措施外，还应采取下列措施：采煤机司机操作时发现溜槽内有大块煤等物后，应立即停止输送机运转，处理后方可开机；将工作面采成一条直线；合理排列滚筒端盘截齿，及时检查和补换截齿；推移输送机后，煤壁与溜槽应保持约200 mm 的间距；必要时改变底托架螺钉孔的位置，使机体向采空区方向外移，以调整采煤机重心；合理控制采煤机牵引速度。

（4）防止拉断牵引链

当采用锚链牵引时，要防止断链。防止断链的措施有：若锚链悬垂过大，可以每隔一定距离将锚链挂起；牵引链采用弹性固定方式，紧链必须按正确的方法操作，松边链的初始张力应适度，不要过大或过小；随时调整采煤机的牵引速度，避免采煤机超过负荷运转；卷筒处不要乱放工具，以免被卷入铰断锚链；及时处理卡链事故；严格按照采煤机的检查计划，认真检查锚链的状况，定期更换锚链。

三、普采工作面支护

普采工作面的支护一般采用单体支架，单体支架是有金属支柱和顶梁构成，以前的普采工作面有采用摩擦式金属支柱配铰接顶梁进行支护，目前已淘汰。现主要采用单体液压支柱配合铰接顶梁或长梁进行支护。

支架设计的步骤和方法与炮采工作面基本相同。因此，只介绍支架设计与使用中的某些与炮采不同之处。

1. 工作面支架形式的选择

普采工作面的支护形式主要分为以下几类：

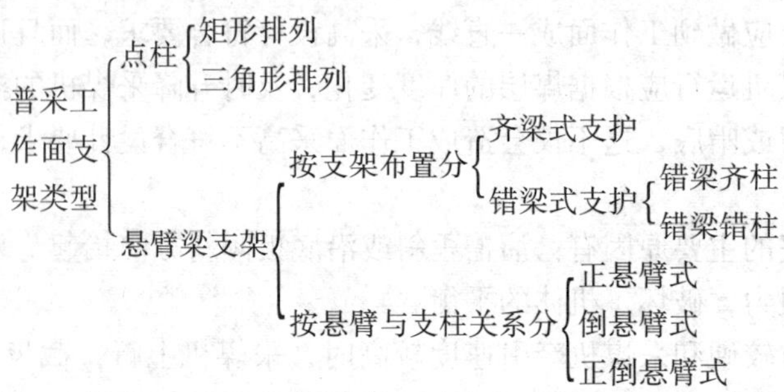

当采煤工作面顶板完整，稳定性好，压力不大时，也可采用点柱进行支护，点柱的布置形式和使用条件与炮采工作面基本相同，不再重复。主要介绍金属悬臂支架的布置方式。

悬臂支架按布置方式可分为齐梁式支护和错梁式支护 2 种。

（1）齐梁式支护

又称直线式，即悬梁端沿工作面相齐，支柱排成直线状。根据截深、梁长和柱距关系，又可分为 3 种形式：

1）截深、顶梁长、排距均相等，如图 3—2—7a 所示。采煤机截深一般为 0.8 m 和 1.0 m,采用相同长度顶梁，每进一刀，沿工作面全长挂一次梁，支一次柱，顶梁一般采用正悬臂。这种方式的优点是，支架形式简单，规格质量容易掌握，工序单一，便于组织管理。其缺点是，挂梁及支柱工作量比较集中。这种布置方式一般适用于顶板比较稳定，煤质较软或采煤机功率较大的条件。

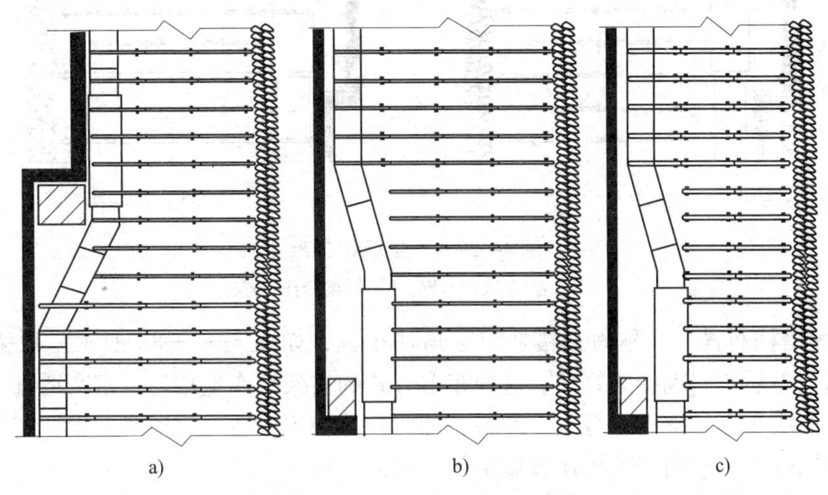

图 3—2—7　齐梁式布置

a）截深等于梁长　b）截深为梁长的一半，一梁一柱　c）截深为梁长的一半，一梁二柱

2）截深为顶梁长的一半，进两刀挂一次梁，支一次柱，如图 3—2—7b 所示。这种布置方式的特点是，机道上方顶板悬露时间长、面积大，适用于顶板稳定，压力较小的工作面。

3）截深为顶梁长一半，一梁二柱，如图 3—2—7c 所示。这种布置方式适用于顶板压力较大的工作面。

在直接顶比较稳定，而周期来压较强烈的工作面，可以把图 3—2—7b、c 两种布置方式结合起来使用。在两次周期来压之间，顶板压力比较小，可采用割两刀挂一次梁，打一排柱的布置方式；当周期来压时，可采用割两刀打两排柱的布置方式，即在非来压和来压期间采用不同的支护密度，适应采煤工作面矿山压力显现规律。

（2）错梁式支护

错梁式支护布置方式时采用普采，截深是顶梁长度的一半，采煤工作面顶板比较破碎时采用的一种支护方式。错梁式支护是相邻支架的顶梁相错半排，每进一刀隔一架棚挂一根梁，顶梁交错向前。这样可使每刀悬露的顶板面积减小，且能及时支护悬露的顶板，每次挂梁数少，故可提高追机速度。支柱可以直线状布置，也可成交错状三角柱布置。

1）错梁直线柱布置。顶梁交错使用正倒悬臂，但支柱成直线，如图 3—2—8a 所示。进一刀后一般要间隔打临时柱，进第二刀后支正式柱，回临时柱。这种方式的支柱排成直线，易于管理，放顶线支柱排列整齐，便于挡矸。但支柱工作量大，其倒悬臂伸入采空区，顶梁易损坏。适用于顶板比较破碎的工作面。

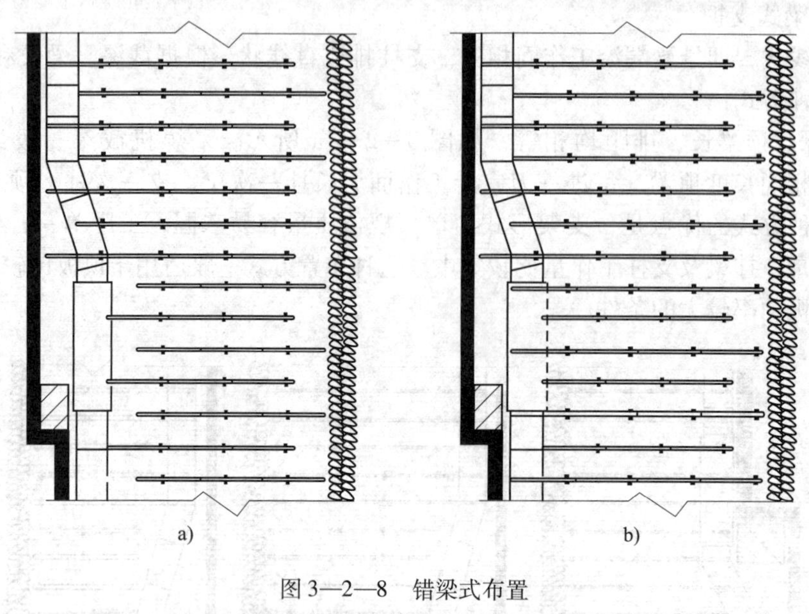

图 3—2—8　错梁式布置

a）错梁直线柱布置　b）错梁错柱布置

2）错梁错柱布置。又称为交错柱或三角柱布置，如图 3—2—8b 所示。顶梁均为正悬臂布置，割一刀后均间隔挂梁打柱。这种布置方式的支架工作量均匀，密度适宜，但支柱交错排列，规格质量不易掌握；行人、运料、铺假顶等均不方便。放顶线上支柱密度小，受力大，不利于挡矸。一般用于顶板比较稳定的工作面。

在进行支护形式选择时，应根据采煤工作面直接顶板的稳定性，截深与顶梁长度的配合，以及行人、运料和组织管理方便等条件，通过综合分析和全面考虑，并参考有关工作面的支护形式，最后选出设计工作面的合理支护形式。

2. 最小和最大控顶距的确定

最大、最小控顶距的确定基本同炮采，但有其自身的特点。

最小控顶距的确定，应根据顶板岩石性质和采煤工作面所需空间而定。一般包括 3 个部分，即机道、人行道和材料道。

当采用单滚筒采煤机时，机道宽度一般为 1.2 m；当采用双滚筒采煤机时，机道宽度一般达到 1.4 m 以上。

人行道和材料道的宽度一般等于支柱的排距。而支柱的排距与截深和支架的布置形式有关，通常等于 1 ~2 倍的截深。

普采工作面常用的控顶距，一般为“三、四”排控顶，即最小控顶距为 3 排支柱，最大控顶距为 4 排支柱，也称为见四回一。也有采用“三、五”排控顶，称为见五回二。

3. 工作面端头支护

（1）十字铰接顶梁支护

SJ600 型十字铰接顶梁配单体支柱是采煤工作面上、下端头的专用支架形式，适用于各类顶板，尤其适用于煤层地质构造复杂，顶板破碎，工作面上、下出口支护比较困难的条件。

十字铰接顶梁是两根 HDJA 型金属铰接顶梁在同一平面上相互正交构成的，如图 3—2—9 所示。

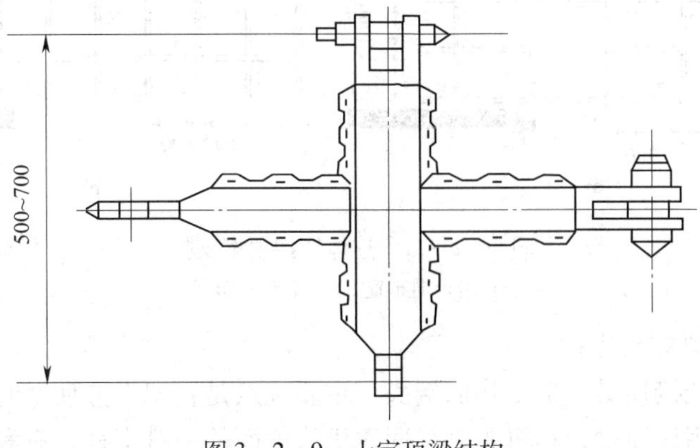

图 3—2—9　十字顶梁结构

根据采煤工作面顶底板稳定情况，在机头和工作面巷道架设十字铰接顶梁端头支架，其架设可取半“十”字顶梁形式，如图 3—2—10a 所示，即沿走向十字铰接顶梁与短梁交替铰接，倾斜方向全长为十字顶梁铰接布置。另一种是全“十”字梁形式，如图 3—2—10b 所示，走向、倾斜两方向全“十”字梁铰接布置。在生产实践中，如顶板极为破碎，难以管理，就用全“十”字梁形式支护；如顶板状况稍好，则可改用半“十”字梁形式支护。

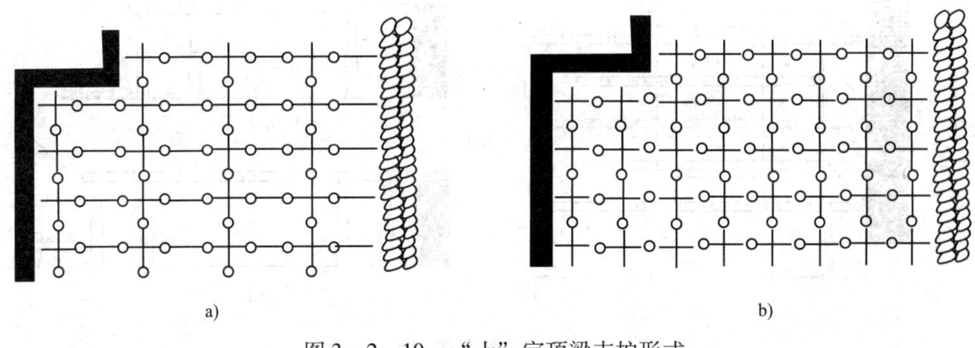

图 3—2—10　“十”字顶梁支护形式

a）半“十”字顶梁　b）全“十”字顶梁

工作面端头采用“十”字顶梁支护，使下出口的支护形成一个牢固的网状整体，支护能力提高，安全情况改善，同时还有利于提高推移输送机机头高度和缩短工作面巷道输送机的长度。

“十”字顶梁是由 0.6 m 的铰接梁十字焊接而成，使用中还存在一定缺点，如梁长太短，使端头铰接头太多；侧臂力矩大，易损坏，且运输不方便。一种改进的连体铰接顶梁能克服这些不足。这种连体铰接顶梁是把耳子和接头直接焊在顶梁的中间两侧，其长度可按端头顶板情况选用合适的铰接顶梁，或用工字钢截取后焊上耳子和接头即可。

连体铰接顶梁支护主要分 2 种：沿走向布置，把连体铰接顶梁沿走向连续铰接，沿倾斜方向以 0.6 m 或 0.8 m 普通铰接顶梁相连，如图 3—2—11a 所示；沿倾斜布置，把连体铰接顶梁沿倾斜方向铰接，沿走向方向再以普通铰接顶梁铰接，如图 3—2—11b 所示。

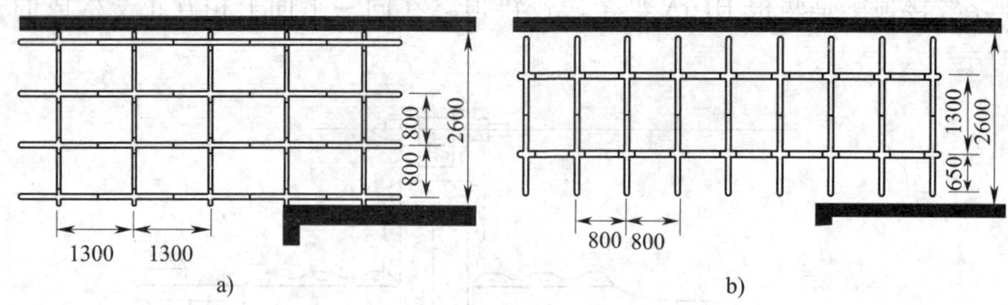

图 3—2—11　连体铰接顶梁支护

a）沿走向布置　b）沿倾斜布置

（2）长铰接顶梁端头支护

可用 1.6 m 长铰接顶梁支护工作面端头。主要优点是：架设方便及时，开切口后能立即铰接挂梁支护；使用该顶梁，移机头时只回撤机头前面的一排支柱，有利于顶板维护；铰接顶梁支设不需要整体移动，轻便、工作量小。其布置方式有以下 2 种。

1）长梁支护错梁齐柱布置方式。如图 3—2—12 所示，在机头位置支设 4 ~6 排 1.6 m 长铰接顶梁。上、下两排顶梁前后交错 0.8 m。在未开切口时，Ⅰ—Ⅰ排顶梁超前Ⅱ—Ⅱ排顶梁 0.8 m。Ⅰ—Ⅰ排中间一根顶梁无支柱支撑，铰接在相邻的顶梁上，因此顶梁不会下垂而离开顶板；而Ⅱ—Ⅱ排的顶梁均有支柱支撑，更不会对顶板失去支撑作用。

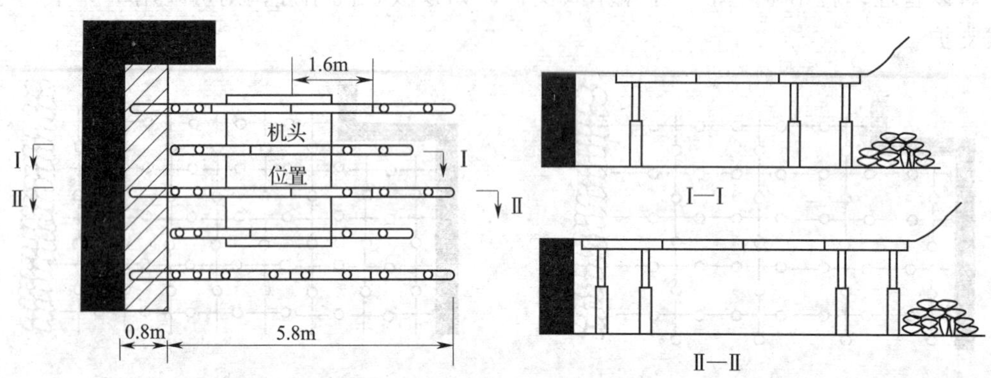

图 3—2—12　错梁齐柱布置平面图

开切口后，Ⅱ—Ⅱ排新支设 1 根长顶梁和 2 根支柱。移机头时，先将机头前方（工作面侧）的一排支柱回撤掉，然后立即前移机头。Ⅰ—Ⅰ排和Ⅱ—Ⅱ排均有 1 根顶梁无支柱支撑，移完机头后在机头后侧顶梁下打好一排支柱，然后再将Ⅱ—Ⅱ排靠采空区侧的一梁二柱回掉，Ⅱ—Ⅱ排顶梁变为超前Ⅰ—Ⅰ排 0.8 m，即完成一个循环。机头后方支柱见四回一，若顶板破碎可在排与排之间的空当内打一临时支柱，切顶排亦可根据需要打临时支柱。

2）长梁支护齐柱布置方式。如图 3—2—13 所示，工作面推进 2 个循环开一次切口，进度 1.6 m，挂一排 1.6 m 长铰接顶梁，每梁下方支设 2 根支柱。支柱见五回二，顶梁见四回一。机头处的最大控顶距为 6.6 m，最小控顶距为 5 m。

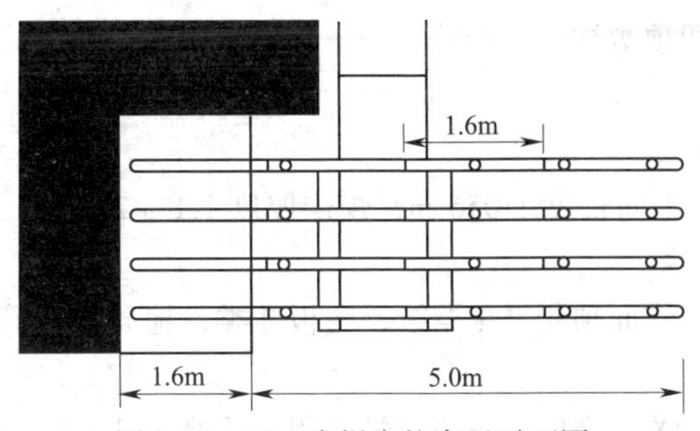

图 3—2—13　齐梁齐柱布置平面图

开切口后，挂一排 1.6 m 长铰接顶梁，每梁下方支设 2 根支柱，然后撤掉机头前方的一排支柱，立即移机头，再支设机头后侧的一排支柱。通常机头上方的顶梁均有支柱支撑。在移机头过程中只有一根顶梁暂时无支柱支撑。回工作面基本柱时，机头后面第 4 排支柱不回，待又进一刀，移一次机头后，在工作面第 2 次回柱之前，先回掉采空区侧的 1 组长梁和 2 排支柱，再回工作面基本柱。以上 2 种布置方式，前者端头支柱回撤与工作面基本支柱回撤同步进行，每个循环工作量较均衡，缺点是空档内需要打临时支柱；后者切口进度 1.6 m，管理较方便，缺点是每循环工作量不均衡。

（3）端头迈步长梁支护

即采用 4 对 8 根工字钢长梁支护，使端头保持一梁三柱或四柱，交错迈步前移。

4. 特种支架

普采工作面在回柱放顶时，通常要沿放顶线处架设特种支架。一般和炮采工作面相同。当工作面顶板比较坚硬，容易出现较大的悬顶，在这种情况下，有的普采工作面配备使用专用的切顶支柱。

切顶支柱是与单体支护配合使用的一种特殊支护设备。它排列在工作面放顶线一侧，起支撑与切断顶板的作用。切顶支柱的使用可提高工作面支护强度，增加放顶工序的安全可靠度。与推移千斤顶配合可实现推移输送机、移柱机械化，降低劳动强度，提高劳动效率。

目前使用的切顶支柱主要有 FZ、QD、SDZ 及 WZ4 种类型。

切顶支柱是由柱帽、立柱、底座、推移千斤顶、液压系统等组成，如图 3—2—14 所示。

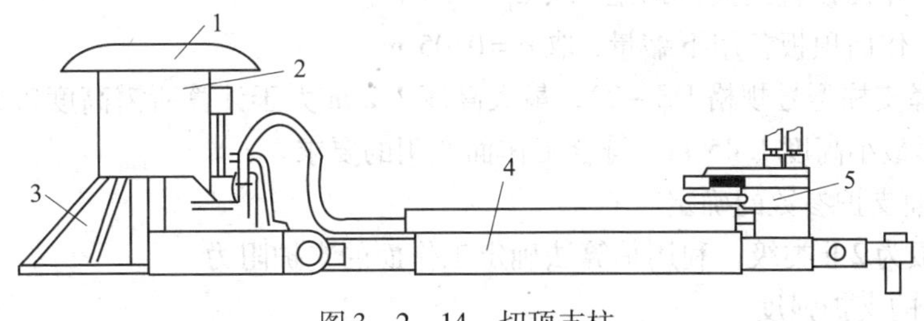

图 3—2—14　切顶支柱

1—顶盖　2—立柱　3—底座　4—千斤顶　5—操纵阀

切顶支柱布置在工作面放顶线位置，上、下两根单体支柱之间。由下机头往上 30 m 范围内，切顶支柱间距按 1.5 m 布置；以上范围内，其间距可按 3.0 m 一柱布置。

切顶支柱支撑能力强，但护顶性差，在不稳定顶板条件下，支撑能力不能发挥作用。实践表明，顶板较稳定，暴露后经及时支撑不致冒落，经反复支撑后顶板不过分破碎，按顶板分类基本顶属 3 级以上，周期来压明显，直接顶易出现悬顶，直接顶初次垮落步距大于 9 m

的条件，均适合使用于切顶墩柱。

四、示例

1. 工作面技术条件

工作面长度148 m，走向长度1 056 m，煤层厚度1.8~2.2 m，煤层倾角12°。

2. 工作面的地质条件

煤质中硬$f=1.2$，工作面顶板2Ⅱ类级，底板Ⅱ类，地质构造简单。

3. 工作面主要设备

（1）采煤机：型号MXP-240，液压无链牵引，采高1.3~2.7 m，截深0.5 m、0.6 m，滚筒直径$\phi=1.25$ m，牵引速度0~7 m/min，采煤机质量13.75 t。

（2）运输机：型号SGW-150B，运输能力$Q_K=320$ t/h，链速$v=0.926$ m/s，电机功率2×75 kW，出厂长度200 m。

（3）工作面支架：单体液压支柱，型号DZ-22，额定工作阻力$p_A=300$ kN；铰接顶梁，型号HDJA-1000。

4. 工作面支护设计

工作面采用单体液压支柱配合铰接顶梁支护。

（1）工作面支柱规格选择

1）支柱最大高度计算

$$H_{max}=M_{max}-b=2.2-0.1=2.1\ (m)$$

2）支柱最小高度计算

$$H_{min}=M_{min}-b-\Delta S_x-a=1.8-0.1-0.2-0.05=1.45\ (m)$$

式中 M_{max}——工作面开采范围内的煤层最大采高，m；

M_{min}——工作面开采范围内的煤层最小采高，m；

b——顶梁的厚度，取$b=0.1$ m；

ΔS_x——顶板下沉量；

$\Delta S_x=\eta M_{min}L_1=0.025\times1.8\times4.4=0.198$（m），取$\Delta S_x=0.2$ m；

η——顶板下沉系数，取$\eta=0.025$；

L_1——工作面顶板最大控顶距，取$L_1=4.4$ m；

a——工作面顶板备用下缩量，取$a=0.05$ m。

工作面选择支柱型号规格DZ-22，最大高度2.2 m大于计算所需高度2.1 m；最小高度1.4 m小于计算最小高度1.45 m。符合工作面使用的要求。

（2）工作面支护参数的确定

工作面顶板为2Ⅱ类级，利用估算法确定工作面的支护阻力。

1）工作面的支护强度

$$q_E=kh_m\rho=7\times2\times25=350\ (kN/m^2)$$

2）支柱的有效支撑能力

$$p_E=k_Ep_A=0.8\times300=240\ (kN)$$

3）工作面所需支护密度

$$n=\frac{q_E}{p_E}=\frac{350}{240}=1.45\ (根/m^2)$$

4）工作面支柱的柱距

$$b = \frac{1}{na} = \frac{1}{1.45} = 0.689\ (\text{m})$$

考虑工作面的支护管理要求，选取工作面支柱柱距，$b=0.6$ m。

式中 k ——采高厚度系数，工作面基本顶为Ⅱ级，取 $k=7$；

h_m——工作面的平均采高，取 $h_m=2$ m；

ρ——工作面顶板岩石平均重度，取 $\rho=25$ kN/m^3；

k_E—— 支柱有效支撑系数，单体液压支柱取 $k_E=0.8$；

p_A——支柱的最大工作阻力，单体支柱最大工作阻力，取 $p_A=300$ kN；

a——工作面支柱排距，和工作面所选顶梁一致，取 $a=1$ m。

（3）工作面所需支柱、顶梁数量

$$N = L_N\left(\frac{L}{b}+1\right) = 4 \times \left(\frac{148}{0.6}+1\right) = 992\ (\text{根})$$

式中 L_N——最大控顶距时支柱的排数，取 $L_N=4$；

L——工作面的长度，取 $L=148$ m。

考虑工作面临时支护、加强支护与备用量的要求，工作面支柱须增加 10% ~15%，顶梁须增加 2% ~4%。工作面须配备支柱 1 100 根，顶梁 1 030 根。

5．工作面循环作业组织

（1）采煤机截深的确定

根据运输机实际能力公式：

$$Q_K \geqslant 60\ v h_m S_K \gamma$$

得采煤机截深：

$$S_K \leqslant \frac{Q_K}{60\ v h_m \gamma} = \frac{320}{60 \times 3.5 \times 2 \times 1.45} = 0.525\ (\text{m})$$

式中 Q_K——工作面运输机实际运输能力，查规格表 $Q_K=320$ t/h；

v ——采煤机实际牵引速度，取 $v=3.5$ m/min；

h_m——工作面平均采高，取 $h_m=2$ m；

γ ——煤的密度，取 $\gamma=1.45$ t/m^3。

考虑工作面顶板性质和所选顶梁以及支护操作安全性，选取工作面采煤机的截深为 0.5 m。

（2）工作面支护方式和循环进度

工作面的支护方式根据有利于生产工序的合理安排和工作面顶板控制的原则，选用错梁直线柱，从工作面中间将工作面分为上、下 2 段，基本支柱相错半排（采煤机的截深），呈错梁布置方式。

课题 3.3　综合机械化采煤工艺

综合机械化采煤工艺，简称“综采”。

如图 3—3—1 所示为综采工作面的设备布置图，综采在工作面的采煤工艺过程中的落煤、装煤、运煤、支护和处理采空区五大工序全部实现了机械化作业。因此综采是目前先进的采煤工艺。其生产工艺过程是：采煤机落煤与装煤、输送机运煤、自移式液压支架前移、推移输送机至新的位置、在液压支架前移过程中采空区顶板自行垮落等。缓倾斜薄及中厚单一煤层采用走向长壁综采工艺，是所有复杂煤层地质条件下综采工艺的基础，本课题主要结合这种简单条件下的生产工艺过程，系统地掌握综合机械化开采的工艺特征，设备选型和开采过程，具备进行综采工艺设计的能力。

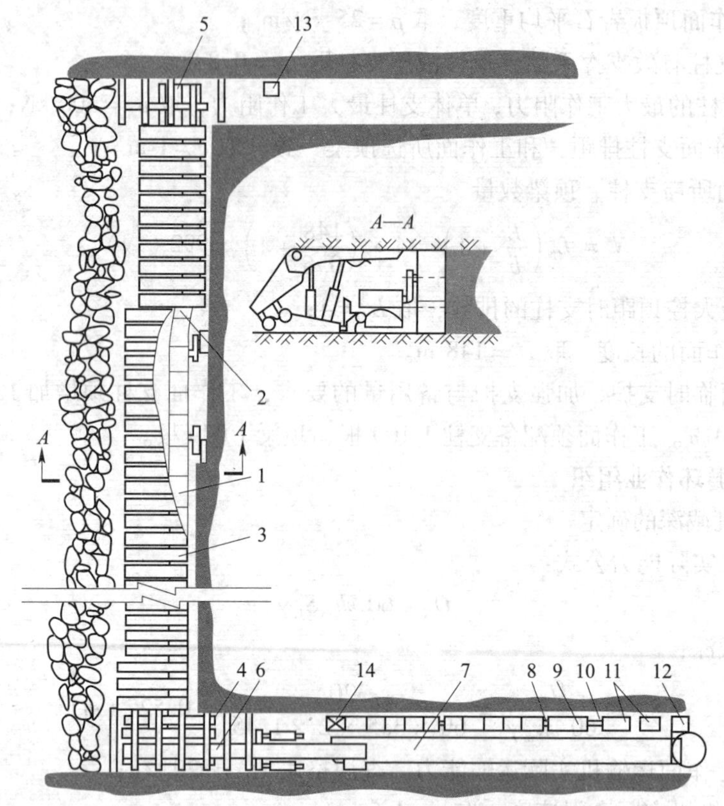

图 3—3—1　综采工作面设备布置图

1—采煤机　2—刮板输送机　3—液压支架　4—下端头支架　5—上端头支架　6—转载机　7—可伸缩带式输送机　8—配电箱　9—移动变电站　10—设备列车　11—乳化液泵站　12—喷雾泵站　13—液压安全绞车　14—集中控制台

3.3.1　综采工作面的落、装、运煤

技能点

1. 掌握采煤机采高的选择；
2. 掌握双滚筒采煤机滚筒参数的选择。

知识点

1. 综采工作面开采设备选型；
2. 综采采煤机的工作方式。

综采工作面运输机、液压支架和采煤机安装完毕，经过试运转正常后，就开始了正常的采煤工作。综采工作面完成落煤、装煤工序的主要设备是采煤机，通常采用可调高双滚筒采煤机，采煤机滚筒在割煤的同时，利用滚筒的螺旋叶片和滚筒旋转的抛掷作用，把煤直接装入刮板输送机上，通过刮板输送机把煤运出工作面。正确选择适合开采条件的采煤机，选择合理的割煤方式和进刀方式，顺利完成综采工作面的落煤和装煤任务。

双滚筒采煤机是综采的主要开采设备，选择采煤机等开采设备是开采工艺设计的基础。采煤机选型首先是确定采煤机的各项参数、牵引方式、工作方式和生产能力。设计时主要根据工作面开采条件，矿井与工作面设计生产能力，以及矿井的开采技术水平和投资能力合理选择采煤工作面的采煤机以及其他的开采设备。

一、采煤机主要参数的选择

综采工作面一般都采用双滚筒采煤机进行落煤和装煤。采煤机主要参数包括采煤机的开采高度、卧底量、滚筒的基本参数、采煤机的生产能力等。

1. 采煤机采高的选择

（1）按液压支架的高度选择采煤机的采高

综采工作面的设备选择，一般都是先根据煤层条件，准确选择液压支架的架型与各参数。然后再根据所选择的液压支架及煤层本身特征，选择合适的采煤机。当液压支架形式选定以后，为了使采煤机与液压支架配合使用，就应按照所选液压支架的高度来选择采煤机的采高，液压支架的高度与采煤机的采高有如下关系：

$$H_{max} = M_{max} - S_1 + C \qquad (3—3—1)$$

$$H_{min} = M_{min} - S_2 - a \qquad (3—3—2)$$

即 $$M_{max} = H_{max} + S_1 - C \qquad (3—3—3)$$

$$M_{min} = H_{min} + S_2 + a \qquad (3—3—4)$$

式中 M_{max}、M_{min}——煤层相应的最大、最小采高，m；

H_{max}、H_{min}——液压支架的最大、最小支撑高度，m；

S_1——液压支架前柱的顶板下沉量，m；

S_2——液压支架后柱的顶板下沉量，m；

a——立柱伸缩裕量，一般取 30 ~ 50 mm；

C——为防止液压支架在最大采高时伪顶冒落而引起支架顶空应具备的富裕量，中厚煤层一般取 200 mm。

采煤机的最小采高就是滚筒直径 D，而滚筒直径与支架的最小高度 H_{min} 的关系如下：

$$H_{min} = D - S_2 - a$$

即 $$D = H_{min} + S_2 + a \qquad (3—3—5)$$

由此可知，为使支架能通过煤层变薄带，采煤机的滚筒直径必须大于支架的最小高度。

为使机身高度 h 不影响支架通过煤层变薄带，应使 $H_{min} > h$，大多少应视支架结构而定。

对于不粘顶、易片帮、截割阻力小的煤层，因无须割到顶板，在保证采煤机生产能力的前提下，采煤机的最大采高 M_{max} 值可适当减少。

（2）按采煤机结构参数选择采煤机的采高

采煤机的基本结构参数有滚筒直径、机身高度、摇臂长度及其摆角范围、卧底量等。这些参数之间的比例关系，决定了采煤机的采高范围。图 3—3—2 说明了各结构参数与采高范围之间的关系。图3—3—2中h为机身高度；C为机身箱体的厚度；L为摇臂的长度；α_{max}和β_{max}分别为摇臂对于机身水平向上和向下摆动的最大角度；D为滚筒直径。由此可得出采煤机的最大采高M_{max}和最大卧底深度X_{max}的关系式：

$$M_{max} = h - \frac{C}{2} + L\sin\alpha_{max} + \frac{D}{2} \tag{3—3—6}$$

$$X_{max} = h - \frac{C}{2} - L\sin\beta_{max} - \frac{D}{2} \tag{3—3—7}$$

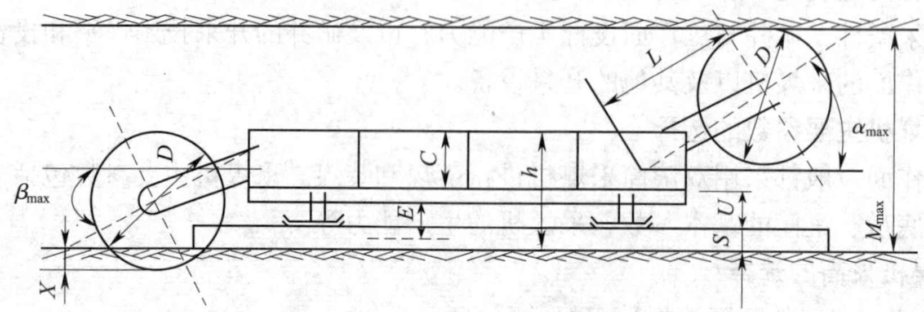

图3—3—2　采高与机身尺寸关系

例：MLS－170型双滚筒采煤机，h=1 300 mm，C=460 mm，L=1 190 mm，α_{max}=52°，β_{max}=30°，D=1 600 mm。求该机的最大采高和最大卧底量。

$$M_{max} = 1\,300 - \frac{460}{2} + 1\,190\sin52° + \frac{1\,600}{2} = 2\,808\text{ mm}$$

$$X_{max} = 1\,300 - \frac{460}{2} - 1\,190\sin30° - \frac{1\,600}{2} = -325\text{ mm}$$

（计算为负值，表示在底板以下的卧底量）

滚筒直径不变，采煤机采高范围亦不变。如果需要改变采高范围，则必须改变滚筒直径。必要时，还需相应改变机身高度（即改变底托架高度），或改变摇臂长度及其摆角范围。但是，在调整这些参数时，除了满足采高范围以及卧底时的要求外，还必须充分考虑到机身下过煤空间的高度E的要求及两滚筒之和要大于最大开采高度的要求。

2. 滚筒参数的选择

（1）滚筒直径

滚筒直径不但要满足采高的要求，而且要满足割煤的要求，能够往返割煤的双滚筒采煤机，其两个滚筒直径应当相等，且每个滚筒直径应大于采高一半。因割煤中后滚筒直径等于或小于采高的一半时，装煤效果不好。

（2）滚筒宽度

滚筒宽度应稍大于截深。装煤效果好的采煤机，滚筒宽度大于截深50 mm左右。确定滚筒的宽度要充分考虑煤层截割阻力的大小、煤层厚度、倾角、顶板稳定性及采煤机自身的稳定性等因素。

1）当厚度为1.2～2.5 m的中厚煤层时，滚筒宽度在600～800 mm较为适宜。若顶板稳定性好，煤层截割阻力小，滚筒宽度可适当加大；反之，则适当减小。

2）在开采2.5～3.5 m的较厚煤层时，煤壁容易片帮，不安全，顶板管理的难度较大，滚筒宽度宜小，可在500～700 mm之间选择。

3）开采 1.3 m 以下的薄煤层，因往返割煤工人跟机作业不方便，每刀煤产量较低，可适当加大截深，采用 800～1 000 mm 宽的滚筒。

（3）采煤机的最大生产能力

采煤机的最大生产能力可按下式计算：

$$Q_{max} = 60v_{max}sh_{m}\gamma c(t/h) \tag{3—3—8}$$

式中 v_{max}——采煤机的最大牵引速度，m/min；

s——截深，m；

γ——煤的密度，t/m^3；

h_m——开采高度，m；

c——采煤工作面煤炭采出率。

采煤机说明书技术特征表中的采煤机最大生产能力，就是这样计算出来的。但在实际生产中，虽然采煤机有很大的调速范围，但采煤机割煤要消耗一定的电能，而且消耗的电能随煤层截割阻力的增大而增加。由于采煤机的电机功率是个定值，故在割煤时采煤机实际能达到的牵引速度，往往远小于技术表里所给出的最大牵引速度，牵引速度还受运输系统运输能力的影响。确定采煤机的生产能力，实质上就是确定在某一特定煤层地质条件和运输条件下，采煤机割煤时可达到的牵引速度。

二、双滚筒采煤机的工作方式

1. 采煤机的割煤方式

综采工作面采煤机的割煤方式也分为单向割煤和双向割煤 2 种方式。

（1）单向割煤

采煤机往返一次进一刀，即采煤机上行（或下行）割煤，机后 2～3 架支架位置处移架直至端头。采煤机下行（或上行）清理浮煤，滞后 10～15 m 推移刮板输送机。采煤机往返一次工作面推进一个截深。

（2）双向割煤

采煤机往返一次进两刀，即采煤机上行（或下行）割煤，机后 2～3 架支架处移架，滞后 10～15 m 推移刮板输送机，到工作面上（下）端头，采煤机在端头完成进刀后，下行（上行）重复上述过程。采煤机沿工作面往返一次推进两个截深。

2. 采煤机的进刀方式

综采工作面采煤机的进刀方式与普采工作面进刀方式基本相同。主要分为 2 种：斜切进刀和直卧式进刀。我国主要采用斜切式进刀方式。斜切式进刀也分为端部斜切进刀和中部斜切进刀。在采用双向割煤时，必须采用端部割三角煤的进刀方式。单向割煤时可采用端部留三角煤斜切进刀或中部斜切进刀。

三、采煤机的牵引方式与操作

采煤机是整个综采工作面的重要设备，它所完成的落煤、装煤工序，是采煤作业中的关键环节。采煤机的牵引方式主要分为有链牵引和无链牵引，有链牵引是利用固定的锚链，使采煤机沿工作面往返运行；无链牵引是利用固定在运输机上齿轨或槽轨使采煤机沿工作面往返运行。无链牵引采煤机运行平稳可靠性高，安全性能好，目前大部分采煤机都是采用无链牵引。采煤机以前主要采用液压系统实现无级调速，称为液压牵引；直接利用交流电进行无级调速牵引的采煤机，称为电牵引。电牵引采煤机工作可靠性高，是采煤机牵引方式的发展的方向。

正确操纵采煤机对发挥设备的效能和降低采煤机的机电事故率是十分重要的。采煤机必须有专人操作，持证上岗。综采工作面采煤机的操作与普采工作面基本相同，都必须严格执行滚筒采煤机操作规程。

四、运煤

综采工作面运煤多采用重型可弯曲刮板输送机。刮板输送机是煤炭运输设备也是采煤工作面液压支架推移的支点和采煤机运行的导轨。输送机的选择要适应采煤机和液压支架的配套要求。输送机靠采空区侧与液压支架推移千斤顶连接，其连接的轴或孔应与液压支架结构相适应，尤其在液压支架的中心距不等于输送机中部槽的长度时，更应注意合理选择。输送机的导向管尺寸，中部槽宽度及其他有关结构也应符合采煤机的要求。采用无链牵引的采煤机与输送机的配合关系更为密切。采煤工作面输送机的运输能力应满足采煤机的实际生产能力的要求。

3.3.2 综采工作面支护

技能点

1. 能根据煤层顶板条件合理选择架型和支架工作方式；
2. 能根据具体的条件选择合理的端头支护方法；
3. 能根据具体的条件选择合理的综采工作面两巷超前支护方式。

知识点

1. 液压支架的分类和选型原则；
2. 液压支架工作方式及特点；
3. 端头支护的方法；
4. 工作面两巷超前支护的方法与要求；
5. 特殊条件下顶板管理的技术措施。

综采工作面的主要特点就是工作面采用整体的液压支架进行支护，实施支护机械化，有效地改善了工作面的支护状况。由于综采工作面割煤速度快，必须及时支护暴露顶板和推移输送机。为了适应综采工作面的生产要求，必须根据开采条件选择合适的液压支架进行支护。由于煤层顶板的稳定程度不同，液压支架的支护方式和移架方式是不一样的，如何选择液压支架，确定合理的工作方式，有效地保证工作面的安全生产，是本节解决的主要问题。

液压支架根据结构特点分为三大类，分别为支撑式、掩护式和支撑掩护式。选择液压支架是根据工作面的顶板条件和来压特点进行；液压支架的工作方式包括支架的移步方式和支护方式，也是综采工艺设计的基本任务。结合设计工作面的开采条件，选择适宜的架型与工作方式，是保证综采工作面安全、高效生产的基础。

一、综采工作面支架选择

液压支架的类型很多，各种支架都是针对某些特定地质条件设计的，选择时必须根据具体的地质条件选择。液压支架的选择通常按以下步骤进行：

1. 确定支架的类型

国产液压支架根据支架的结构特点和不同支护特点，分为支撑式、掩护式和支撑掩护式3种基本架型。

根据使用范围不同液压支架分为：用于缓倾斜中厚煤层的液压支架，用于开采3.2～5.0 m煤层的液压支架，用于厚煤层放顶煤的液压支架，用于厚煤层分层开采铺网的液压支架，用于35°以上大倾角煤层的液压支架，用于1.5 m以下的薄煤层液压支架，用于“三软”煤层的液压支架和用于坚硬顶板条件下的高阻力液压支架等。

液压支架选择首先结合工作面的开采条件，进行液压支架类型选择。在采煤工作面顶板完整，来压强烈，瓦斯含量较大的工作面可选用支撑式液压支架；当工作面顶板比较破碎，来压不明显的开采条件可选用掩护式液压支架；其他条件可考虑选用支撑掩护式的液压支架。

2. 确定液压支架的规格

支架的规格主要是根据设计工作面开采的煤层最大和最小厚度来确定。支架的最大高度应大于煤层的最大高度，支架的最小高度应小于煤层的最小高度。

3. 确定支架工作阻力

根据设计工作面直接顶的分类和基本顶的分级情况，确定工作面所需的支护阻力，并结合工作面所选择的液压支架支护能力进行验算。要确保工作面所选择的液压支架的支护能力大于工作面所需的支护阻力。

二、液压支架的工作方式

1. 液压支架的移架方式

（1）单架依次顺序式移架

这种移架方式又称单架连续式。如图3—3—3a所示，支架沿采煤机的牵引方向依次前移，移动步距等于采煤机的截深，支架移成一条直线。该方式操作简单，容易保证支护质量，可用于不稳定顶板；但移架速度慢，工时长，该移架方式应用较多。

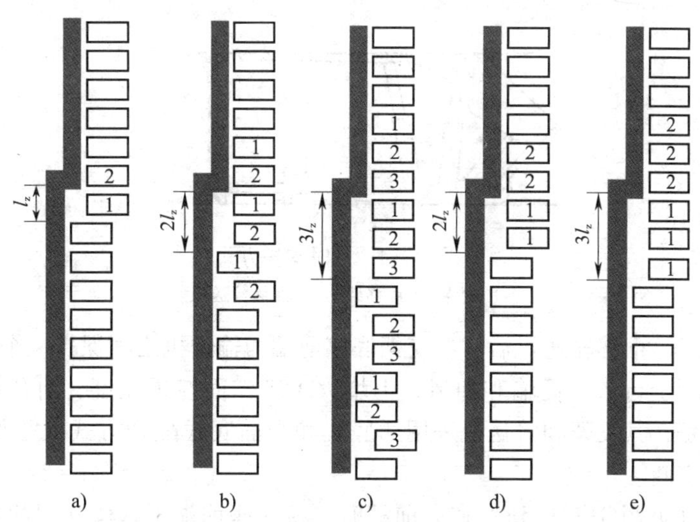

图3—3—3　液压支架的移架方式

a）单架依次顺序式　b）、c）分组间隔交错式　d）、e）成组整体依次顺序式

（2）分组间隔交错式移架

如图 3—3—3b、c 所示，每组 2～3 架，组内按顺序前移，组间平行作业。该方式移架速度快，能满足采煤机的要求，但支护质量差，适用于较稳定顶板。

（3）成组整体依次顺序式移架

如图 3—3—3d、e 所示，该方式按顺序每次移一组，每组 2～3 架，组内联动，组间按顺序前移。该方式移架速度快，但支护质量较差，一般由大流量电流阀成组控制，适用于煤层地质条件好、采煤机快速牵引割煤的综采工作面。

2. 支护方式

按支护与割煤、移架、推移输送机 3 个主要工序的配合方式不同，综采工作面的支护方式分为及时支护方式和滞后支护方式。

（1）及时支护方式

图 3—3—4 为及时支护示意图，采煤机割煤后，支架依次或分组随机立即前移支护顶板，移架后推移刮板输送机。

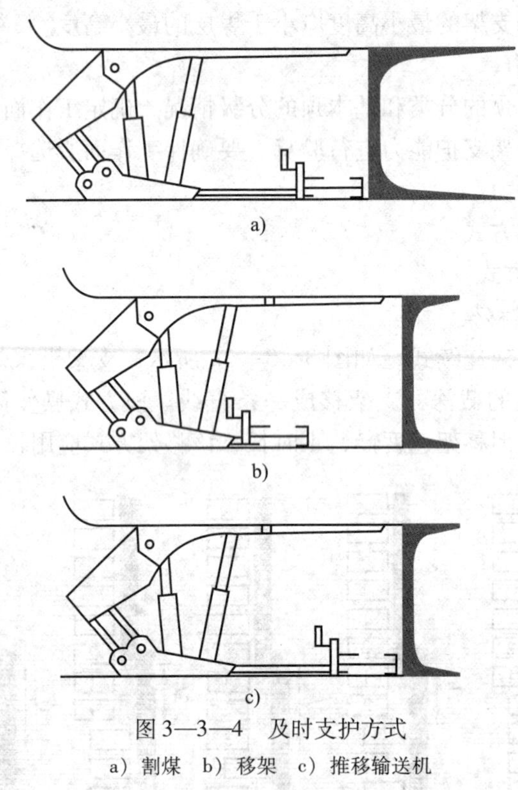

图 3—3—4 及时支护方式

a）割煤 b）移架 c）推移输送机

这种支护方式，推移输送机后，在支架底座前端与输送机之间保持一个截深的宽度，工作空间较大，有利于行人、运输和通风；但增大了工作面控顶宽度，对顶板控制不利。为此，有的综采设备，其支架和输送机采用插底式和半插底式配合方式（见图 3—3—5），减少工作面的支护空间。

插底式支架（见图 3—3—5a）在向前移时，将底座前端插入输送机机槽下方，推移输送机后，底座前端与机槽相接，取消了一个截深的长度，适应于稳定性较差的顶板条件；但通风断面减小，通风能力降低，不适应高瓦斯工作面使用。工作面空间小，行人运料不便，同时增加了机槽高度，不利于装煤。为克服插底式装煤困难的缺点，后又研制了半插底式支架（见图 3—3—5b），机槽向煤壁倾斜，使用中存在一些困难。

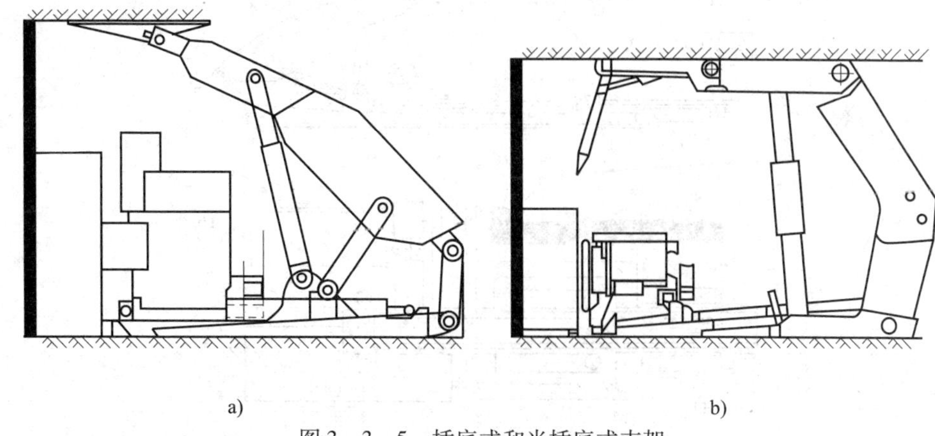

a)　　b)

图 3—3—5　插底式和半插底式支架

a）插底式支架　b）半插底式支架

（2）滞后支护方式

采煤机割煤后，输送机跟随采煤机先逐段移向煤壁，然后液压支架再随着输送机的前移而依次移动，二者移动步距相同。也有采用输送机先逐段移动，工作面运输机全部移完之后，支架再依次或分组移向煤壁。滞后支护方式移架后支架底座前端和运输机之间没有富裕量，液压支柱支护靠前，能较好地适应工作面周期压力较大的开采条件。滞后支护要求直接顶稳定性好，不适应直接顶稳定性差的顶板条件。

在我国一些支撑式支架是采用滞后支护的架型结构，掩护式和支撑掩护式支架主要是采用及时支护的架型结构。

三、综采工作面端头支护

1. 端头支护的重要性

采煤工作面的上、下出口（即端头）处控顶面积大，处于工作面沿走向和倾斜的支撑压力叠加处，围岩变形剧烈，加之超前支架的更替，平巷原有支架打上抬棚后摘去一侧棚腿使端头的支撑能力削弱，是顶板事故多发地段，占工作面顶板事故的 15% ~30%。而且设备集中，又是工作面材料进出和人员出入的通道，所以必须加强维护。如果工作面端头发生事故，则将引起整个工作面的生产停滞。

2. 端头支护的方法

工作面端头支护的方法主要有采用端头支架支护、液压支架支护和单体支柱支护等几种支护方式。

（1）端头支架支护

端头支架的形式很多，图 3—3—6 是其中一种基本形式。它由 2 个框架组成，2 个框架的顶梁用导向管连接。

这种端头支架在使用时每个端头可安装 2 架。由于端头支架的顶梁长度小，而且未跨越工作面输送机机头或机尾，所以还必须以一定数量的走向抬棚和倾斜抬棚相配合。

如图 3—3—7 所示的是另一种端头支架，工作面输送机机头（或机尾）伸入支架的梁下，支架的推移方式基本上与前一种相同。

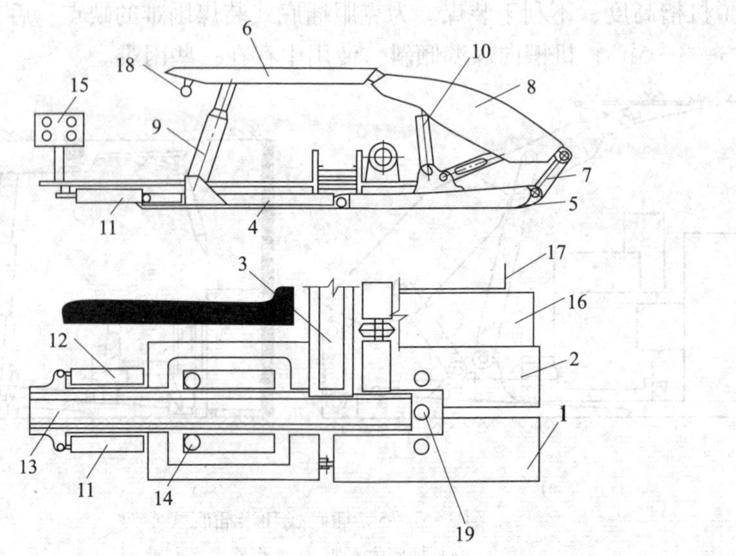

图 3—3—6　支撑掩护式端头支架

1、2—端头支架　3—工作面输送机　4—前底座　5—后底座　6—顶梁　7—四连杆　8—掩护梁　9—前支柱　10—后支柱　11、12—千斤顶　13—安装转载机沟槽　14—滑板　15—操纵阀　16—伸长段　17—排头液压支架　18—调架千斤顶　19—转载机机尾

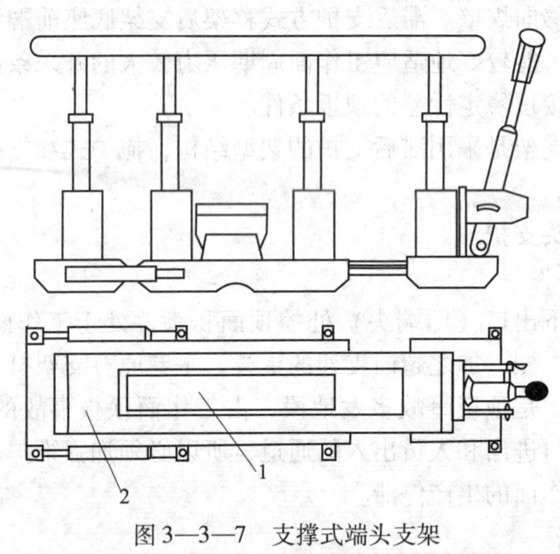

图 3—3—7　支撑式端头支架

1—主架　2—副架

（2）液压支架支护

目前，我国有不少工作面采用液压支架支护工作面端头。这种方式适用于输送机电机与输送机平行布置的情况。如图 3—3—8 所示是液压支架支护端头的示意图。安装支架时工作面每个端头安装 2 ~ 3 架工作面液压支架。由于工作面端头受输送机传动装置（电动机与减速器）的影响，端头安装的液压支架往往比工作面液压支架滞后一定距离（约600 mm）。采用这种方式时，需事先对输送机的机头架进行必要的改造，以满足它和液压支架连接的需要。

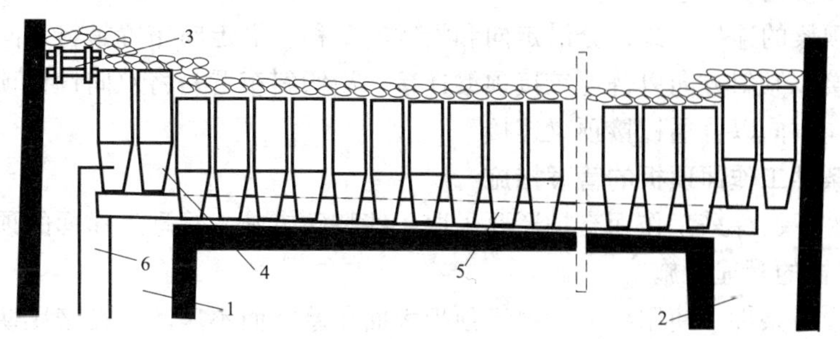

图 3—3—8　液压支架支护端头示意图

1—运输巷　2—回风巷　3—木垛　4—支护端头的液压支架　5—液压支架　6—转载机

采用液压支架支护端头时，根据顶板的稳定状况和压力显现特征，需要用单体支柱或木垛维护好运输巷道转载机机尾的顶板。

（3）单体支柱支护

综采工作面端头使用单体支柱支护的方法主要是对运输巷道内的支护，同普采工作面支护方式基本一样。单体支柱支护主要适用在开采高度 3.0 m 以下的综采工作面。

四、综采工作面两巷的超前支护

由工作面两巷的支撑压力显现规律可知，采煤工作面开采所产生的动压对工作面两巷的影响很大，为了减轻开采对巷道的影响，确保工作面开采所需的有效空间，必须在巷道未受动压影响前或影响较小时提前对巷道进行加强维护。《煤矿安全规程》第 50 条规定："采煤工作面所有安全出口与巷道连接处超前压力影响范围内必须加强支护，且加强支护的巷道长度不得小于 20 m；综合机械化采煤工作面，此范围内的巷道高度不得低于 1.8 m，其他采煤工作面，此范围内的巷道高度不得低于 1.6 m。安全出口和与之相连接的巷道必须设专人维护，发生支架断梁折柱、巷道底臌变形时，必须及时更换、清挖。"在现场实际生产过程中，巷道的超前维护距离应根据工作面超前压力的影响范围来确定，一般应在 20 ~ 30 m 之间为宜，常用的超前支护方式主要有如下几种：

1. 梯形木棚平巷的超前支护

靠近煤壁前 10 m 范围内，在原梯形木棚梁下采用双排金属铰接顶梁和单体液压支柱支护；10 ~ 20 m 范围内，采用单排金属铰接顶梁和单体液压支柱支护。

2. 金属拱形支架平巷的超前支护

超前 3 ~ 5 m 替棚时应采用十字铰接顶梁与金属支柱配套支护，其高度不小于 1.8 m，行人侧宽度不小于 0.7 m。距煤壁 20 m 范围内的超前支护，可采取在拱形梁下加打单排金属铰接顶梁和单体液压支柱支护；或只在拱形梁下加打中柱，在柱顶和拱形梁间垫好木料，并用钢丝拴牢支柱，防止滑动倒柱；也可采取增加卡缆、加打撑木或拉杆等加固措施，增加支柱稳定性。

3. 双向铰接顶梁支护

双向铰接顶梁是在十字顶梁的基础上改进的，克服了十字顶梁长度短，用于端头和两巷超前支护时，有铰点太多，支柱支撑位置固定，侧臂力矩大，容易在焊接部位损坏，运输不便等缺点。双向铰接顶梁是将侧向连接的耳子和接头直接焊在普通金属铰接顶梁的中间两侧，供横向铰接使用。

双向铰接顶梁的连接方式，分沿走向和沿倾向 2 种。沿走向布置是将双向铰接顶梁沿走向方向连续铰接，倾斜方向以普通铰接顶梁连接；沿倾斜布置是将双向铰接顶梁沿倾斜方向连续铰接，走向方向以普通铰接顶梁连接。

五、特殊条件工作面顶板的管理措施

在特殊条件下，综采工作面支护还要采取一些特殊措施来管理工作面的顶板。

1. 坚硬顶板的管理措施

对于坚硬顶板条件下使用综采，由于顶板大面积悬空而不垮落，在来压期间顶板大面积的瞬间垮落，会压坏液压支架，所以要采取特殊措施来处理。主要方法为：一是选择大吨位的支撑式或支撑掩护式支架；二是对顶板高压注水和深孔爆破强制放顶。

2. 破碎顶板的管理措施

对于破碎顶板的支护主要使用掩护式支架，支撑掩护式支架次之。在破碎顶板下支护应根据具体情况采取带压擦顶移架、挑顺山梁、架走向梁及铺设金属网等措施。实践证明，在支架顶梁上铺金属网，是目前管理破碎顶板一种比较有效的方法。

当煤壁前控顶范围内的顶板破碎时，为保证支架顺利前移，顶网能顺利展开，也可以在金属网上架走向梁，由走向梁预先托住顶板，让支架在走向梁及金属网的掩护下前移。

3. 易片帮煤壁的管理措施

综采工作面的煤壁片帮，会给生产带来很大困难，所以必须对其加以防治。煤壁片帮的预防及管理措施有以下几种：

(1) 正确选择支架，在选择支架时，应选择能够立即支护、端面距较小、有防片帮装置、支护强度较大的液压支架。

(2) 加强生产管理，加强工作面的生产技术管理，搞好正规循环作业，缩短循环周期，尽量减少煤壁的暴露时间。

(3) 及时超前支护，如果在生产过程中，贴近顶板的煤层已经发生了片帮，则应立即采取措施，提前移架对片帮后暴露的顶板及时进行支护，以防发生冒顶事故。

(4) 加固煤体，采用楔式木锚杆对煤壁锚固，也可采用注浆方法对煤体进行加固，减少煤壁片帮以防造成危害。

3.3.3 综采工作面“三机”配套

技能点

1. 能熟练计算“三机”配套尺寸；
2. 根据设备选型和计算确定工作面生产能力。

知识点

1. 综采设备“三机”配套尺寸关系；
2. 综采设备的选择与生产能力的配套关系。

综采工作面的采煤机、刮板输送机和液压支架（简称“三机”）配套是综采工艺设计的一项基本任务。为了实现综采工作面的最大生产能力和保障安全生产，“三机”之间在几何尺寸、生产能力等方面，必须互相匹配协调，才能保证综采工作面开采设备的正常使用。

“三机”配套合理是保证工作面正常生产的基础。“三机”配套首先是“三机”之间在几何尺寸方面配合，相互连接与接触可靠顺畅，是保障开采设备正常使用的关键。其次是对生产能力进行计算，确定“三机”之间有效地配合，能够有效发挥开采设备的效能，实现综采工作面的高产、高效、安全生产。

一、综采设备的尺寸配套关系

1. 采煤机的基本参数

（1）采煤机的几何尺寸，如图 3—3—9 所示。采用不同高度的底托架，采煤机可以获得几种不同的机面高度，以适应不同的采高范围。采煤机的采高可按式 3—3—9 计算，式中的参数在产品说明书中可查到。

$$M_{max} = A\frac{C}{2} + L\sin\alpha_{max} + \frac{D}{2} \qquad (3—3—9)$$

式中 M_{max}——采煤机最大采高，m；

α_{max}——摇臂向上的最大摆角，(°)；

A——机面高度，m；

C——机身厚度，m；

L——摇臂长度，m；

D——滚筒直径，m。

为适应煤层厚度的变化，采煤机最大与最小采高之比应为 1.6 ~ 2.0。

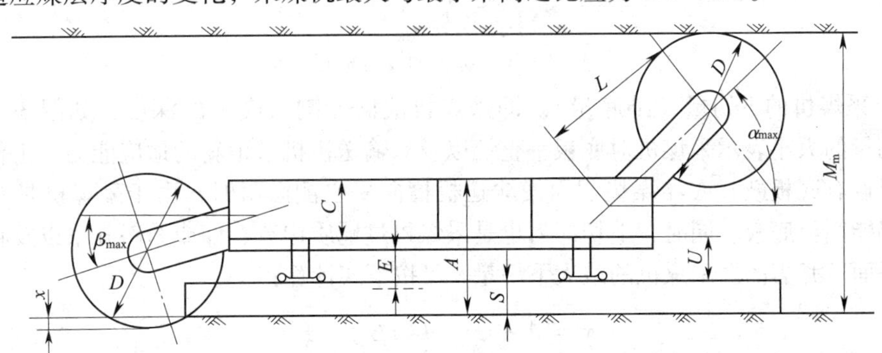

图 3—3—9　采煤机几何尺寸

A—机面高度　C—机体厚度　D—滚筒直径　E—过煤高度　S—机槽高度
L—摇臂长　U—底托架高　x—最大下切量　α_{max}、β_{max}—摇臂向上及向下的最大摆角

（2）采高与支架高度关系可按下式计算：

$$H_{max} = M - S_1 + h \qquad (3—3—10)$$
$$H_{min} = M_{min} - S_2 - a$$

式中 H_{max}，H_{min}——支架最大、最小支撑高度；

S_1，S_2——分别为液压支架前、后支柱处的顶板最大下沉量；

h——支架支撑高度要求的富裕量，一般取 h = 200 mm 左右；

a——支柱伸缩余量，一般取 a = 50 mm。

（3）支架最小支撑高度 H_{min} 与滚筒直径 D 二者关系可用式 3—3—11 表示。式中，采用滚筒采煤机的最小采高必须大于滚筒直径 D。

$$H_{min} = D - S_2 - a \qquad (3—3—11)$$

（4）支架支撑高度 H 与采煤机机面高度 A 之间关系如图 3—3—10 所示。当采煤机处于支架最小支撑高度 H_{min} 情况下，其机面至支架顶梁底面仍要保持一个过机富裕高度 Y 值，通常 $Y \geqslant 200$ mm，Y 可用下式表示：

$$Y = H_{min} - (A + \delta) \qquad (3—3—12)$$

式中　δ——顶梁厚度。

若机面高度 A 过大，超过了支架最小支撑高度，煤层变薄时支架可能降不下来，采煤机就必须截割岩石；若 A 值过小，则导致采煤机底托架与输送机机槽间的过煤高度 E 值过小，煤流通过困难。

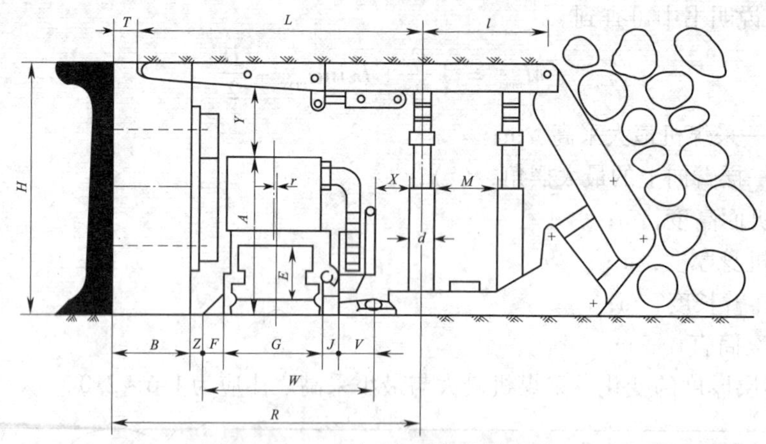

图 3—3—10　综采面设备配套尺寸

（5）采煤机的下切量（卧底量）。即采煤机滚筒能割入底板的深度，如图 3—3—9 所示。下切量的大小表示采煤机对底板平整性以及对输送机机槽歪斜的适应能力。工作面推进中，如果遇有底板鼓起或浮煤垫起而使输送机槽向采空侧倾斜时，由于采煤机具有下切能力，而仍能割至底板。同时，下切能力也是采煤机过地质构造、仰或俯斜开采以及将底板割成平缓平面所必需的。采煤机的最大下切量 x 可按下式计算：

$$x = A - \frac{c}{2} - L\sin\beta_m - \frac{D}{2} \qquad (3—3—13)$$

式中　β_m——摇臂向下的最大摆角。

计算出的值若为负值，表示割至机槽底面以下的深度；若为正值，表示机器不能下切，通常，$x = 150 \sim 300$ mm。

（6）采煤机底托架高度 U。采煤机底托架高度直接影响到最大采高 M_{max}、机面高度 A、过煤高度 E 和下切深度。U 可用式 3—3—14 表示（式中 S 为输送机槽高度）：

$$U = M_{max} - \left(\frac{C}{2} + L\sin\alpha_{max} + \frac{D}{2} + S\right) \qquad (3—3—14)$$

通常，采煤机说明书中，列有几种机面高度或底托架高度，以供用户选择。

（7）摇臂升角 α。摇臂升角 α 是影响采煤机采高的主要参数之一，升角增大，采高增大。但升角 α 过大时，会使滚筒中心至机身端部的水平距离过小，从而使较多的割落煤不是在机身端部以外装入机槽，而是在机身的煤壁侧装入机槽，导致装煤效果差、较多的煤落在机面上，对采煤机的操作造成不安全因素。

2. 综采工作面设备横向配套尺寸

（1）综采工作面的机道宽度

机道宽度是割煤并移架后从支架前柱中心线至煤壁的距离，因此综采工作面机道宽度就是无立柱控顶宽度 R。及时支护式综采工作面机道宽度应包括一个截深的宽度。为了减小机道宽度，以利顶板管理，同时保证铲煤板与煤壁间的间隙 Z，以及采煤机电缆拖移装置能对准输送机电缆槽，采煤机机身中心线相对于输送机机槽中心线向煤壁偏移距离 e 一般结合采煤机与运输机的配合尺寸而定。

（2）人行道宽度

根据《煤矿安全规程》的规定，人行道宽度 $M \geqslant 700$ mm，人行道的位置可在前、后柱之间，也可在前柱与输送机之间，根据选择的开采设备而定。

（3）端面距

端面距是液压支架顶梁梁端与煤壁之间正常情况下的空顶距离。综采工作面开采必须保留一定端面距，以防采煤机割煤和在机槽不平直或斜切进刀时滚筒切割顶梁。端面距 T 值主要是液压支架结构决定，并和采煤机、运输机的配合以及采高有关，端面距一般在 150 ~ 300 mm 之间，采高小时端面距较小，采高大时端面距则较大。

（4）移架千斤顶的行程

移架千斤顶的行程应比采煤机截深大 100 ~ 200 mm，以保证在支架与输送机不垂直时也能移机、拉架够一个截深。

二、综采工作面设备生产能力配套

1. 采煤机的选型与生产能力

采煤机是综采生产的中心设备，在综采设备选型中首先要选好采煤机。国内外制造的采煤机均已成系列，选型的主要依据是煤层采高、煤层截割的难易程度（即普氏系数 f 和截割阻力系数 A）、地质构造发育程度。主要应确定的参数是采高、牵引速度、电机功率，这 3 个参数决定着采煤机的生产能力，其余参数均与这 3 个主要参数成一定比例关系。当然，选型中还应根据所开采煤层的特性，综合考虑其他的参数，在机型基本确定的情况下，订货时还可以根据生产条件，向厂家提出特殊要求，例如滚筒直径、截深、底托架高度等参数，厂家可按用户要求提供所需设备。此外，采煤机的可靠性是至关重要的，要根据煤层地质条件和各制造厂家的现有产品使用情况进行详细的论证，综合比较后确定。

2. 综采工作面输送机的选型与生产能力

综采工作面输送机选型应符合以下原则：

（1）输送机的结构尺寸应与所选采煤机有严密配套关系，确保采煤机能以输送机为轨道往返运行割煤。

（2）机槽及其所属部件的强度应与所选采煤机的重量及运行特点相适应。

（3）运输能力与采煤机的割煤能力相适应，保证采煤机与输送机二者都能充分发挥生产潜力。

（4）输送机结构尺寸与液压支架的结构尺寸配套合理。

输送机的运输能力与铺设长度、电机功率、煤层倾角、运输机槽和刮板链的结构特点等因素有关。确定其运输能力时，不能照搬产品说明书的数据，应当进行实测，从而依据输送机的实际运输能力确定出采煤机合理牵引速度，使输送机既不过载又能充分发挥运输潜力。采煤机牵引速度 v_c 可用下式根据输送机运输能力确定：

$$v_c=\frac{Q_y}{K60MB\gamma C} \tag{3—3—15}$$

式中 M，B，γ——工作面采高、截深和煤的密度；

Q_y——输送机实际运输能力，t/h；

K——考虑到输送机运转条件差且多变所加的系数，一般取 $K=1.1\sim1.15$；

C——工作面采出率，一般取 $C=0.93\sim0.97$。

3. 液压支架移架方式与综采工作面生产能力相适应

液压支架的性能应达到有效支护顶板和能快速移设。移架速度是液压支架生产能力的体现，但设备定型后，单架移架速度对采煤机牵引速度的适应性有限，一般是通过选择合理移架方式而适应顶板特性和综采面生产能力的要求。通常有以下做法：

（1）顶板稳定性好时，单架依次顺序式移架，采煤机割至工作面端头时，利用采煤机返向操作和斜切进刀的时间，移架工将移架滞后的距离赶上来。这种方式省人力，有利于控顶，又不影响生产。

（2）顶板稳定性差的综采工作面，移架工对支架分段管理，采煤机割至哪一段范围，就由该段移架工移架，使移架和割煤的距离不超过一定值，但同时移架的段数不应超过3段。也可以实行全工作面分组交错随机移架。

4. 工作面运输系统以及采区车场能力要和综采工作面生产能力相适应

工作面运输系统包括工作面运输平巷与采区上（下）山的运输。实质上是整个采区运输系统和矿井运输系统都要满足综采工作面生产能力的要求。运输系统只要有一个环节能力不相适应，就会影响综采工作面生产能力的正常发挥。工作面运输系统的能力必须大于或等于工作面采煤机或运输机的实际生产能力。

5. 综采工作面供风能力要满足生产能力的要求

综采工作面风速规定不超过4 m/s，在工作面采高和架型一定条件下，其过风断面也是定值，因此综采工作面所能达到的供风量是有限的。采煤机割煤时工作面风流中的瓦斯含量不能超过安全规程的规定。在瓦斯涌出量较大的综采工作面，必须根据工作面的瓦斯涌出速度，确定采煤机割煤时的牵引速度，使工作面保持均衡生产。如果采煤机割煤过快，可造成工作面风流中瓦斯超限而断电停机，工作面断断续续割煤，不能保持均衡连续生产，这对于综采工作面的生产和安全均是不利的。在高瓦斯矿井，瓦斯含量较大的煤层，必须选择通风断面较大的支撑掩护式支架，增加工作面的通风能力，才能提高工作面的生产能力。

综采工作面的开采设备选择与“三机”配套工作任务，主要是结合设计工作面的具体开采条件进行的。首先是根据开采煤层厚度、煤的硬度、围岩性质、液压支架类型与规格，再结合我国采煤机主要生产厂家生产采煤机的状况进行招标采购。最后根据设备配套手册，选择配套的运输机与其他开采设备。进行各设备开采能力计算，确定工作面的设备生产能力。按一定比例画出综采工作面开采设备“三机”配套的断面图。计算工作面的通风能力，设定条件分析工作面运输与通风所限定的最大生产能力。

课题 3.4　厚煤层放顶煤采煤法

在我国厚煤层的煤炭储量占总储量的 44% 左右，其产量也占总产量的 40% 以上。我国从 20 世纪 60 年代开始研究和试验厚煤层放顶煤开采技术。到目前为止，厚煤层放顶煤开采技术已基本成熟，在我国得到快速发展和推广应用。在 1998 年全国高产采煤队前 10 名中，采用综采放顶煤技术的就有 9 个采煤队，其中兖州东滩矿综放队生产量 5.01 Mt，采煤工作面工效达到 200 t/工。我国放顶煤开采技术已处于世界先进水平，并向国外输出综采放顶煤开采成套设备和技术。

3.4.1　放顶煤开采方式选择

技能点

可根据具体条件选择具体的放顶煤采煤方式。

知识点

1. 放顶煤采煤法的基本特点；
2. 放顶煤采煤法的基本类型及选择方法。

对于厚煤层的开采方法，主要有倾斜分层开采、综采大采高开采、放顶煤开采。但由于倾斜分层开采其巷道布置比较复杂，工期较长；大采高开采设备投资大，工作面管理难度较大。目前不少煤矿采用放顶煤采煤法开采。放顶煤采煤法的实质就在厚煤层开采时，沿煤层（或分段）底部布置一个采高 2 ~ 3 m 的长壁采煤工作面，用常规方法进行回采，利用矿山压力的作用或辅以人工松动方法使支架上方的顶煤破碎成散体后由支架后方（或上方）放出，并予以回收的一种采煤方法。结合设计矿井开采煤层基本条件，分析采用放顶煤开采的合理性。

设计矿井开采煤层基本条件适宜采用放顶煤开采时，可根据煤层开采条件，选择合理的开采方式。如设计矿井开采条件不适宜放顶煤开采，也可设定的一个适宜放顶煤开采的具体条件，根据开采条件进行放顶煤开采设计练习。选择具体的开采方式是放顶煤开采所需解决的首要问题。通过学习放顶煤采煤法的具体内容，熟悉放顶煤的主要开采方式，分析工作面开采条件，合理确定放顶煤的开采方式。

一、放顶煤采煤法

综合机械化放顶煤工作面设备布置如图 3—4—1 所示。采煤工作面平行布置 2 部运输机，前部运输机服务于采煤机正常割煤，后部运输机主要是运送所放顶煤。其工艺过程如下：在煤层（或分段）底部布置的综采工作面中，采煤机割煤后，液压支架及时支护并移至新的位置，随后将工作面前部刮板输送机推移至煤壁。此后，操作后部刮板输送机使用千斤顶，将后部刮板输送机前移至相应位置。根据放煤厚度不同，在采煤机割过 1 ~ 3 刀后，按规定的放煤工艺要求，打开放煤窗口，放出已松散的煤炭，待放出的煤炭中含矸量超过一定限度后，及时关闭放煤口。完成上述采放全部工序为一个放顶煤开采工艺循环。

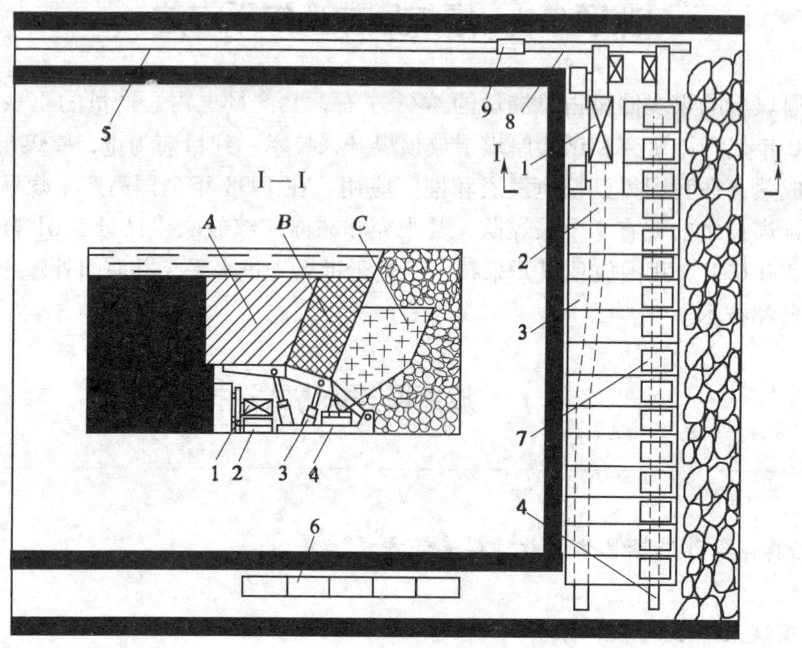

图 3—4—1　综采放顶煤工作面设备布置

1—采煤机　2—前部刮板输送机　3—放顶煤液压支架　4—后部刮板输送机
5—平巷胶带输送机　6—泵站、移变等　7—放煤窗口　8—转载机　9—破碎机
A—不充分破碎煤体　*B*—较充分破碎煤体　*C*—待放出煤体

二、放顶煤开采方式选择

根据厚煤层的赋存条件不同，放顶煤长壁采煤法可分为如图 3—4—2 所示的 3 种主要类型。

1. 一次采全厚放顶煤开采

如图 3—4—2a 所示，沿煤层底板布置一个放顶煤开采长壁工作面一次放出顶煤全厚度。这种方法一般适用于厚度 6 ~ 12 m 的缓斜厚煤层，是我国目前使用的主要方法。其优点是回采巷道掘进量及维护量少，工作面设备少，采区运输、通风系统简单，生产集中。缺点是煤质较软时，工作面运输平巷及回风平巷维护较困难。

2. 预采顶分层网下放顶煤开采

如图 3—4—2b 所示，沿煤层顶板布置一个普通长壁工作面，进行铺网预采顶分层，而后沿煤层底板布置放顶煤工作面，将 2 个工作面之间的煤在网下放出。这种方法一般适用于厚度大于 12 m 直接顶坚硬或煤层瓦斯含量高，需要预先排放瓦斯的缓斜煤层。其优点是由于顶层铺设金属网，可以减少放煤的含矸量。其缺点是开采顶分层后一般矿山压力减弱，不利于顶煤的破碎，常有大块煤需要人工预裂。这种方法在兖州鲍店矿、徐州三河尖矿等得到应用，并且取得了较好的效果。

3. 倾斜分层放顶煤开采

如图 3—4—2c 所示，当煤层厚度超过 15 ~ 20 m 以上时，可将煤层自顶板至底板分成 8 ~ 12 m的分段，然后自上而下依次进行放顶煤开采。这种方法一般适用于厚度大于 15 m 的缓斜煤层。前南斯拉夫维林基煤矿曾用此法开采厚度为 80 ~ 150 m 的褐煤层，目前我国尚无应用先例。

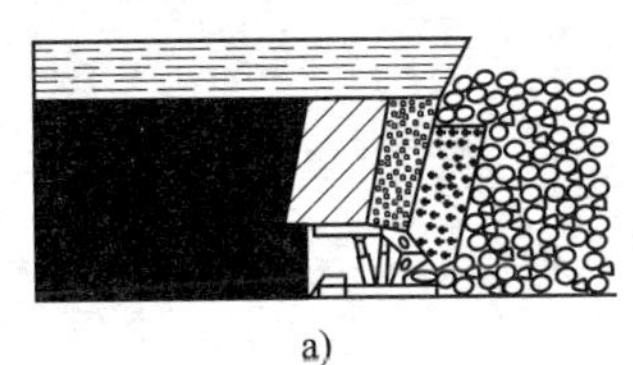
a)

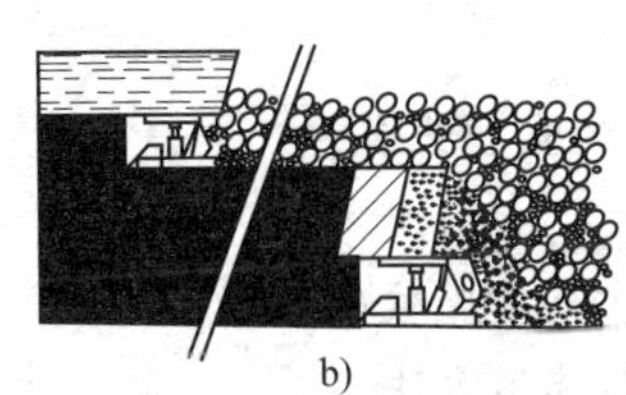
b)

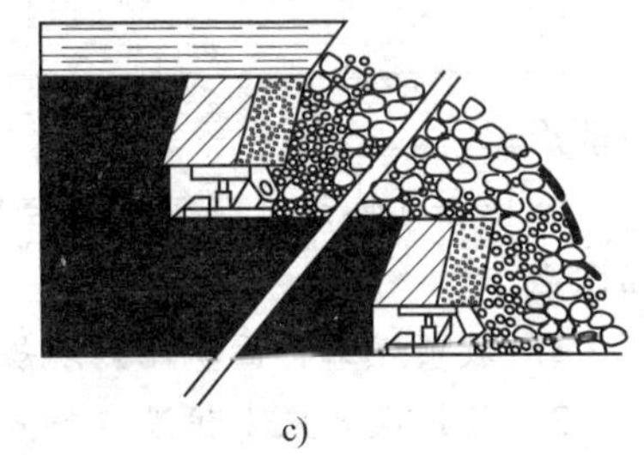
c)

图 3—4—2　放顶煤开采基本类型

a）一次采全厚放顶煤　b）预采顶分层网下放顶煤　c）倾斜分段放顶煤

三、示例

设计示例条件：某矿地质报告提供井田 3 号煤层厚度在 6.17 ~ 7.28 m，平均厚度 6.72 m，属稳定的全区可采厚煤层。3 号煤直接顶板为砂质泥岩，厚度 15 m。上方为 L_1 深灰色石灰岩基本顶。以此开采条件为依据，进行采煤方法选择。

根据设定的地质条件和开采煤层状况，采用一次采全厚放顶煤采煤法比较合理，理由如下：

1. 巷道掘进率低

综采放顶煤与分层综采相比，回采巷道掘进率比分层综采低一半以上，不仅减少了巷道掘进费用，降低了矿井生产成本，而且可以缓和矿井衔接紧张的矛盾。

2. 回采工作面搬家次数少

本矿综采放顶煤与分层综采相比，工作面数量减少了一半，相应地减少了工作面搬家次数，降低了安装拆除工程量和搬家费用，节省了生产成本。

3. 顶板管理容易

综采放顶煤工作面巷道处于实体煤中，采用锚杆网锚索支护，支护强度大，职工劳动强度低。如采用分层综采，由于受采动影响下分层工作面巷道和开切眼只能采用棚式支护，造成职工劳动强度增加；棚式支护属被动支护，其支护强度低，巷道容易变形收缩，往往需要进行二次维护，增加了巷道维护工程量和维护费用。

4. 综采放顶煤回采工作面生产能力大

由于采用的是采放结合的生产工艺，工作面有采煤机落煤和放顶煤 2 个出煤点，比分层综采采煤法多 1 ~ 2 个出煤点，因此有利于合理集中生产，实现高产高效。

5. 管理容易

由于综采放顶煤采用的是采放结合的生产工艺，其采高一般在 2.5 m 左右，支架重心较低，比分层开采所使用的支架稳定性好，不易出现支架歪斜等现象，因而管理比较容易。

6. 能耗低

由于顶煤是依靠矿山压力作用自行冒落，减少破煤时能源消耗，使采煤工作面的能耗相对较低。

3.4.2 综采放顶煤支护设备的选用

技能点

能根据具体条件熟练选用合理的支护设备。

知识点

1. 放顶煤工作面矿压显现规律及顶煤破碎机理；
2. 放顶煤开采支护设备特点及选用方法。

在确定放顶煤采煤方式之后，就要开始进行具体的采煤工艺设计。综采放顶煤采煤工艺与普通综采在开采方面并没有本质的区别。只是由于开采煤层高度较大，需要“采一半、放一半”。而这里的“放一半”就主要依靠液压支架来实现。所以，在综采放顶煤中液压支架的选用是非常关键的，如果支架选用不合适，会对采煤工作面的生产造成严重影响。

一、放顶煤液压支架的特点及性能

放顶煤液压支架是在普通长壁工作面液压支架基础上发展起来的，在控制基本顶、维护直接顶，自移和推移输送机方面的功能是相同的，但放顶煤机构、支架受力、排头支架、降尘及其他方面的功能则是不同的，其主要特点和性能如下：

（1）放顶煤液压支架有液压控制的放煤机构。放顶煤工作面生产的煤炭大多数是由放煤口放出，要求放煤机构的液压控制性能好、开闭迅速、可靠、放煤口不易堵塞，并且有良好的喷雾降尘装置。

（2）工作面放煤时，不可避免地会有大块煤冒落，放煤机构必须有强力可靠的二次破煤性能。

（3）多数放煤支架采用2部刮板输送机，后部刮板输送机专门运送放出的顶煤，因而支架应有推移后部刮板输送机和清理后部浮煤的性能和机械。并应考虑支架后部留有通道，作为维修后部刮板输送机和排矸使用。

（4）由于邻近支架放煤时顶煤的运动，会使未放煤的支架受到侧向力，因此，支架结构必须有较强的抗扭和抗侧向力的功能。

（5）对于双输送机放顶煤支架，要求有足够的工作空间，因此支架的控顶距较大，顶梁也较长。

（6）放顶煤工作面的顶板为煤，在多次反复支撑作用下较为破碎，因此支架必须全封闭顶板，有更好控制端面冒顶和防止架间漏矸的性能。

（7）放顶煤工作面采煤机的采高是根据最佳工作条件人为确定的，采高大体在2.5~3.0 m之间。不需要使用双伸缩立柱或带加长段的立柱。

（8）由于放顶煤支架重量大，工作面浮煤较多，支架必须有较大的拉架力，拉架速度要快，能够带压擦顶移架。

二、放顶煤液压支架分类

一般放顶煤支架可分为掩护式、支撑掩护式、支撑式和简易式4种类型。在这4种类型中，根据放煤窗口的位置不同，又有高、中、低3种放煤方式；按输送机数目可分为单输送机和双输送机 2 类。我国设计研制的放顶煤液压支架分类，如图 3—4—3 所示。

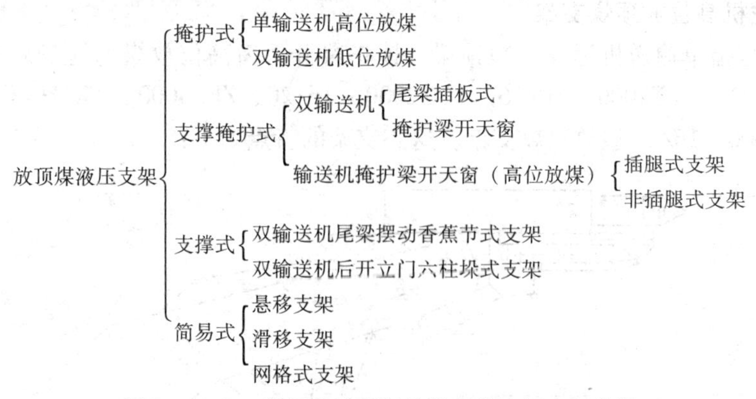

图 3—4—3　我国设计研制的放顶煤液压支架分类

自从综采放顶煤技术在我国应用以来，已经先后研制出高、中、低位系列放顶煤支架 30 多种。各类典型支架的技术特征见表 3—4—1。

表 3—4—1　　　　我国典型放顶煤液压支架的技术特征

分类	支架型号	工作阻力（初撑力）/kN	支护强度/MPa	推输送机力（拉架力）/kN	外形长/m	结构特点	放煤口尺寸/m	碎煤机构	质量/t	使用地点
高位单输送机	FYD4400－26/32 YFY200－16/26 ZFD4000－17/23	4 315（2 925） 1 960（1 254） 4 000（1 623）	0.55～0.89 0.52～0.71 0.763	157.6（325） 270（480）	4.2 3.55 5.38	单铰放煤槽	1.9×1.9 1.2×0.8 2.03×0.82	破煤筋	13.3 7.7 17	平顶山 辽源 潞安
中位双输送机	ZFS4400－16/26 FYS300－19/28 ZFS4500－16/26 ZFS4400－19/28 BC4800－20/30	4 400（4 000） 2 940（2 522） 4 312（3 920） 4 260（4 400） 4 704（3 920）	0.81 1.67～0.75 2.85 0.55 0.88	120（362） 157（382） 157（324） 308（483） 182（462）	5.7 4.9 3.26 5.17 5.0	单铰	1.7～0.9 0.9×0.7	摆动放煤插板	14.2 11 13.3 12 16.2	阳泉 乌鲁木齐 沈阳 郑州 抚顺
低位双输送机	ZFS2560－14/24 ZFS4000－14/28 FY2800－14/28 FZ3000－15/30 ZFS5200－17/32 BC6000－14.2/28	2 560（1 932） 3 921（2 508） 2 746（1 961） 2 940（2 509） 5 200（4 552） 5 880（4 704）	0.61～0.62 0.66～0.72 0.50～0.52 0.44～0.50 0.76 0.71～0.78	121（260） 340（480） 123（254） 158（331） 155（395）	3.3 3.83 4.51 5.63 4.46	中四连杆	插板式无脊背	摆动尾梁	6.5 11.2 9.2 11.1 18 16	豫西 沈阳 窑街 鹤壁 兖州 晋城

1. 单输送机高位放顶煤支架

这类支架是指单输送机运煤，短顶梁、掩护梁开天窗高位放煤的掩护式支架。主要有FYD4400－26/32、YFY2000－16/26、YFY2000－16/20、ZFD4000－17/33 等型号，图 3—4—4 为 YFY2000－16/26 型放顶煤支架。这类支架的特点如下：

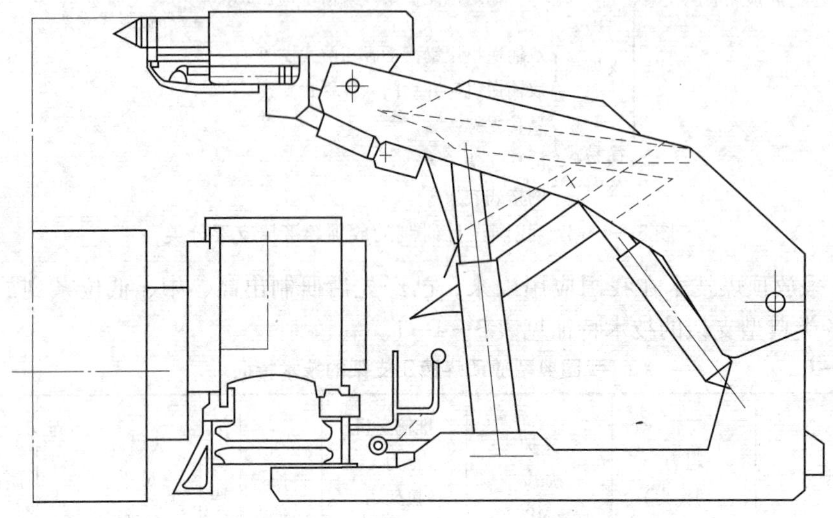

图 3—4—4　YFY2000－16/26 型放顶煤支架

（1）支架结构简单，采煤机割煤与放煤由一部输送机运出，端头维护空间小，工作面整体布置与普通长壁工作面相同，便于维护管理，减少事故发生点。

（2）支架的长度较短，结构紧凑，稳定性和封闭性较好。

（3）掩护梁放煤口尺寸较大，有利于顶煤的放出，但放煤口位置高，丢煤多，采出率较低，煤尘大，支架通风断面较小。

（4）由于顶梁短，放煤口位置距煤壁较近，因此，煤层冒放性的要求较高。一方面要求梁端顶煤完整，不冒顶，不片帮；另一方面要求顶梁后顶煤破碎，即放煤口能顺利放出。

（5）放煤槽在放煤状态时与底座呈 35°夹角，难以达到 40°。如果当仰角为 10°时，放煤不流畅，向左右溢出。

（6）采放同用一部输送机，不能平行作业，影响产量的提高。

单输送机高位放顶煤支架只适用于煤质中硬、节理裂隙比较发育、煤层厚度 7 m 左右、底板较硬及底板含水率较高的煤层。

2. 双输送机中位放顶煤支架

这类支架是指双输送机运煤，在掩护梁上开放煤口，中位放煤的支撑掩护式液压支架。主要型号见表 3—4—1。图 3—4—5 为 FYS3000－19/28 型放顶煤支架。这类支架的特点如下：

（1）支架稳定性和密封性好，抗偏载和抗扭能力大，不易损坏。

（2）放煤口距煤壁远，有助于工作面前方顶煤的维护。支架顶梁长，有利于反复支撑顶板，增加顶煤的破坏程度。

（3）由于采煤和放煤使用 2 部输送机，可以实现采放平行作业，实现高产高效。

（4）放煤口位置较高，丢煤多，采出率较低，煤尘较大。

（5）后输送机放在支架底座上，后部空间有限，造成大块煤通过困难，并且移架阻力较大。

（6）掩护梁不能摆动，二次破煤能力差。

双输送机中位放顶煤支架适用条件较为广泛，在矿压显现剧烈、有悬顶危险的条件下，具有较好的适应性。其特点如下：

（1）由于具有连续的放煤口，放煤效果好，采出率高。

（2）顶梁长，放煤口距煤壁远，经顶梁反复支撑，使顶煤充分破碎，对放煤极为有利。

（3）后输送机沿底板布置，浮煤容易排出，移架轻快，同时尾梁插板可以破碎大块煤，放煤口不易堵塞。

（4）低位放煤，煤尘小，有利于降尘。

（5）支架的稳定性较差。

3. 双输送机低位放顶煤支架

这类支架是指双输送机运煤，在掩护梁后部铰接一个带有插板的尾梁，低位放顶煤的支撑掩护式液压支架。尾梁可上下摆动45°左右，用于松动顶煤，并维持一个落煤空间。尾梁中间有一个液压控制的放煤插板，用于放煤和破碎大块煤。主要型号见表3—4—1，图3—4—6为FZ3000－15/30型放顶煤支架。这类支架主要特点如下：

双输送机低位放顶煤支架，适应性强，在急倾斜煤层、缓倾斜中硬煤层和三软煤层综放开采中取得成功，是目前我国应用最广泛的放顶煤液压支架架型。

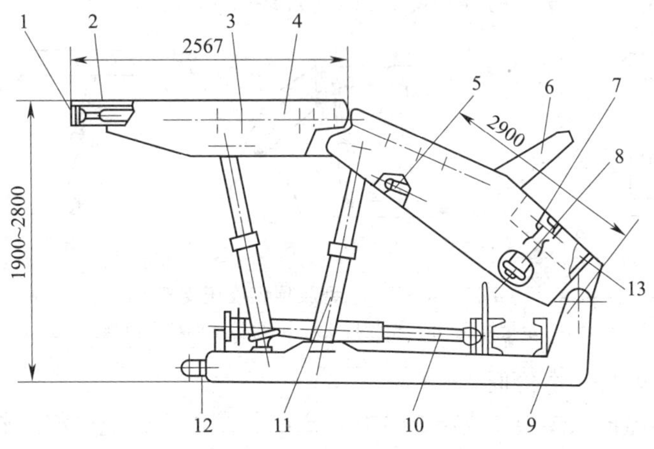

图3—4—5　FYS3000－19/28型放顶煤支架

1—伸缩梁　2—伸缩梁千斤顶　3—侧推千斤顶　4—顶梁　5—摆杆千斤顶　6—摆动杆
7—掩护梁　8—放煤千斤顶　9—底座　10—后输送机千斤顶　11—立柱　12—推移千斤顶及框架　13—放煤板

4. 轻型放顶煤液压支架

放顶煤开采工作面矿山压力显现一般不强烈，支架受力低于分层开采。针对国内普通放顶煤支架一般比较重，外形尺寸大、结构复杂、拆装运输困难且不适应复杂煤层地质条件的煤矿等特点。我国科技人员目前已研制和开发出单摆动杆和单铰接两大类轻型放顶煤液压支架，如图3—4—7所示。

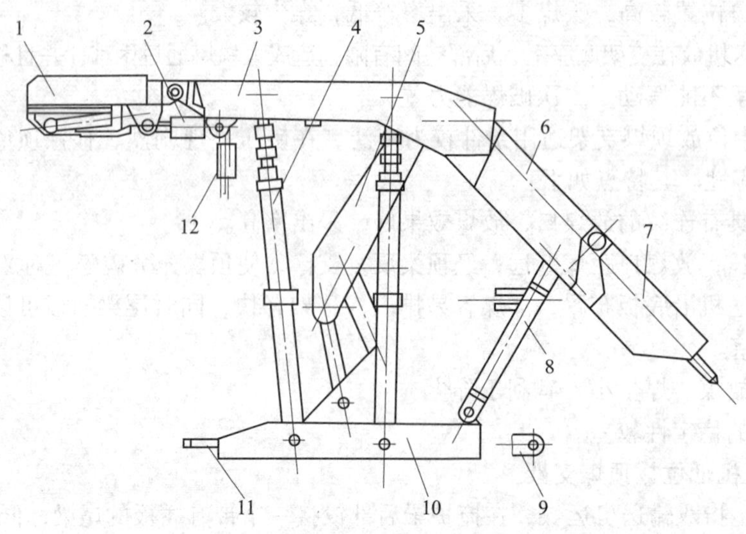

图 3—4—6　FZ3000－15/30 型放顶煤支架

1—前梁　2—梁千斤顶　3—顶梁　4—支柱　5—上连杆　6—掩护梁
7—摆动尾梁　8—支撑板　9—后部千斤顶　10—底座　11—推杆　12—操纵阀

该系列支架的主要特点为：

（1）支架结构简单、紧凑、质量轻、便于拆装运输。

（2）支架空间较大，便于清理浮煤和拆装检修后部输送机。

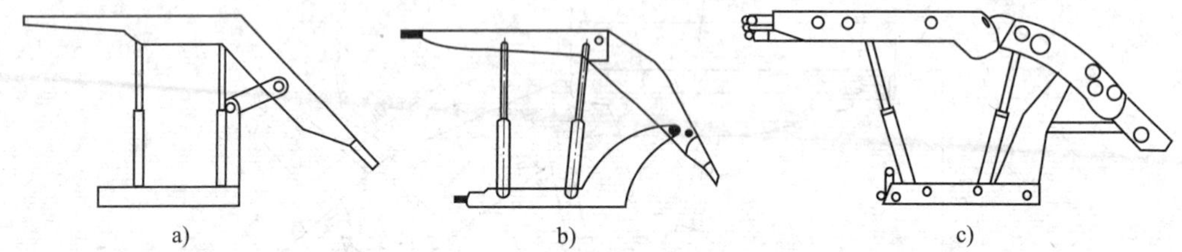

图 3—4—7　轻型放顶煤液压支架

a）单摆杆式　b）单铰接式　c）单铰接四柱支顶梁式

（3）支架稳定性好，造价低。

（4）单铰接轻型放顶煤液压支架，具有较高的封闭能力，能较好地解决“三软”煤层和较薄厚煤层综放开采端面易冒落的要求。

该系列支架在下列条件范围内均可取得较好的使用效果：

（1）煤层坚固性系数 $f<2.5$，来压强度不大，煤层厚度 3～8 m，煤层倾角 <25°。

（2）工作面尺寸较小，断层较多，地质条件较为复杂的工作面。

（3）边角煤或煤柱的开采，厚度不稳定的煤层，较薄厚煤层。

总之，轻型放顶煤支架，具有对不同条件适用性强的特点，特别适用于中小矿井较薄的厚煤层、三软煤层、煤层厚度变化大煤层，也适用于边角煤、残煤的放顶煤开采，轻型放顶煤液压支架是一种很有发展前途的架型。

三、示例

兖州煤业集体东滩矿综采放顶煤二队先后开采四采区的 4909 和 4303 两个放顶煤工作

面。2 个工作面的煤层赋存条件及开采技术条件见表 3—4—2，请选用合适的放顶煤液压支架。

表 3—4—2　　综放工作面基本情况

名　称	4309 工作面	4303 工作面	名　称	4309 工作面	4303 工作面
煤　层	$3_上$	$3_上$	煤层硬度	$f=2\sim3$	$f=2\sim3$
煤层平均厚度	6.0	6.3	走向长 × 面长 /m	1 464 ×208	2 066 ×194
煤层倾角/（°）	1 ~5	1 ~5	采煤机截割高度/m	2.8	2.8
顶底板岩性	粉砂岩/粉砂岩	泥岩/粉砂岩	采放比	1:1.14	1:1.25

结合开采煤层基本条件和采煤工作面围岩性质与压力显现特点，根据设计手册提供的支护设备性能，以及与其他设备配套性进行支护设备选型。目前选择放顶煤液压支架主要是以低位放顶煤支架为主。在资金比较紧张的中型和部分大型矿井，一般首先考虑采用轻型放顶煤液压支架。

◎知识链接

一、放顶煤工作面矿压显现特点

随着放顶煤技术的应用，放顶煤工作面矿山压力的理论与实践的研究也取得了很大进展。在支架围岩关系上，发展了传统的单一煤层开采和分层开采工作面矿山压力理论，总结了放顶煤矿压显现的一些新特点。目前，关于放顶煤开采技术的矿山压力理论研究还没有形成完整理论体系，但对放顶开采工作面进行常规的矿山压力观测及顶煤、顶板运移规律观测与分析，都是非常必要的。这不仅能够认识煤层条件下的矿压特征，顶煤、顶板运移特征，还能重新确定合理的工作面支架结构及支护参数，调整放顶煤开采的作业工序，选择具体开采条件下的回采巷道支护方式及巷道维护方法。

通过大量实测资料分析，综采放顶煤开采工作面矿压特点，可总结如下：

（1）从工作面支护阻力的实测结果看：支架的初撑力或工作阻力普遍升不高，支架工作特性普遍表现为初撑特性、阻力缓慢上升特性或降阻特性，即放顶煤开采过程中工作面支架多表现为“给定载荷”的工作特性。

究其原因，可能是由于放顶煤开采支架上方和后方形成了一定的空间，使顶煤的移动和顶板的移动与垮落都具有充分的可能性，工作面上方可能形成对工作面具有较大影响的“结构”向上部岩层发展。从而使工作面远离支撑压力影响区，以及受到“大结构”保护而表现为支架较低荷载状态下的“给定载荷”工作特性。

（2）综放工作面支护阻力实测分析表现为工作面支架前柱的支护阻力普遍比后柱高，尤其是松软综放工作面更是如此。其原因之一是支架上方及前方的煤体在支撑压力的作用下提前破碎、让压，使工作面上覆岩层断裂的层位向上发展，上覆岩体对煤体的合力作用点向煤壁前方转移，工作面前方煤体内的支撑压力集中区离工作面距离较远；其原因之二是顶煤上方的下位岩体对支架上方顶煤的合力作用点由支架的支撑力中心前移。

（3）大量实测资料表明，放顶煤开采工作面的顶板来压强度低于其他开采方法的来压强度，有些放顶煤工作面甚至未见初识来压和周期来压。这是由于顶煤裂隙逐渐发育，支撑压力向煤体深部转移，来压时的峰值位置远离工作面，同时应力集中系数变小，使得工作面支架在来压时的工作阻力比分层开采有所缓和。

二、顶煤破碎机理

综放开采时，实现顶煤的有效破碎和顺利放出是放顶煤工作的核心问题，而顶煤的有效破碎又是顶煤顺利放出的前提，同时也是支架选型及确定放顶煤工艺的依据。顶煤由原始状态到放煤状态，主要经历了变形、膨胀、移动和垮落等复杂的过程。长期研究结果表明，顶煤的破碎既有顶煤内部的因素，也有外部因素。概括起来主要包括以下因素：开采深度、煤层的厚度和强度、煤层的夹矸层数和厚度、节理裂隙的发育程度、直接顶岩性及厚度、基本顶岩性及厚度以及支架结构等。

对于坚固性系数 f 不同的煤体，传递顶板应力的结果不同，顶煤在煤壁前方开始变形移动的位置也不同。煤的坚固性系数 f 越小，表明强度越低，顶板在煤壁前方的起始活动点越远，支撑压力峰值工作面亦较远，从而顶煤受力作用的时间也越长，有利于顶煤的放出。但如果顶煤太软，也会给工作面支架端面的维护造成困难。相反，f 值越大，支撑压力峰值越大，离工作面煤壁越近，顶煤的破坏过程越短，顶煤的变形、位移越小。因此，当 f 值大时，如采用放顶煤开采就要采取破煤的辅助手段，如注水软化、放炮预裂等使顶煤破碎，否则达不到理想的放煤效果。一般认为，煤的坚固性系数 $f<3$ 的煤层更适合放顶煤开采。

顶煤的夹矸不仅影响到放出煤的含矸率，而且影响顶煤的放出效果。顶煤夹矸对顶煤放出的影响比较复杂，其影响程度不仅与夹矸的岩性、硬度、层数等有关，还与夹矸层与煤层的胶结性质有关。对于比较软而与顶煤胶结性差的夹矸层，则变成了顶煤的一个弱面，夹矸层的存在增加了顶煤的冒放性；对于比较硬且与顶煤胶结比较好的夹矸层，则对顶煤的冒放性有不利的影响。对于顶煤中的夹矸层处理，如果位于顶煤的上部，为保证放出煤炭的质量，一般不予放出。因此，位于顶煤中部的夹矸层则是应重点考虑的对象。

顶煤中节理发育，节理延伸性好，充填物胶结性差，煤体相对松软，易破碎，冒落块度小，可放性好；相反节理分布密度小，延伸不好，成闭合状，充填物胶结强度高，煤体的整体性好，不易破碎，冒落块度大，可放性差。另外，支撑压力的大小是煤体内产生次生裂隙的另一个主要因素。

顶煤的破碎是支撑压力、顶板运动及支架反复支撑共同作用的结果。其中，由于工作面回采所形成的支撑压力对顶煤具有预破坏作用，是顶煤实现破碎的关键；顶板回转对顶煤的再次破坏使顶煤进一步破碎，但它是以支撑压力的破煤作用为前提的，而支架的反复支撑只对顶煤下位 2 m 左右的范围有明显的破坏作用。支架反复支撑的实质是对顶煤多次加载和卸载，使顶煤内的应力发生周期性的变化，形成交变应力作用促使顶煤破坏发展。

支架对顶煤反复支撑的次数 N 与顶梁的长度 L 及采煤机截深 B 有关，可表示为：

$$N = \frac{L}{B} \tag{3—4—1}$$

当顶煤强度小，或节理裂隙发育时，顶梁宜短；相反，顶梁宜长。顶梁长度过短，对顶煤破碎不利；而顶梁过长，将使顶煤破碎加剧，易出现架前或架上冒空现象，并增加煤炭损失 。

根据顶煤的变形和破坏发展规律，沿工作面推进方向可将顶煤划分为图 3—4—8 所示的 4 个破坏区，依次为完整区 A、破坏发展区 B、裂隙发育区 C 和垮落破碎区 D。

由于工作面的移动特性，顶煤也将依次经历完整区、破坏发展区、裂隙发育区到垮落破碎区，由放煤口放出。

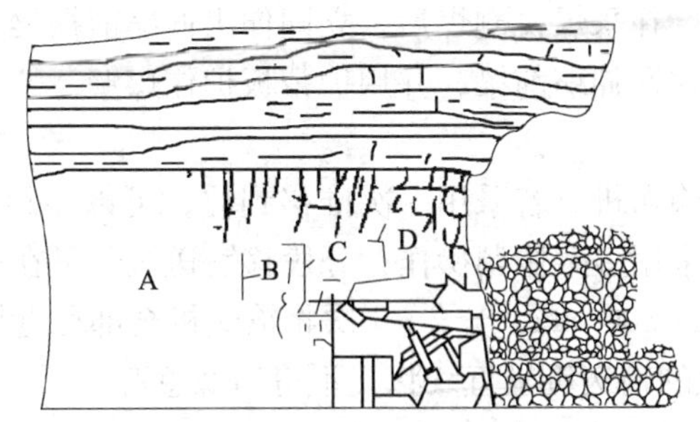

图 3—4—8　顶煤破坏区

A—完整区　B—破坏发展区　C—裂隙发育区　D—垮落破碎区

3.4.3　放顶煤采煤工艺

技能点

1. 能完成初采与末采时工艺规程的编制；
2. 能根据具体条件确定放煤方式、放煤步距；
3. 能全面编制放顶煤开采的采煤工艺。

知识点

1. 放顶煤开采的主要工艺过程；
2. 放顶煤开采中初采与末采的工艺过程；
3. 放煤步距选择、放煤方式的确定、端头放煤的特点。

综采放顶煤开采采煤工艺主要包括：工作面的工作制度、作业形式、采煤机工作方式、支架工作方式、放顶煤步距、放顶煤方式以及“三机”配合方式等方面内容。除放顶煤步距和放顶煤方式有其特殊性，其他方面和综采工作面没有明显区别。

综采放顶煤开采采煤工艺设计主要是放顶煤步距、放顶煤方式的选择与确定。放顶煤步距与放顶煤方式对工作面的生产和煤炭采出率影响极大。在进行顶煤开采采煤工艺设计必须结合所开采煤层的厚度与煤层的基本性质和选择的开采支护设备等因素综合分析比较，合理确定放顶煤步距、放顶煤方式，确保采煤工作面的开采效率和经济效益。

一、放顶煤综采主要工艺过程

由于中、低位放顶煤优点突出，使用广泛，是放顶煤开采的主要方向。一次采全厚放顶煤开采的综采工艺过程和工序如下：

1. 采煤机割煤

放顶煤综采工作面一般采用双滚筒采煤机沿工作面全长截割煤体，工作面两端采用斜切进刀方式。截深一般为 0.6 ~ 0.8 m，采高 2.4 ~ 2.8 m。采煤机落煤由滚筒螺旋叶片、挡煤板及前输送机铲煤板相互配合，装入前输送机运出工作面。当煤层倾角较大时，为防止开采设备下滑，可采用单向割煤。一般由上向下进行割煤和前移支架，到端头后反向上行进行装煤和推移运输机。

2. 移架

综放工作面一般多采用及时支护方式维护端面顶煤的稳定性。放顶煤液压支架一般均设计有伸缩前探梁和护帮板。在采煤机割煤后，立即伸出伸缩前探梁支护新暴露顶煤。采煤机通过后，及时移架，同时收回伸缩前梁，并用护帮板护住煤壁。

3. 移前输送机

移架后，即可移置前输送机。若采用一次推移到位，可以在距采煤机约 15 m 处逐节一次完成输送机的推移。若采用多架协调操作，分段移输送机，可在采煤机后 5 m 左右开始推移输送机，每次推移不超过 300 mm，分 2 ~ 3 次将输送机全部移近煤壁，并保证前输送机弯曲段不小于 15 m，推移后的输送机呈直线状，不得出现急弯。

4. 移后输送机

在拉架和移置前输送机后，操作移后输送机的专用千斤顶，将后输送机移到规定位置。操作时要注意邻架和溜槽的连接部位，防止错槽和掉链等事故。

5. 放顶煤

放顶煤为综放开采的关键工序，一般要根据架型、放煤口位置及几何尺寸、顶煤厚度及破碎状况，合理确定放顶煤的步距与作业方式。一般情况下采用“两采一放”或“三采一放”，即采煤机割两刀或三刀放一次顶煤。顶煤的放出顺序，可以从工作面一端开始，顺序逐架依次放煤，如果顶煤较厚，也可以隔架轮换或 2 ~ 3 架一组，隔组轮换放煤。放煤时，要坚持“见矸关门”的原则。

放顶煤时，可有以下 3 种情况引起放煤不正常，一是碎煤成拱放不下来；二是大块煤堵在放煤口，煤放不出来；三是顶煤过硬，难以垮落。

处理碎煤成拱的主要方法是通过摆动支架的尾梁或掩护梁，一般情况下都能破坏成拱的碎煤，亦可升降支架破坏成拱，但这种方法不可常用，对支架有所损害。

当大块顶煤堵塞放煤口时，可通过支架上的插板，搅动杆等结构破碎或松动顶煤，在工作面顶板稳定情况下，可以适当摆动支架尾梁将顶煤松动破碎。遇到特大块煤时，可以采用打眼放炮的方法破碎，但每个炮眼的装药量要严格控制。放落的大块煤在输送机上要及时用人工或机械的方式进行破碎，以免在工作面端头因输送机的过煤高度产生阻煤现象。

处理顶煤过硬难以垮落时，必须预先对顶煤进行破碎处理，目前主要采取从工作面向顶煤打眼放炮的方法，其爆破方式及爆破参数可根据顶煤的性质来决定。若由工作面无法破碎顶煤或在高瓦斯矿井中，则应考虑布置工艺巷进行专门的爆破作业。另外，一些矿井采用高压注水软化顶煤，也取得良好的效果。

综上所述，放顶煤开采一般由五个工序构成主要工艺过程，其循环顺序为：采煤机割煤→移架及时支护→推移前部输送机→拉后部输送机→打开放煤口放顶煤。放顶煤开采一个循环结束是以放煤工序完成为标志的，因此一刀一放时循环所需时间最短。

二、放顶煤工作面的初采和末采放煤工艺

1. 放顶煤开采的初采、初放

在我国推行放顶煤开采的初期，为防止顶板垮落对采煤工作面造成的威胁，通常采取初采时推进 10 ~ 20 m 不放顶煤，但实践证明这种措施的实际意义不大。目前在大多数综放工作面，推出开切巷后即进行及时放煤，但由于采煤工作面顶板的结构和顶煤的性质，放煤效果不理想。为减小初次放顶煤步距，常采用切顶巷和深孔爆破技术提高初采放出率。深孔爆破技术将在有关课程中介绍，这里简要介绍切顶巷技术。

切顶巷技术是减少初采期间顶煤垮落步距和提高初采采出率的一种技术。其方法是在工

作面开采前在切眼外上侧沿顶板开掘一条与切眼平行的辅助巷道，称为切顶巷。同时，在巷道的一帮打眼放炮，扩大切顶效果。兖州矿务局鲍店煤矿采用这一技术取得较好的效果。据观测，当工作面推进3.4 m时，顶煤开始冒落，推进7.8 m时，直接顶垮落，比相邻工作面的顶煤垮落步距减少5.2 m。又如鹤岗矿务局南山煤矿利用切顶巷技术解决了特厚煤层放顶煤工作面初次来压步距大、压力集中、顶煤冒落不充分、丢煤严重、工作面采出率低的问题。当工作面推过切顶巷时顶煤全部垮落，而没有切顶巷的放顶煤工作面，采出24 m后顶煤才全部冒落。

2. 放顶煤开采的末采与顶板管理

在推广应用放顶煤开采初期，通常在工作面结束前20 m左右铺双层金属网停止放煤，或使沿底板布置的工作面向上爬坡至顶板时结束，这样造成了大量煤炭损失。为此，近年来在综放开采的实践中，普遍缩小了不放顶煤的范围，一般提前的距离缩短到10 m左右停止放顶煤并开始铺设顶网。停止放顶煤位置确定应注意解决好两个方面的问题：一是保证撤架空间处于稳定的顶板条件之下，即选择合理的停采线位置；二是有效地防止采空区后方矸石窜入工作面，即矸石应能够压住金属网。如顶板条件好不铺网时，应在综放设备允许的爬坡范围内尽量加大爬坡的坡度，减少不放煤的范围。在到停采线时，使支架基本贴近顶板，将易垮落的煤体变为底板上的实体煤。

三、放煤步距

综放工作面循环的标志，一般是以工作面全部完成一次放煤过程为一个循环。放煤步距是相邻两循环之间综放工作面向前推进的距离，称为循环放煤步距。合理地选择放煤步距，对提高采出率、降低含矸率十分重要。放煤步距与顶煤厚度、煤层基本性质、煤体破碎特征、松散程度及放煤口的位置有关。合理的放煤步距能使顶煤上方的矸石与采空区冒落的矸石同时到达放煤口，这样才能最大限度地提高工作面的放出率。

放煤步距过大时，所需放出煤的体积也较大，若打开放煤口，随破碎顶煤的放出，上方矸石也将不断向放煤口移动，由于待放的煤较多，在上方矸石到放煤口后，其采空区后面仍有一部分顶煤没有放出，造成顶煤的过多损失。放煤步距过小时，后方矸石易混入放煤口，影响煤质，并容易误认为煤已放尽，停止放煤，造成上部顶煤的丢失。放煤过程中不能保证既不混矸又不丢煤，合理的放煤步距只是把煤炭采出率和混矸率控制在一定范围内，图3—4—9为不同放煤步距下的混矸状况。

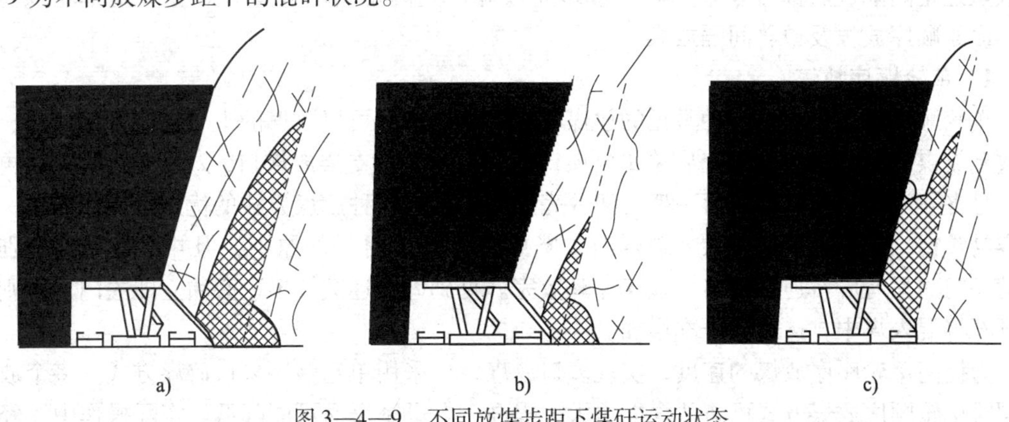

图3—4—9　不同放煤步距下煤矸运动状态

a）大放煤步距　b）合理放煤步距　c）小放煤步距

放顶煤支架架型确定后，放煤步距应考虑与支架放煤口的纵向尺寸的关系。对于综放工作面，放煤步距应与移架步距（或采煤机截深）成整倍数关系，即割一刀、两刀或三刀煤放一次顶煤，也就是说，支架放煤口的纵向尺寸应与采煤机循环进刀量成整数倍关系。否则，如果放煤步距大于支架放煤口的纵向尺寸，则会有一部分冒落的顶煤留在支架放煤口的后方而丢到采空区；如果放煤步距小于支架放煤口的纵向尺寸，则必然有一部分矸石处于放煤口的上方，放煤时这部分矸石被一并放出。

根据理论推导及我国放顶煤工作面的实际情况，确定综放工作面放顶煤步距时可借鉴下述经验公式：

$$L = (0.15 \sim 0.21)h \qquad (3\text{—}4\text{—}2)$$

式中 L——放顶煤步距，m；

h——放煤口至煤层顶部的高度，m。

低位放顶煤时，$h = M - 0.5$；中位放顶煤时，$h = M - 0.9$。M 为放顶煤开采的煤层总厚度，m。

目前，我国所使用的采煤机截深多为0.6 m，由于一刀一放（即放煤步距为0.6 m）或三刀一放（即放煤步距为1.8 m）其放煤步距不是大就是小，因此大部分工作面采用两刀一放（放煤步距为1.2 m）。从实际情况看，放煤步距为1.2 m并非对每个工作面都是一个合理值。一般情况下，顶煤厚度大于5 ~ 8 m时，可采用两刀或三刀一放；顶煤厚度小于3 ~ 5 m时，多采用一刀一放。

四、放煤方式

综采放顶煤工作面每个放顶煤液压支架均有一个放煤口，放煤口可分为连续放煤口和不连续放煤口2类，其中低位放顶煤支架为连续放煤口，中、高位放顶煤支架为不连续放煤口。放煤方式的选择不仅对工作面煤炭采出率、含矸率影响较大，同时还会影响总的放煤速度，正规循环的完成及工作面能否高产。放煤方式按放煤轮次不同，可分为单轮放煤和多轮放煤。打开放煤口，一次将能放出的顶煤全部放完的称单轮放煤；每架支架的放煤口需打开若干次才能将顶煤放完的称多轮放煤。放煤方式按放煤顺序不同，可分为顺序放煤和间隔放煤，顺序放煤是指按支架排列顺序（如1、2、3…）依次打开放煤口的方式；间隔放煤是指按支架排列顺序每隔1架或几架（如1、3、5…或1、4、7…）依次打开放煤口。无论是顺序放煤还是间隔放煤都可以采用单轮或多轮放煤，我国常用的放煤方式主要是单轮顺序放煤、多轮顺序放煤及单轮间隔放煤。

1. 单轮顺序放煤

单轮顺序放煤方式是一种常见的放煤方式，从端头处可以放煤的1号支架开始放煤，一直放到放煤口见矸，顶煤放完后关闭放煤口，再打开2号支架放煤口，2号支架放完后再打开3号支架放煤口，直到最后一架支架放完煤为一轮。这种放煤方式的优点是操作简单，工人容易掌握，放煤速度也较快。放煤时，坚持“见矸关门”的原则，但并不是见到个别矸石就关门，只有矸石连续流出，顶煤才算放完。见到矸石连续放出，必须立即关门，否则大量矸石将混入煤中，造成含矸率增加。

为提高单轮顺序放煤的速度，实现多口放煤，可采用单轮顺序多口放煤方式。多个放煤口同时单轮顺序放煤方式可将放煤能力大大提高，含矸率反而可能降低。实际操作中，经常2 ~ 3个放煤口同时放煤，3个放煤工同时工作，第一个放煤工负责顺序打开放煤口放煤，第

2 个放煤工负责中间支架的正常放煤，第 3 个放煤工负责在放煤中出现混矸时，关闭后面的放煤口。这种放煤方式当顶煤强度不大、放煤流畅、煤流均匀时，可获得较高的产量和较低的含矸率。双放煤口同时放煤适用于煤层厚度小于 8 m 的工作面；多口放煤滞后关闭放煤口的方式适用于 8 ~ 10 m 的厚煤层。

2. 多轮顺序放煤

多轮顺序放煤是将放顶煤工作面分成 2 ~ 3 段，段内同时开启相邻两个放煤口，每次放出 1/3 到 1/2 的顶煤，按顺序循环放煤，将该段的顶煤全部放完，然后再进行下一段的放煤，或者各段同时进行。多轮顺序放煤的优点是：可减少煤中混矸，提高顶煤采出率。其缺点主要是：每个放煤口必须多次打开才能将顶煤放完，总的放煤速度较慢；每次放出顶煤的 1/2 或 1/3，操作上难以掌握。对于煤层厚度大于 10 m 的工作面采用多轮顺序放煤，含矸率较低；顶煤太厚的工作面移架后中部顶煤冒落破碎情况一般较差，多轮放煤可使上部顶煤逐步松散，有利于放煤。目前，我国高产长壁放顶煤工作面很少采用这种放煤方式。

3. 单轮间隔放煤

单轮间隔放煤是指间隔一架或若干支架打开一个放煤口。每个放煤口一次放完，见矸关门，如图 3—4—10 所示。具体操作时，先顺序放 1、3、5…号支架的煤，相邻两架支架间将形成脊背高度较大，两侧对称，暂放不出的脊背煤。放单号放煤口时，一般不混矸，放完全部或部分单号支架后，在顺序打开 2、4、6…号支架放煤口，放出单号架之间的脊背煤。这是常见的单轮间隔一架的放煤方式，当煤层厚度大于 12 m 时，可采取间隔 2 架或 3 架打开放煤口再放脊背煤的放煤方式。单轮间隔放煤的主要优点是：扩大了放煤间隔，避免矸石窜入放煤口，减少混矸；顶煤放出率高于上述 2 种放煤方式，采煤工作面的理论采出率接近 90%；单轮间隔放煤可实现多口放煤，提高了工作面产量和加快了放煤速度，易于实现高产高效，是一种比较好的放煤方式。

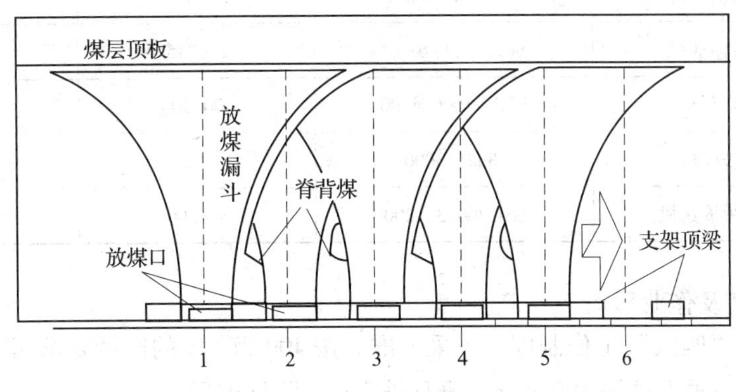

图 3—4—10　单轮间隔放煤

五、端头放煤

工作面端头放顶煤工艺是我国目前尚未完全解决的问题。由于端头支架架型不多，即使有端头支架也有不完善的地方，大多数放顶煤工作面都是用过渡支架或正常放顶煤支架进行端头维护，由于输送机在端头的过渡槽的加高，支架放煤后过煤困难，因此在工作面两端一般各留 2 ~ 4 架不放煤，增加了工作面的煤炭损失。

随着工作面输送机和支架的不断改进，端头设备布置也不断更新。目前解决端头放煤的途径主要有以下3种：

(1) 加大巷道断面尺寸，将工作面输送机的机头和机尾布置在巷道中，取消过渡支架。

(2) 使用短机头和短机尾工作面输送机或侧卸式工作面输送机。

(3) 采用带有高位放煤口的端头支架，实现端头及两巷放顶煤。

六、示例

兖州煤业集团东滩煤矿综采放顶煤二队先后开采四采区的4909和4303两个放顶煤工作面。2个工作面的煤层赋存条件及开采技术条件见表3—4—2，请设计开采工艺。

根据设定的开采条件，综放工作面的开采工艺设计如下：

1. 综放工作面设备的配套情况

工作面设备的配套见表3—4—3，配套的核心是生产能力的配套。根据计算分析可知，年产400万t要求采煤机割煤牵引速度为3.7 m/min，放煤能力单口为2 t/min，工作面前输送机运输能力为不小于608 t/h，工作面后输送机运输能力不小于364 t/h，同时考虑到运煤不均匀系数1.3～1.5，工作面前、后输送机能力均应选1 000 t/h左右。根据表3—4—3可知，工作面设备配套合理，且均有较大的富裕系数，为提高生产系统的可靠度与开机率打下了良好的基础。

表3—4—3　　放顶煤工作面主要设备配套情况

序号	设备名称	型号	功率/kW	生产能力/（t/h[1]）
1	采煤机	AM－500	2×375	834
2	放顶煤支架	ZFP5400－17/32		（工作阻力5 400 kN）
3	前输送机	SGZ－830/630S	2×315	1 200
4	后输送机	SGZ－830/630H	2×315	1 200
5	转载机	SZE－1000/4300	400/200	2 600
6	破碎机	PLM－3000	200	3 000
7	胶带输送机	SSJ1200/3×200	3×200	1 600

2. 采煤工艺及作业形式

工作面实行“四六”工作制度，三采一准。按400万t/a的产量要求测算，生产班每班进刀数应为5刀，每刀截深为0.6 m，班日进3 m，队日进9 m。

工作面采煤机割煤高度为2.8 m，4309、4303两工作面相应的采放比分别为1∶1.14和1∶1.25。针对工作面煤层较软的特点，宜采用“一刀一放”的双轮放煤工艺。

当采煤机割煤的牵引速度为3.7 m/min时，200 m长的工作面用时为54 min，加上斜切进刀后的总时间为69 min。放煤工作按“一刀一放”两个放煤口双轮平行作业方式安排，要求在69 min内完成一刀放煤步距，则每个放煤口要求的综合平均放煤速度为1.45 m/min或1.03 min/架（支架宽1.5 m）。根据统计资料，当煤炭松软，在采放比为 1∶1 的工作面使用“一刀一放”作业时，支架的综合放煤速度为 0.7～1.0 min/架。该工作面的实际放煤速度明显高于要求的平均放煤速度。因此，放煤作业较主动，时间充裕。

工作面支架上方的顶煤厚度为 3.2 m，每刀放煤量按 1.03 min/架和 0.7 min/架的放煤速度计算相应的综合平均放煤能力为 1.96 t/min 和 2.89 t/min。两放煤口平行作业时，对应的放煤能力分别为 3.92 t/min 和 5.77 t/min（235 t/h 和 346 t/h）。为留有余地，取 346 t/h 作为平均放煤能力。

工作面的工艺过程为：割煤→移架→推前输送机→放煤→拉后输送机。

3．循环图表的编制

4309、4303 工作面的采放煤量大体各占 50%，工作面顶煤比较松软，采用“一刀一放”追机放煤的作业方式，不仅时空关系处理相对简单，也便于操作人员实施掌握，能够做到采放并举，均匀出煤。根据松软顶煤裂隙要求，双轮放煤需滞后采煤机 20～60 m，方能取得良好的放煤效果，据此编制的循环作业图如图 3—4—11 所示。按照采煤机牵引速度 3.7 m/min 和两个放煤口各以 1.45 m/min 速度平均交替放煤时，可实现班进五刀，完成年产量 400 万 t 的目标。由于综采放顶煤二队的精心组织与管理，于 1997 年 1 月在 4303 工作面开采，同年 10 月转到 4309 采煤工作面，全年产煤 410.18 万 t，实现了预期目标，创出当时国内全年产煤量的最高水平。

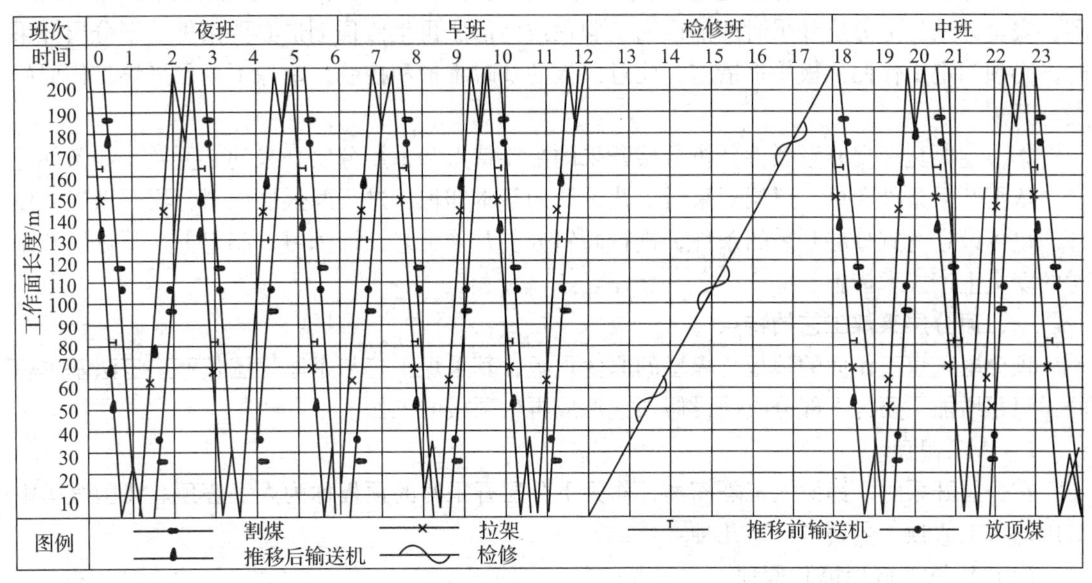

图 3—4—11　东滩煤矿 4309 综放工作面正规循环作业图

课题 3.5　其他条件开采工艺

该课题主要介绍厚煤层倾斜分层开采与倾斜长壁开采时开采工艺的基本特点，在开采条件适合时能够合理选择采煤工艺和进行开采工艺设计。

3.5.1 厚煤层倾斜分层长壁开采工艺

技能点

1. 能够合理选择和确定人工假顶;
2. 能编制假顶下采煤的安全操作措施;
3. 可熟练进行人工假顶的铺设工作和质量检查。

知识点

1. 上分层开采工艺特点与人工假顶的铺网;
2. 再生顶板形成特点;
3. 下分层开采工艺特点与假顶下的支护方式;
4. 分层开采主要适用条件。

目前在开采缓倾斜和倾斜厚煤层时，倾斜分层长壁采煤法在我国应用得非常广泛。倾斜分层开采的工艺相对简单，分层开采工艺和设备与单一煤层开采没有太大的区别。主要特点就是第一分层开采后，下分层是在垮落的岩石下进行回采。为保证下分层采煤工作面的顺利、安全开采，上分层开采时须铺设人工假顶或为形成再生假顶创造必要条件。下分层开采时，必须制定工作面顶板管理措施，注意顶板的及时维护和控制，确保下分层采煤工作面的安全开采。

本节主要是根据开采条件分析分层开采的主要特点和采用分层开采的必要性。如条件适合，依据开采条件和单一煤层开采时工艺设计的基本知识，进行厚煤层倾斜分层开采工艺设计。也可设定适宜分层开采的条件，进行倾斜分层开采工艺设计练习，制定上、下分层开采时的安全生产技术措施。

一、顶分层采煤工艺的特点

顶分层采煤工作面的顶板是煤层的原生顶板，其采煤工艺与中厚煤层长壁采煤法基本相同，只是增加了要为下部分层铺设假顶或形成再生顶板的工作。

1. 人工假顶

在分层开采时，铺设人工隔离物，作为下分层开采时的顶板称为人工假顶。我国煤矿中采用的人工假顶，主要有以下几种:

(1) 竹笆（或荆笆）假顶

我国有些矿区就地取材采用竹笆或荆芭等材料作为人工假顶的材料，取得了较好的控顶效果和技术经济效果。

竹笆是用竹片或细竹竿经铁丝编织而成的笆片，宽约 0.7 ~ 1.0 m，长约 2.2 ~ 2.4 m。荆笆是用荆条交织编成的笆片。竹笆或荆笆的铺设如图 3—5—1 所示。在铺设笆片前，应在工作面底板的煤体中先挖底梁槽，放入底梁，然后将笆片铺在底梁上。底梁的方向应与工作面成大于 45° ~ 60°的交角（也可垂直摆放)，以便在下分层回采时能及时用顶梁托住从煤壁中暴露出来的底梁，保持假顶的完整性。底梁材料有圆木、半圆木或厚木板。也可用笆棍、粗荆条、细竹竿束代替。

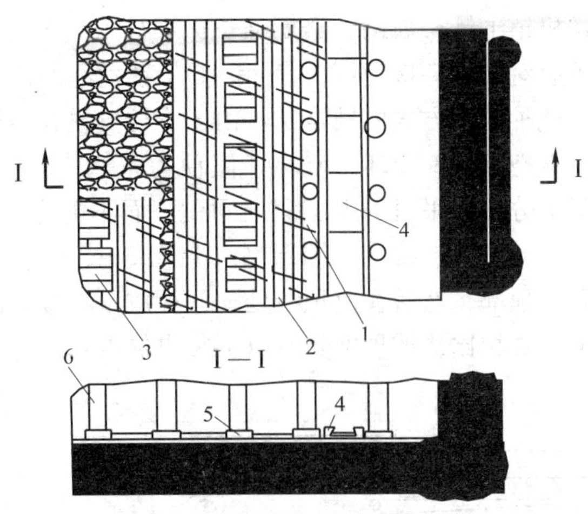

图 3—5—1 竹（荆）笆假顶的铺设

1—底梁 2—笆片 3—小笆片 4—输送机 5—柱鞋 6—支柱

笆片一般沿工作面倾斜由下而上铺设，笆片之间相互搭接，搭接处用铁丝联结，接头要固定在底梁上以防笆片滑落。

当垮落在采空区中的矸石具有较好的胶结性能时，可不用底梁而改铺双层笆片，其中一层笆片垂直于工作面铺设，另一层则平行于工作面铺设。铺笆工序是在推移过工作面输送机后在输送机原来位置铺设，然后回柱放顶。

竹笆或荆笆假顶易腐蚀，只能使用一次，故每一分层（最下部一个分层除外）都需铺设假顶。这种假顶的整体性较差，强度较低，假顶下允许的悬顶面积较小，故不适用于综采工作面，通常只在中、小型矿井的少数炮采或普通机采工作面使用。

（2）金属网假顶

金属网假顶一般是用 12 ~ 14 号镀锌铁丝编织而成，为加强网边的抗拉强度，常用 8 ~ 10 号铁丝织成网边。常见的网孔形状有正方形、菱形及蜂窝形等，如图 3—5—2 所示。网孔尺寸一般为 20 mm × 20 mm 或 25 mm × 25 mm。生产实践表明，菱形网在承力性能、延展性等方面的指标均比用相同直径的铁丝编制而成的经纬网优越，目前正得到日益广泛的应用。

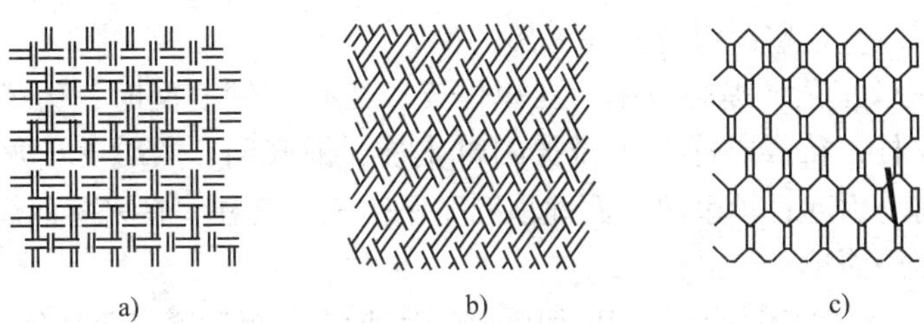

图 3—5—2 金属网网孔形状

a）正方形 b）菱形 c）蜂窝形

由于金属网具有较高的强度，只要保证联网不出现网兜，也可不铺设底梁。金属网假顶柔性大、体积小、重量轻，便于运输及在工作面铺设，且强度高、耐腐蚀、使用寿命长、铺设一次可服务几个分层。因此，目前在分层工作面得到了广泛应用。

过去在炮采及普采工作面，都是采用铺底网的方式，即在落煤、移设工作面输送机后，架设支柱之前，在原输送机道上铺金属网，金属网长边平行于工作面，网片长边间搭接宽度为200～300 mm，网片短边对接。搭接处用14号和16号铁丝联网，每隔一孔联一扣，联好网后再打柱及回柱放顶。这种铺网方式的缺点是：由于支柱支设在金属网上，尽管在支柱下垫上木墩，在回柱时也常常把金属网拉坏，破坏了假顶的完整性，给下分层回采带来困难。同时，铺底网只是解决了下分层回采时的人工假顶问题，而不能为本分层的顶板管理服务。20世纪60年代中期，我国一些煤矿试验了铺顶网（见图3—5—3），即在上分层回采时将金属网铺设在工作面支架的顶部，然后在放顶线处随回柱放顶将金属网放落在底板上，成为下分层的假顶。与铺底网方式相比，铺顶网具有以下突出优点：

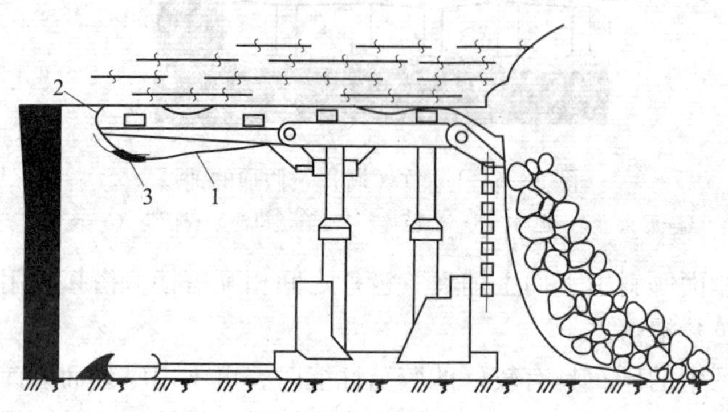

图3—5—3　工作面铺顶网示意图

1—新挂网　2—原顶网　3—网接头

（1）有利于改善工作面顶板管理。在铺底网时必须把采落的煤全部装净后才能在底板上铺网，而在铺顶网时只需在装出一部分煤后就可挂网，并及时支护，缩短了顶板悬露时间，减少了冒顶事故。同时在顶板较破碎的情况下，顶网可有效地防止局部漏顶。这样，铺一次网可同时为上、下分层的顶板管理服务。

（2）可提高原煤质量和支柱回收率。工作面放顶时，由于有整体性金属网的掩护，将采空区与工作空间隔开，阻挡了采空区矸石向工作面窜入，既保证了回柱工作的安全，又可使支柱不致被垮落矸石压埋，提高支柱回收率，减少混入原煤的矸石，提高原煤质量。

（3）可提高煤炭采出率。铺顶网后工作面的浮煤均位于金属网下，不会与顶板矸石混杂。在下分层开采时，这些浮煤可一并采出。

（4）可简化采煤工艺、提高效率。在单体支架工作面铺底网时，为了及时支护，在落煤后需先设临时支柱，待煤装净后再撤掉临时支柱，铺底网，然后支设永久支柱，工序复杂，且翻打支柱时易引起冒顶事故。而铺顶网时不需临时支柱，在采落的煤装出一部分后即可挂网和支护，工序简单。

在综采和普采工作面，铺网经常用挂顶网方式，即在割煤后紧跟着将金属网卷沿平行于工作面的方向展开，用铁丝与原先的金属网联成一体，如图3—5—3所示。金属网网长10 m、宽1.0～1.2 m。金属网长边搭接，短边对接。长边用12号或14号铁丝的单丝或双丝每隔0.08 m或0.1 m联一扣，联好网后，移液压支架或挂梁打柱。有时工作面采用较大的搭接宽度，使搭接宽度为网卷宽度的一半，事实上形成鱼鳞状双层顶网，取得了较好的顶板管理效果。

目前，许多矿区用菱形金属网代替经纬金属网，取得了很好的技术经济效果。菱形网尺寸根据综采架子而定，开滦唐山矿采用长度为3 m，宽为1.6 m的菱形网。网的布置有齐头式和交错式 2 种。网与网纵向连接要求搭接 50 ~ 150 mm。采用 8 号铅丝卷成螺旋套旋扣联网，螺旋套长 300 mm，要求各螺旋套之间搭接半卷，至少对接无间隙。这样，连接处强度基本与网片近似。菱形图的横向联网采用 5 mm 盘条冷拔成的穿条，其长度为网宽的二分之一或等宽，为防止穿条窜动要在一端弯成钩。

近年来，综采工作面利用液压支架机械化铺设金属网工艺有了很大发展。机械化铺网主要有 2 种方式：一种是机械化铺设顶网，一般是在液压支架的前探梁或顶梁下装有安装金属网卷的托架，如图 3—5—4 所示。将网卷装在托架上，金属网从托梁前端绕过后被紧压在顶板上，当支架前移时，网卷自行展开，一卷网铺完后再换装上新网卷，并将新网的网边与旧网的网边联结。联网工作在支架托梁下方手工进行，铺设的顶网长边垂直于工作面方向。网卷 2 为架间网，其宽度与支架宽度相等。网卷 1 为架中网，其宽度比网卷 2 窄 0.5 m 左右，两网互相搭接。这种方式的主要缺点为联网必须在近煤壁的托梁下方手工进行，联网效率较低。由于网在近煤壁处下垂，当采高较低时，托梁下方没有足够的空间安置金属网卷，或金属网卷有碍于采煤机顺利通过；另一种机械化铺网方式是利用液压支架铺底网。支架后端掩护梁下（有的支架则在支架底座前端），安设有架间网及架中网的网卷托架，前后排网卷交错间隔安放，网片长边搭接 150 ~ 200 mm，短边搭接 500 mm 左右，支架前移时，网卷在底板上自行展开，如图 3—5—5 及图 3—5—6 所示。联网工作在掩护梁下进行，与采煤工作互不干扰。现在有的国产支架上设计了机械压扣式联网机构，可取消手工联网，实现铺联网全套机械化。

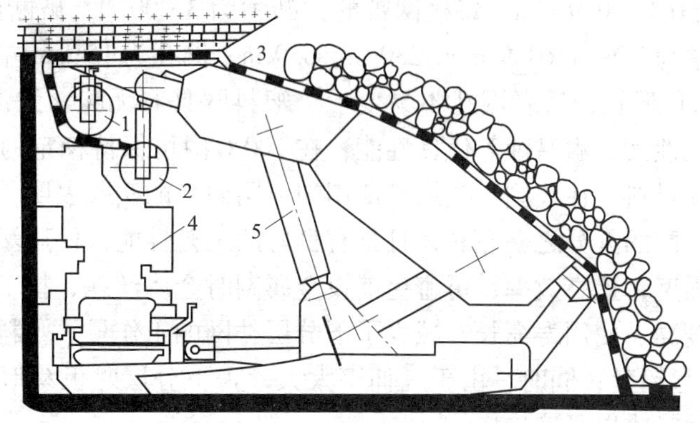

图 3—5—4　液压支架机械化铺顶网示意图

1—网卷 1　2—网卷 2　3—金属网　4—采煤机　5—支架

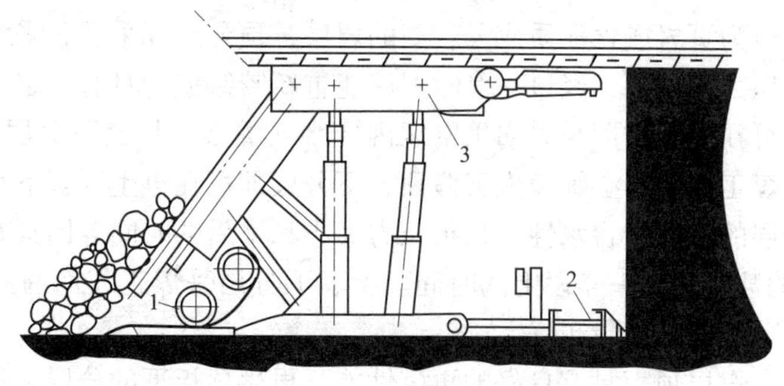

图 3—5—5　液压支架机械化铺底网

1—网卷　2—输送机　3—支架

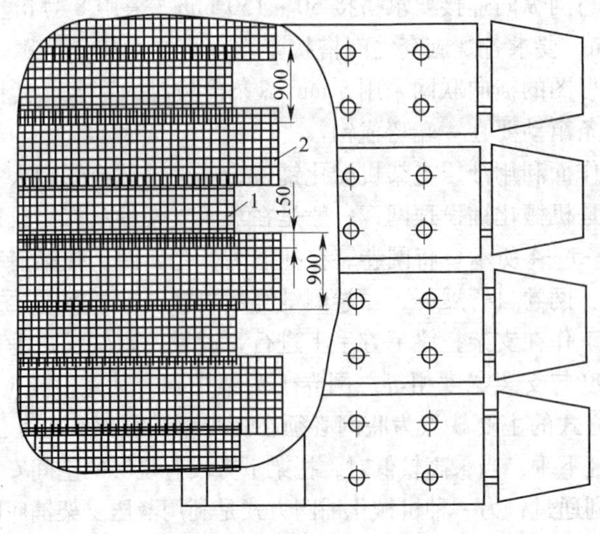

图 3—5—6　铺底网示意图

1—架中网　2—架间网

(3) 塑料网假顶

煤矿的塑料网假顶是用聚丙烯树脂制成的塑料带编织而成。我国生产的塑料带宽度为 13 ~ 16 mm，厚度为 0.8 ~ 0.9 mm，每根网带的拉断力为 3 000 N，破断延伸率小于 2.5%。塑料网网片尺寸通常为 5.6 m × 0.9 m 或 2.0 m × 0.9 m，网孔为 15 mm 左右大小的井字孔或 25 mm × 50 mm 的六角形孔，后者网孔不易变形。塑料网具有无味、无毒、阻燃、抗静电、重量轻、体积小、柔性大、耐腐蚀等优良性能，在 100℃ 内可保持稳定的物理力学特性，是一种理想的人工假顶材料。在我国一些煤矿使用塑料网假顶的实践表明，由于塑料网的重量只有相同面积的金属网的五分之一左右，且具有良好的工艺性能，使用塑料网后可显著降低铺联网工作的劳动强度，提高效率，可避免铺设金属网时金属丝扎、挂工人手脚等事故，且由于塑料网抗拉强度高、使用寿命长，减少了下分层补网的工作量。塑料网的缺点是，抗剪能力差，远不如 12 号铅丝；同时，由于延伸率太大，采下分层时极易形成网兜。目前，塑料网成本较高，因而尚难以迅速推广。

塑料网假顶的铺设方法基本上与金属网假顶相同。

2. 再生顶板

如果煤层的顶板为页岩或含泥质成分较高的岩层，顶分层开采后，采空区中垮落的破碎岩石在上覆岩层的压力作用下，经过一段时间后能重新胶结成为具有一定稳定性和强度的顶板为再生顶板。也可在上分层回采时向采空区内注水或灌浆，提高下分层顶板的固结效果。采用再生顶板，采煤工作面不必铺设人工假顶，下分层即可在再生顶板下直接回采。再生顶板形成的状况与岩层的特征、含水性、顶板压力大小和采后的时间等因素有关，一般至少需要 4 ~ 6 个月，有的甚至达到一年以上的时间。上、下分层采煤工作面的滞后时间应大于上述时间，时间越长顶板固结质量越好。

我国有些矿井，煤层顶板具有良好的再生性能。再生顶板下的分层工作面采煤工艺与中厚煤层走向长壁采煤法相同，只是有的需增加向采空区注水或灌黄泥浆的工作。再生顶板取消了铺设假顶的工作，提高了劳动生产率，降低了采煤成本，改善了下分层的安全条件。故在条件适宜时，应优先考虑利用再生顶板。国外有的矿井采取向采空区浇灌化学胶结剂的方法以促进再生顶板形成，效果比较明显。

在使用人工假顶的工作面，有的为了改善下分层的开采条件，有时也在顶分层开采时采取注水等措施，以促使顶板尽可能胶结，有效地改善了下分层的开采条件。

采用再生顶板最大特点是分层开采不能实行分层同采。由于分层同采上、下分层接替时间较短，形成的再生顶板质量不好，顶板维护非常困难。

如果煤层中含有厚度大于 0.5 m 的夹矸层，且分布较稳定，位置对分层也较合适，也可利用它作为分层假顶，称做天然假顶。

二、下分层采煤工艺的特点

1. 假顶下开采顶板管理

在假顶或再生顶板下回采时，其顶板为已垮落的岩石，故基本顶的周期来压不明显，顶板压力一般较顶分层小。其顶板管理的关键在于如何管好破碎顶板以及防止漏矸。所以，应采用浅截式采煤机并做到及时支护。在单体支架支护的工作面，采用机采时一般采用正倒悬臂错梁齐线柱支护方式，每次割煤后都可及时挂梁进行支护。当工作面片帮严重时，为防止顶网下沉冒顶，可提前在煤壁预掏梁窝，挂上铰接顶梁、打贴帮柱进行超前支护。我国有的煤矿采用Ⅱ型钢焊成的箱形长梁做顶梁，配合 DZ－22 型单体液压支柱架设对棚进行支护，取得了较好的支护效果。过去我国煤矿大量使用的金属铰接顶梁，是由 4 块扁钢焊成的箱形结构，梁体焊缝多，组焊时各块扁钢易焊偏、焊穿或漏焊，使顶梁的受力情况不好，在使用中易产生扭曲变形或因焊缝开裂而损坏。目前，Ⅱ型钢已成为制造顶梁的专用型钢，用Ⅱ型钢焊制而成的Ⅱ型钢梁只有 2 条焊缝，易于焊接及保证加工质量，顶梁成型较好，焊缝分布在梁体中性面上受力小，结构合理，梁体截面惯性矩比原有的箱形顶梁小，受力时不易开裂、变形及损坏。采用Ⅱ型长钢梁组成的对棚在工作面交替迈步前移护顶，这种钢梁对金属网假顶有较好的整体支护性能，能及时支护裸露后的顶板，有时甚至可不设贴帮柱，也不至于发生漏顶。在移梁时有相邻顶梁支护顶板，较好地解决了中、下分层顶网下沉及出现网兜等问题。由于顶梁可无级迈步，解决了双滚筒采煤机斜切进刀时的顶板支护，并能适应片帮空顶时的支护需要，有效地控制了顶板。对于综采开采下分层，必须选用合适的架型和支架工作方式。液压支架主要选用掩护式或支撑掩护式架型，支架工作方式主要是及时支护。采煤机采过后，应及时追机擦顶带压前移支架，以免在煤壁处出现网兜和漏矸现象。若出现煤壁片帮严重或假顶破损严重且再生顶板胶结不好的情况，应采用超前移架方式，即先超前移架，再进行割煤、推移输送机。要及时进行护帮，发现金属网有破损时要及时补网。采煤机割煤时，滚筒距顶网不应小于 100 mm，以免割破顶网。

2. 假顶下的放顶工艺

由于人工假顶或再生顶板易于垮落，工作面周期来压不明显，放顶时一般常采用无密集支柱放顶。由于金属网假顶被联成整体，假顶在工作面放顶线处下落时可对工作面支架造成较大牵动力，通常会造成支架倾斜、歪扭，甚至会造成工作面支架被大面积推倒而发生冒顶事故。因此，在单体支架工作面应注意加强支架的稳定性，一般可沿放顶线在最后一排支架下支设单排或双排戗棚，或打斜撑柱，以抵抗金属网下落时对支架产生的水平推力。同时放顶时也可用木料斜撑顶网，使其缓慢下沉到底板。沿放顶线倒悬臂铰接顶梁的梁头容易挂破顶网，在放顶前应先用带帽顶柱将其替换。

在工作面初次放顶时应特别注意加强对顶网的管理，开帮循环进度不宜太大，工作面可架设适量的木垛、戗棚、斜撑柱等以增大支架的稳定性。为防止金属网对支架产生过大的牵制力，可先在底板上加铺一层底网，然后沿放顶线将顶网剪断，使顶网沿放顶线呈自然下垂状态。

三、倾斜分层开采高度的控制

由于煤层厚度经常发生变化，而下分层开采时工作面顶板的下沉量也较大，在机采分层工作面应特别重视对采高控制，主要是要保证下分层有足够的采高，以免给下分层的开采造成困难。一些矿井控制分层采高的做法是在第一分层开采时，在开切眼、工作面及上、下平巷中每隔 30～50 m 向底煤中打钻孔探测煤层厚度，根据探明的煤层厚度决定分层开采的层数和分层开采的高度。以后在每一分层回采时，都要如顶分层回采时那样探清余煤厚度，以便随时调整和控制分层采高。

根据我国目前的技术条件，较合适的分层厚度炮采与普采一般为 2 m 左右，最大不超过 2.4 m；综采工作面分层厚度在 3 m 左右，一般不超过 3.2 m。

四、厚煤层倾斜分层适用条件及评价

倾斜分层下行垮落采煤法是厚煤层开采的传统方法，倾斜分层开采较好地解决了缓斜及倾斜厚煤层开采时的顶板支护和采空区处理问题，有利于在此类煤层条件下实现安全生产，提高煤炭资源的采出率，能够获取较好的综合经济指标。这种采煤方法在我国已具有成熟的采煤工艺、巷道布置及工作面技术管理等方面的经验。用于分层工作面的机械化采煤、运输和支护设备在近年来已有了较大发展，新型假顶材料的研制、假顶和再生顶板的管理技术、分层开采时的通风及防灭火技术均取得了显著的进展。这种采煤方法目前仍旧是我国开采缓斜及倾斜厚煤层的主要方法。在国有重点煤矿目前应用这种方法开采的原煤产量占总产量的 30% 左右。一些矿井应用这一采煤方法开采了厚度达 15 m 的煤层，也有矿井采用倾斜分层金属网假顶下行垮落采煤法连续开采了 12～15 个分层，开采总厚度达 25～30 m。这种采煤法主要适用于煤层顶板不是十分坚硬易于垮落、直接顶具有一定厚度的缓斜及倾斜厚煤层。

这种采煤方法存在的主要缺点是铺设假顶工作量大，巷道维护较困难，生产的组织管理工作较为复杂，在开采易自燃煤层时，煤炭自燃问题比较严重，需采取防治煤炭自燃的特殊措施等。但是，随着生产技术和科技的发展，上述问题已不同程度得到解决，煤炭自燃已不是影响厚煤层倾斜分层开采的主要因素。

五、示例

某矿地质报告提供井田开采的 10 号煤层厚度在 5.37～6.86 m，平均厚度 6.31 m，煤层倾角 8°～12°。地质构造简单，属稳定的全区可采厚煤层。10 号煤直接顶板为砂质泥岩，厚度在 7.17～9.62 m，平均厚度 8.20 m；基本顶厚度在 8.80～15.78 m，平均厚度 12.10 m；底板为黑灰色泥岩，厚度在 2.14～5.62 m，平均厚度 3.97 m。以此开采条件为依据进行倾斜分层开采工艺设计。

由设计示例条件可知，10 号煤平均厚度为 6.31 m，如果一次采全高，按照现有的技术条件目前还无法完成；采用放顶煤开采，煤炭损失量较大，设备与管理有一定的困难。这就需要采用分层开采的采煤方式进行开采，编制简单的安全开采技术措施。

根据煤层厚度、倾角及顶底板情况，考虑采用综采放顶煤开采技术，将煤层分为 2 个分层进行开采，上分层采高控制在3.2 m，剩余部分下分层开采。开采顺序为先上后下分层分采，上分层开采过程中工作面挂金属顶网，为下分层巷道开掘和工作面的顶板管理创造条件。下分层工作面回采巷道采用内错布置，与上分层巷道相错一巷掘进。工作面选用ZZY4000/17/35型液压支架支护顶板，支架质量10.5 t，支撑高度1.7~3.5 m，采用浅截式采煤机，循环进度为600 mm。

倾斜分层开采下分层时，安全操作注意事项：

1. 要严格注意采高的变化，最大开采高度不得超过3.2 m。

2. 在初次放顶开采期间，应特别注意加强对顶网的管理，循环进度不宜太大，可初步控制在500 mm一刀。

3. 采煤机割煤时，滚筒与顶网距离应在150 mm以上，以免割破顶网。

4. 采煤机采过后，应及时追机擦顶带压移架，以免在煤壁处出现网兜。

5. 若出现煤壁片帮严重或假顶破损严重且再生顶板胶结不好的情况，应采用超前移架方式，即先超前移架，再割煤、移输送机，以便及时支护。

6. 发现金属网有破损时要及时补网。

3.5.2 倾斜长壁开采工艺

技能点

1. 能根据工作面开采条件设计开采工艺；
2. 制定倾斜长壁开采的安全技术措施。

知识点

1. 倾斜长壁开采的工艺特点；
2. 仰斜、仰斜开采顶板管理特点；
3. 倾斜开采方式的主要适用条件。

倾斜长壁开采是指采煤工作面沿煤层走向布置，沿煤层倾斜方向向上或向下推进的开采方式。倾斜长壁采煤工作面的开采工艺与走向长壁采煤工作面的开采工艺有很多相似之处，主要区别是由于推进方向从沿走向改变为沿倾斜方向，煤壁和顶板的稳定性有所不同，采煤机的稳定性和装煤效果也有所变化。仰斜长壁开采工艺设计主要是结合矿井开采条件，分析选择倾斜长壁开采的可能性与合理性，选择工作面开采、支护设备，制定倾斜长壁开采的安全技术措施。

倾斜长壁采煤法按布置方式分为相邻条带和多条带带区布置。工作面按不同的推进方向分为俯斜开采与仰斜开采。由于它们之间的推进方向不同，在工作面的管理上也有一定的差别。结合工作面实际开采条件或设定的适宜采用倾斜长壁采煤法开采条件，进行倾斜长壁开采采煤工艺设计训练，编制安全开采技术措施。

一、仰斜开采

1. 仰斜长壁开采的工艺特点

（1）存在的优点

1）顶板的涌水可以直接流入采空区，使采煤工作面保持较好的工作环境。

2）装煤效果好，可利用煤的自重增加装煤率，减少残煤量，效果比走向长壁好。

3）由于顶板岩层和已垮落岩石沿倾斜方向的分力作用于采煤工作面下方采空区中，有利于采煤工作面的支护和顶板管理。

（2）存在的缺点

1）煤壁容易片帮。仰斜开采最大问题就是煤壁稳定性差，容易发生煤壁片帮，甚至引起顶板冒落，当采高较大煤质较软时尤其严重。

2）开采设备的工作条件较差。由于是采用走向长壁开采的设备使用载倾斜长壁开采，设备适应性受到较大影响，主要表现为：

①由于采煤机自重沿倾斜分力及割煤时煤壁反力的作用，采煤机将向下方采空区一侧滑移，使割煤部脱离煤壁，减少截深而降低生产能力。

②采煤机还可能因倾角加大而产生向采空区一侧翻转。

③输送机也将由于其自重沿倾斜的分力及骑在输送机上的采煤机的分力作用，向采空区一侧滑移，使下帮输送链负荷加大，下方槽帮的磨损大，断链等事故增多。

④由于输送机溜槽偏斜，使装煤量减少，生产能力降低。

⑤由于机械设备在偏斜状态下工作，机器的传动系统不能得到正常的润滑。

3）瓦斯易于超限。一般工作面存在乏风下行的通风方式，当风速较小时工作面易积聚瓦斯，造成瓦斯超限。

（3）仰斜推进时应采取的措施

1）防止煤壁片帮的措施

①必要时采煤机本身应装有防片帮挡板，以保证司机工作安全。

②设法将煤壁采成斜坡。

③支护设备应当有防片帮的结构。

④及时进行超前支护。

2）机械设备应采取的措施

①根据具体条件，可以考虑适当减少采煤机的截深。

②机采工作面可以采用在溜槽两帮都装有导向机构的双导向装置（见图3—5—7）。

③输送机加锚固装置（见图3—5—8）。

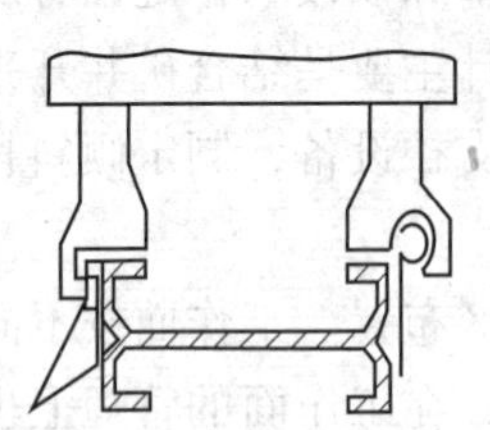

图3—5—7　采煤机的双导向装置

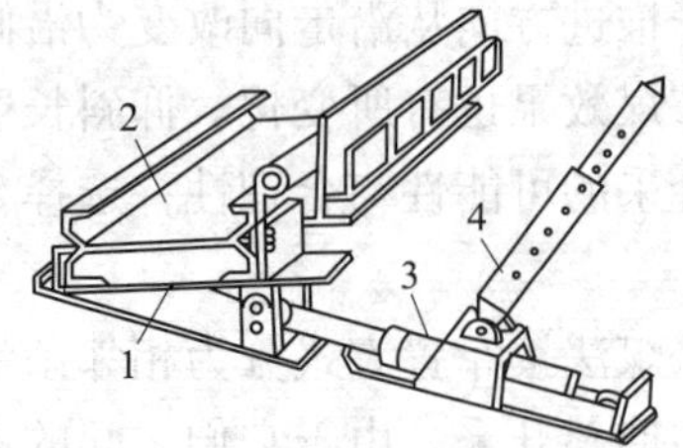

图3—5—8　输送机调平三角架

1—调平三角架　2—输送机

3—推进油缸　4—锚固柱

④将输送机改为中心双链或单链的结构形式。

⑤ 加高输送机靠采空区一侧的挡煤板。

⑥ 在输送机沿采空区一侧加三角架调平，并且使推溜器起锚固作用，同时也加强了采煤机的导向（见图 3—5—8）。

⑦ 加固易被磨损的一侧槽帮，或提高其耐磨性，增加输送机的使用寿命。

⑧ 要对处于倾斜位置的机械设备加强润滑。

3）防止瓦斯超限的措施

① 设挡风帘。在放顶线挂挡风帘减少向采空区漏风和采空区瓦斯的大量涌出。

② 对瓦斯较大的工作面，可在回风巷留一尾巷，使风流一部分顺回风巷流出，另一部分经尾巷流到附近的回风巷。

2. 仰斜开采工作面顶板管理的特点

大量观测和实践经验表明，倾斜长壁与走向长壁工作面的矿山压力显现的规律基本上是相似的，上覆岩层的移动规律及其自然平衡条件并无差异。二者的初次来压和周期来压步距基本相同，但从支架载荷来看，倾斜长壁小于走向长壁。由于倾角和工作面推进方向不同，顶板管理工作有以下特点：

1）在仰斜长壁工作面中，由于开采后，暴露的工作空间的顶板已被自然裂隙或压力裂隙切割成许多岩块，顶板的下部岩层受拉力作用，加剧了顶板的破坏，由于倾角的影响顶板已破坏的岩块将产生向采空区方向的水平分力，并使工作空间的支架推向采空区一侧。

2）由于煤壁受支撑压力作用，压酥后也出现水平移动，一则容易片帮，二则增加了支架梁端支撑点距离，使煤壁内部未悬露顶板先破裂成岩块，暴露后受水平力影响，各岩块产生水平移动，裂隙张开，导致工作空间顶板失去稳定，浮矸和活石厚度增大，恶化了工作空间的维护条件。

3）仰斜开采工作面采空区的顶板垮落岩石，由于煤层倾斜而涌向采空区，支架不承受垮落岩石压力，支架的主要作用是维护顶板。

二、俯斜开采

俯斜开采是指工作面沿煤层走向布置，沿倾斜向下推进的开采方式，对于水平大巷上方的煤层往往采用俯斜开采。俯斜开采时，采煤设备受力方向朝向煤壁，顶板的受力方向、瓦斯积聚、涌水的流动等均与仰斜开采时相反，俯斜开采工艺的主要特点如下：

1. 俯斜长壁开采的工艺特点

（1）存在的优点

1）煤壁稳定性好，可以防止发生煤壁片帮事故。

2）工作面不易聚集瓦斯。

3）悬露出来的顶板裂缝不易继续张开，有利于顶板稳定。

（2）存在的缺点

1）如果煤层及围岩有淋水，会造成工作面积水，使底板软化，影响机械发挥效能，恶化工作面的劳动条件。

2）由于采煤机自重沿倾斜的分力使采煤机向煤壁滑动，紧压煤壁，并使采煤机的导向装置受到翻转力矩的作用，都会对采煤机产生不良影响。输送机的溜槽及链条也由于上述原因而有向煤壁产生滑移的倾向。这些影响都容易使机器损坏，并发生事故。

3）采煤机装煤率较低，会有大量残煤洒落在机道上。

（3）主要防治方法

1）对涌水的治理方法主要为：一是在胶带道和材料道设水沟，工作面下部设水仓，沉淀后使煤水分离；二是当顶板含水较大，可进行采前预放水，即在胶带道和材料道中向顶板含水层钻大钻孔，使顶板水通过钻孔流入斜巷水沟，提前排出减少对采煤工作面的影响。

2）当煤层倾角较大时，为防止发生运输设备损坏现象，输送机虽然向煤壁一侧倾斜，但也不能采用垫平措施。可利用推移千斤顶上的锚固立柱起固定作用，防止输送机向下滑移，采用双中链运输机，减少对输送机的影响。

3）采煤机装煤效果差，可采用下列方法进行解决：

① 采用单向采煤，采煤机返程时再装余煤。

② 在输送机上装铲煤板，推移输送机时将余煤铲入输送机中。

③ 在采煤机或输送机上另装一个清理余煤的装煤机，提高装煤率。

其中前2种方式较为简单可靠，易于采用。

2. 俯采开采对液压支架的要求

1）对俯采工作面，采空区顶板岩石能冒落到工作面空间，因此，液压支架的作用除支撑顶板外，还应防止矸石窜入支架内，选用支撑掩护式支架比较合适。为了防止顶板岩石冒落时直接冲击掩护梁，可将顶梁后臂长度增加。

2）在俯斜工作面，由于采煤机和输送机有滑向煤壁的作用力，故应在液压支架上采取限制移架千斤顶行程的措施，并加强支架与输送机之间连接的刚性。

3. 俯斜工作面顶板管理的特点

在俯斜工作面中，由于顶板岩块的水平分力是朝向煤壁方向，煤壁也由于水平分力作用而不会被压出，所以煤壁内的顶板及工作空间已显露的顶板所形成的岩块之间产生挤压力，会使顶板裂隙有闭合的趋势，有利于顶板保持连续性及稳定性。但应注意煤壁处的顶板不要产生漏顶，如该处出现空隙，就会改变顶板岩块受挤压的状态，使维护条件恶化。由于采空区已垮落矸石沿倾斜可以直接涌向工作空间，所以采用单体支架时，应当结合实际情况采取有效的挡矸措施。

通过上述开采工艺分析可知：仰斜开采方式主要适用于煤层中厚以下，煤质比较坚硬，不易片帮，顶板比较稳定，煤层倾角小于12°，瓦斯涌出量较小的开采条件；当煤层倾角大于8°时，应采取相应防片帮措施；俯斜开采方式可适用于煤层较厚、煤质松软易片帮、工作面瓦斯涌出量较大、煤层顶底板和煤层渗水较少、倾角小于12°的开采条件。

当依据实际的地质条件选定倾斜长壁采煤法时，关于具体的采煤工艺，必须结合上述内容着重注意：煤壁片帮、输送机加锚固装置、采煤机的截深、挡煤板的改造、加强采煤机的导向、防止瓦斯超限、工作面顶板管理等方面的内容。

复习思考题

1. 长壁式工作面的采煤工艺方式如何分类？选择采煤工艺的原则是什么？

2. 说明炮采工艺的主要特点和适用条件？炮眼布置方式如何分类？绘制出双排炮眼布置示意图。

3. 炮采工作面的支护形式如何分类？控顶距与支柱规格如何确定？

4. 说明普采工艺主要特点？普采工作面割煤方式如何选择？

5. 滚筒采煤机的进刀方式如何选择？画出双向割煤的端部斜切进刀示意图。

6. 综采工作面的主要开采设备有哪些？如何选择综采工作面液压支架？

7. 说明综采工作面主要开采设备初采安装与末采回收时的顺序？

8. 厚煤层的开采方法有哪些？分层开采时分层高度如何选择？

9. 说明放顶煤开采的分类方法与主要特点？哪些条件不允许采用放顶煤开采？

10. 说明放顶煤开采的主要工艺过程？放煤方式与步距如何选择？

11. 分析倾斜长壁工作面采煤工艺主要特点与适应条件？

模块 4　采煤工作面生产技术管理

采煤工作面的生产组织与技术管理，是煤矿生产管理人员或基层生产技术人员的主要工作任务。生产组织与技术管理是根据采煤工作面作业规程制定的规定和措施进行。本模块主要结合模块 3 采煤工艺所设计的采煤工作面开采的基本条件以及采煤工作面作业规程编制的有关规定和技术操作与工程质量管理规范标准，进行采煤工作面作业规程编制训练。通过采煤工作面作业规程编制，能系统地掌握采煤工作面的生产组织、技术管理、工程质量管理以及安全管理的相关知识。具备采煤工作面作业规程及有关技术措施的编制技能；掌握采煤主要工种规范操作的基本要求和采煤工作面工程质量标准化管理相关标准与工作面质量验收和检查有关规定。在今后的煤矿工作岗位中，能够较好地适应采掘一线生产技术管理工作要求。

模块主要任务：结合模块 3 开采工艺所设计工作面实际开采条件，进行采煤工作面作业规程开采设计部分内容的编制训练；结合工作面具体条件制定工程质量管理的规定与措施。

课题 4.1　采煤工作面生产组织管理

采煤工作面生产组织管理主要包括：采煤工作面生产组织；采煤工作面作业规程的主要内容和编制方法与要求。

4.1.1　采煤工作面生产组织

技能点

1. 确定采煤工作面循环方式、作业形式和劳动组织；
2. 能够进行采煤工作面循环作业图表的编制工作。

知识点

1. 采煤工作面循环作业方式与正规循环作业；
2. 采煤工作面作业形式、工作面劳动组织方式与特点；
3. 采煤工作面循环作业图表编制的方法与要求。

采煤工作面生产组织是生产技术管理的基础，主要包括采煤工作面循环方式、作业形式、劳动组织与生产工序合理安排。采煤工作面循环方式、作业形式是采煤工作面组织正规循环作业的基础，合理安排工作面生产工序，正确选择工作面作业形式与劳动组织方式是采煤工作面作业规程中的主要内容，也是有效组织生产、提高采煤工作面经济效益的关键。

采煤工作面循环作业图表是采煤工作面作业规程的一项主要内容。它主要有采煤工作面的循环作业图、劳动组织表、技术经济指标表与采煤工作面布置图4部分组成。采煤工作面循环作业图是反映各工序在时间上和空间上的相互对应关系，编制时必须依照规定的符号，正确表示工序之间的相互关系；劳动组织要依据采煤工作面的实际情况，合理安排劳动定员，要具有一定的先进性；技术经济指标是结合采煤工作面的实际情况计算的，要保证计算无误；采煤工作面布置图主要反映支护方式与机械设备布置状况以及采煤工作面的最大、最小控顶距，是采煤设计的一个主要的图件。绘制工作面循环作业图表是采矿工程技术人员的一项基本技能。

采煤工作面生产组织主要工作任务就是结合采煤工作面具体条件，确定工作面的循环作业方式、作业形式，合理安排采煤工作面生产工序和劳动组织方式。结合模块3所设计采煤工作面基本生产条件，进行工作面的循环方式、作业形式与正规循环作业设计，绘制采煤工作面作业循环图，为编制采煤工作面作业规程创造条件。也是保障采煤工作面规范管理，实现工作面安全高效的基础。

生产组织是保障生产过程规范有序进行的基础。为保证采煤工作面各道工序在空间上、时间上相互协调，人力、物力和机械设备得到合理的利用，使采煤工作面获得最佳的技术经济效果，必须对采煤工作面生产过程进行科学规范管理、合理地组织生产。

一、采煤工作面生产组织概述

1. 采煤工作面循环作业

采煤工作面进行煤炭生产，必须完成采煤工作面落煤、装煤、运煤、顶板的支护和采空区顶板的处理（放顶）等生产工序，放顶煤开采还包括进行放顶煤工序。采煤工作面完成一次开采所有工序的过程，工作面向前推进一定的距离就称完成一个循环。工作面的“循环作业”是指完成一次开采所有工序的全过程，并且周而复始地进行下去。

采煤工作面循环作业的主要内容包括：循环方式、循环进度、正规循环作业等。

采煤工作面完成循环的标志：习惯上炮采、普采工作面是以放顶工序为循环作业的标志；综采工作面则是以液压支架进行一次移架作业为循环作业的标志；在综采放顶煤开采时则是按完成一次放顶煤作业工序为循环作业的标志。

（1）循环方式

采煤工作面昼夜循环次数称为循环方式，循环作业方式主要是根据采煤工作面的采煤工艺方式、生产组织管理、工作面的顶板条件、操作管理水平和工作面的基本参数综合分析确定。工作面循环方式主要分为单循环与多循环作业。随着开采技术发展，目前综采工作面大都采用多循环作业方式。在一些安全高效矿井，综采工作面每班循环次数有的已达10个以上。

（2）循环进度

采煤工作面完成一个循环过程，工作面向前推进的距离称为循环进度。循环进度是每次落煤的宽度（截深）和循环落煤次数的乘积。综采工作面的支架推进一次为一个循环，循环进度就是采煤机滚筒的有效截深。采煤工作面的日推进度是循环进度与日循环次数的乘积。综采、普采工作面采煤机一次截割宽度（截深），主要是考虑采煤工作面煤层强度特征、顶板岩石性质、采煤机械设备性能以及支架结构参数和工作面生产工序等特点合理确定，一般取值在0.5～0.8 m范围内。大多数矿井综采工作面是采用0.6 m截深。目前随着大功率采煤机的研制和推广应用，在一些特大型矿井综采工作面采煤机截深已达到1.0 m以上，使工作面单产得到较大提高。炮采工作面，主要是根据采煤工作面顶板的稳定状况选择使用顶梁，根据顶梁的长度确定循环进度（一次放炮落煤宽度），一般多为0.8或1.0 m。

（3）正规循环作业

正规循环作业是工作面规范化、科学化、标准化管理的基础，是衡量采煤工作面生产组织管理水平的一项重要的指标。正规循环作业是按照作业规程中循环作业图表安排的工序顺序和劳动定员，在规定的时间内保质、保量、安全地完成循环作业的全部工作量，并保持周而复始进行采煤工作的一种作业方法。采煤工作面的正规循环作业包含4项基本要素：循环进度、工程质量、劳动定员和循环时间。只有全部达到规定标准，才能认可为正规循环作业。根据采煤工作面的地质条件、生产技术设备和职工劳动素质制定出切实可行的正规循环作业图表，按照循环作业图表作业是正规循环作业的基本特点。

（4）正规循环率

为了加强采煤工作面正规循环作业规范化管理，煤矿生产现场多采用正规循环率来评价采煤工作面生产组织和管理水平。正规循环率一般以月为单位进行计算与评定。正规循环率计算方法：

$$\text{月正规循环率} = \frac{\text{月实际完成正规循环数}}{\text{月工作日数} \times \text{日计划循环数}} \times 100\% \tag{4—1}$$

采煤工作面应按作业规程规定组织进行正规循环作业，提高工作面正规循环率。现场对工作面正规循环率的管理规定：在正常情况下采用单循环和双循环作业的采煤工作面，正规循环率不得低于80%；昼夜完成3个以上循环的采煤工作面，正规循环率不得低于75%。平顶山煤业集团公司对采煤工作面正规循环率的规定是：综采工作面不低于80%，普采工作面不低于85%，炮采工作面不低于90%。并在规定中强调，在进行正规循环率的计算时，对加班加点、挤占取消设备检修及生产准备时间进行的循环作业，一律视为无效循环，不得计入实际完成正规循环作业数中。

2. 采煤工作面作业形式

采煤工作面作业形式是指在一昼夜内生产班与准备班的相互配合关系。采煤工作面的生产班是指在规定工作时间内主要从事采煤工作面各道工序作业的班组，又称为采煤班。准备班则是在工作时间内主要进行工作面顶板控制，支架、运输机械、采煤机械、电气设备等的日常检修与维护作业，以及回采巷道维护、采煤工作面安全措施的施工（工作面防突）等各项准备工作的班组。

确定采煤工作面的作业形式应与矿井的工作制度相适应。采煤工作面作业形式选择的基本原则是在保证安全生产的前提下，有利于开采机械设备的效率充分发挥和职工身体健康，使工作面取得较好的经济效益。

采煤工作面作业形式根据不同工作制度可有不同选择，我国煤矿的工作制度主要采用“三八”工作制与“四六”工作制。目前大多煤矿是以“三八”工作制为主，在一些机械化开采程度较高的矿井，有的采用“四六”工作制。采用“四六”工作制可减少煤矿工人在井下作业时间，有效地改善职工的工作状况，有利于职工身心素质提高。随着开采技术发展，机械化开采水平逐渐提高，煤矿应推广采用“四六”工作制，改善职工的工作状况。

矿井采用“三八”工作制，即每天分成3个作业班，每班工作8 h。“三八”工作制的作业形式，主要有“两采一准”、“边采边准”、“两班半采煤半班准备”等几种形式。

矿井采用“四六”工作制。每天分成5个作业班，每班工作6 h。“四六”工作制一般采用“三采一准”或“边采边准”作业形式。

（1）两采一准作业形式

两采一准作业形式是每天2个班进行采煤作业，1个班进行设备检修及各项生产准备工作。这种作业形式每天有专门的准备检修班，准备时间比较充分，可保证工作面支护、机械、电气等设备的正常检修时间，有利于保障支架和机械、电气设备的完好性。准备班还可进行工作面的安全措施施工（如在煤与瓦斯突出危险的工作面进行局部防突施工和进行防突效果检验等），确保生产班安全顺利地进行生产。这种作业形式经常应用在机械化采煤工作面或开采有煤与瓦斯突出危险的采煤工作面。

（2）边采边准作业形式

边采边准作业形式是每个作业班都进行采煤生产作业，在每个作业班内安排一定时间进行设备检修和其他准备工作。这种作业形式可充分利用工时，提高设备的利用率。生产的时间相对较长，每日进行的循环次数多。工作面推进速度比较快，有利于工作面的顶板控制。但这种作业形式没有设置专门的准备检修班，不能保障机械设备的正常有效的维护、保养和检修工作，对设备的正常使用有一定的影响。采用这种作业形式，一般采取2～3 d安排一个作业班进行设备的集中检修。边采边准作业形式在机械设备比较简单，设备检修量较小的炮采工作面应用较多。

（3）两班半采煤、半班准备作业形式

两班半采煤、半班准备作业形式是在两班采煤的基础上，另一作业班安排利用半班时间准备，半班设计进行采煤生产作业的工作方法。这种作业形式在增加工作面的生产时间的同时又能够保证有机械设备检修的固定时间。可以保障采煤工作面开采设备的可靠性和完好性。该作业形式主要使用在一些设备比较先进的安全高效工作面或检修工作量较少的机采与炮采工作面。

（4）三采一准作业形式

矿井采用“四六”工作制时，三采一准是主要采用的作业形式。每天3个生产作业班的工作时间为18 h，和两采一准作业形式相比增加有效生产时间2 h，能够较好地发挥设备效益，又保证设备的正常检修时间。“四六”工作制减少井下工人的工作时间，对保障工人身心健康非常有利，并可有效地改善矿井的安全生产状况。在井下作业地点距离较远、机械化程度高的综采工作面，采用三采一准作业形式的较多。

随着开采深度增加，工作地点也越来越远，上下班路途占用时间也随之增加，在有的综采工作面，目前采用“两大一小”作业形式，即2个生产作业班，每班工作9 h，1个准备作业班工作6 h，有效地提高生产时间有效利用率。采用“两大一小”作业形式，生产班必须配备3班工作人员，采用3班两倒方法，工人3 d上2次班，每周井下工作时间不超过40 h。采用“两大一小”作业形式，减少工人每月下井的次数，采煤工作面每天减少一次交接班对生产的影响，有效提高采煤工作面生产作业时间，有利于提高生产效率。在一些机械化开采程度高的矿井采用“两大一小”作业形式，工人反映良好，收到较好的效果（有资料报道，创造全国高产纪录的综采工作面，就有采用“两大一小”作业形式。2个生产作业班每班工作时间为10 h，1个准备作业班工作时间4 h，称2104作业形式）。

作业形式选择是工作面生产组织的基础，主要是根据采煤工作面实际开采条件，开采工艺与循环方式和工作面产量要求，工作面准备班的各项工作量的大小和所需工作时间，采煤队人员组成情况等因素进行选择。依据作业形式选择基本原则，合理确定工作面的作业形式。

3. 采煤工作面劳动组织

采煤工作面劳动组织是工作面各生产作业班中，劳动力定员与各工种之间相互配合关系。合理的劳动组织对提高采煤工作面的产量和劳动效率有很大促进作用。劳动组织主要根据工作面循环方式、作业形式、工序安排和行业劳动定额的有关规定合理确定。根据循环方式确定一昼夜内工作面各工序总的工作量；结合每个工种的工作量定额标准和人员配备标准，计算出采煤工作面各主要工种所需定员；依据作业形式安排工作面生产班与准备班的工作时间，然后按工种确定每个生产作业班的工作量与劳动定员以及占据的工作时间与空间。

采煤工作面的劳动组织内容包括：采煤工作面的劳动定员与配备和劳动组织形式。劳动定员与配备的方法主要有以工作量和劳动定额进行定员、以设备进行配备和按比例进行定员几种。

采煤工作面劳动组织方式主要有以下几种：

（1）追机作业

追机作业的是依照采煤工作面的生产过程，组织落煤、挂梁、推移运输机、支设支柱和采空区侧回柱放顶等专业工作组。在工作面的采煤机割煤后顺序跟机进行各工序作业。追机作业一般和专业工种相配合，各工种专业化程度高，有利于操作技术水平提高。它的主要特点是：各工种之间分工明确，工种单一，便于新工人尽快掌握生产技术，有利于实现工种岗位责任制。追机作业主要适应机械化采煤的工作面，各工种工作效果与采煤机工作效能一致，人力相对集中，在正常条件下能够较好地发挥机械采煤的优势，加快采煤机割煤速度，提高采煤工作面生产效率。其不足是各工种分工过细，追机作业劳动强度较大；由于各工种要顺序作业，要求人员配备科学合理，如果一个工种跟不上将影响整个采煤生产过程；在采煤机的进刀过程中，追机作业易出现各工种之间工作量的不平衡，造成工人忙闲不均的现象，可出现部分工种窝工现象。

追机作业劳动组织形式主要使用在采煤工作面长度较长、顶板中等稳定以上、采煤队生产管理水平较高的机械化开采的采煤工作面。

（2）分段作业

分段作业是在采煤工作面除采煤机司机、机电工、泵站工、钻眼爆破工、作缺口等与工作面长度无关的专职工种外，将工作面的采煤工分为若干个工作小组，每小组 2 ~3 人，采煤工作面沿长度分为若干段，每个工作小组负责其中一段，主要完成所管辖段内采煤过程中除落煤外的各项工作。分段作业一般和综合工种相配合，要求采煤工能够进行工作面支护和回柱放顶等各个工序工作。工作面分段主要结合工作难易程度和工作量的大小每段的长度一般 15 ~20 m。它的优点主要是各段劳动工作量比较均衡；工作面实现“三定”（定地点、定人员、定工作量）易保证采煤工作面的工程质量；工人每天固定在某段工作，便于掌握该段的顶板变化规律，可及时进行预防处理，有利于工作面的安全生产；有利于培养一职多能，整体能力强的职工队伍；当工作面长度较短，工作面推进速度快，组织多循环作业采用分段作业比较有利。其不足是在工作时间内易出现忙闲不均现象，当采煤机落煤（或爆破落煤）进入该段后，工人工作量比较集中；当工作面长度过长时，占用人员较多，可造成部分窝工现象；当工作面局部条件发生变化时，该段工作量显著增大，而处理人员不足，将影响整个采煤工作面生产顺利进行。

分段作业劳动组织形式，主要适用于工作面长度较短，直接顶为不稳定顶板，机械化程度不高，采用单体支护的炮采、普采（使用刨煤机开采）工作面。

（3）分段接力追机作业

分段接力追机作业在工作面除少数专业工种外，采煤工每 2 ~ 3 人为一小组，工作面共计 6 ~ 7 小组，每小组一次负责 10 ~ 15 m 范围内的开采工作。完成一段工作后，再追机进行另一段的开采工作。形成几个小组轮流接力前进的工作过程。分段接力追机作业能够避免在工作时间内出现忙闲不均的现象，可较好地有效利用工作时间。在遇到突发事件，可集中工作人员进行及时处理。主要不足是工人工作地点不固定，不利于工作面的质量管理。分段接力追机作业，回采准备时间不充分，工作面生产管理难度较大。

分段接力追机作业主要使用于工作面长度较长，顶板条件较好，出勤人员较少的机采或炮采工作面。

（4）分段综合作业

该劳动组织形式是将工作面分为 3 ~ 4 个大段，每段配备 6 ~ 8 名工人为一个工作小组，负责段内采煤工序的各项工作。各工作组由组长负责进行适当分工，可采用组内追机或分段作业，组内还可进行协调管理，相互帮助，有利于工作面的安全生产管理。

分段综合作业能较好地发挥工人的基本特长，是一种比较合理的劳动组织形式。在工作组内相互协调配合，有利于工作面的生产管理。其使用条件与分段作业基本相同。

二、采煤工作面生产工序安排

采煤工作面生产工序安排是生产组织的基本工作，在确定工作面的循环方式和作业形式时，必须考虑采煤工作面生产工序的合理性。采煤工作面生产工序安排的基本要求是：充分利用采煤工作面的空间和作业时间，最大限度地提高采煤工作面的生产能力；避免各工序之间的相互影响，提高工时利用率，保证工作面生产安全与均衡进行。

1. 生产工序的安排

（1）采用平行作业，提高工作效率

在保证安全的前提下，工作面的工序应尽可能采用平行作业方式。充分利用工作面的有限空间和工作时间，缩短循环周期。安排平行作业，各工序在空间上要保持一定的距离。运输机推移要控制运输机的弯曲度，滞后采煤机推移运输机，弯曲段的长度应保持 10 ~ 15 m；炮采、普采工作面，落煤工序与放顶工序之间的距离要保持在 15 m 以上；单体支护采用分段作业，分段放顶作业时的分段距离必须大于 15 m，才可减缓上、下分段之间相互影响，确保采煤工作面的安全生产。

（2）处理好主要工序和其他工序的关系

主要工序与其他工序的作业关系可采用平行作业或顺序作业。工序的顺序安排，一定要符合工艺要求，确保前一工序能够按时转入后一工序，各工序之间有机配合互不影响。如：采煤工作面的两端头作业，不能按时完成准备工作，采煤机就无法进刀，直接影响工作面生产正常进行；在单体支护的工作面，放顶工序没有完成，就不允许进行下一循环落煤工序作业。

（3）有利于采煤工作面主要生产工序在时间和空间上的合理配合

采煤工作面的开采工序主要是落煤、装煤、推移运输机、支设支架和回柱放顶（移支架）。对采煤工作面的主要工序进行合理安排，确保工作时间的充分利用和工作空间的有效利用，是保障采煤工作面安全生产顺利进行和提高生产效率的关键。

2. 绘制工序流程图

工序流程图是利用统筹法原理，按各工序所占用的时间和它们之间的相互关系（如顺序作业、平行作业等关系）确定主要工序线路和其他工序线路。主要工序线路用粗实线表示，其他工序线路用细实线表示；顺序作业画在一条线上，用箭头表示先后关系。平行作业的工序，用上下平行的线段表示。超前或滞后一定时间依次开工的工序，用斜线表示。图4—1—1为某矿普采工作面的循环工艺流程图。虚线方框内表示由综合工种完成的工作。该循环工艺流程图主要工序是采煤机割煤准备→割煤→端头斜切进刀等工序组成；其他工序线有2条，做缺口线和支护线，随采煤机割煤滞后进行挂梁、移运输机、支柱和放顶作业。其他工序与主要工序是采用平行作业方式。综合机械化开采工作面生产工序主要是落煤、移架、推移运输机和端头作业，生产工序安排的关键是合理安排端头作业，确保不影响采煤机端头的斜切进刀进行。

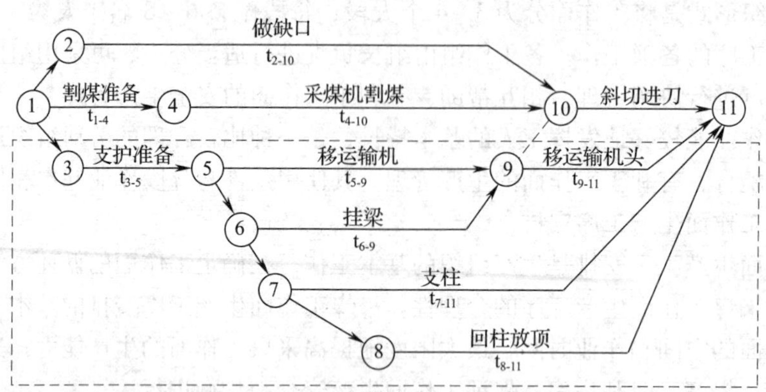

图4—1—1　普采工作面的循环工艺流程图

可根据循环工序流程图各工序之间相互关系和所需占用的时间，结合煤矿企业管理课程中关于网络计划技术管理的有关知识，计算确定工作面工序流程图中的关键线路。计算出完成一个循环作业所需时间。可对关键线路进行优化，减少循环作业时间，增加采煤工作面的日循环次数。

三、采煤工作面循环作业图表

采煤工作面循环作业图表是工作面作业规程的重要内容，是由采煤工作面循环作业图、工作面劳动组织表、工作面技术经济指标表和工作面支护布置图几部分组成。

1. 循环作业图

（1）循环作业图绘制

循环作业图是采煤工作面循环作业图表的主要部分，是用来表示采煤工作面各生产工序在时间上和空间上的相互对应关系。循环作业图是以一昼夜的工作时间为横坐标，以h为单位；以采煤工作面的长度为纵坐标，按一定比例表示工作面的实际长度，以m为单位。循环作业图可反映一昼夜各工作班不同工序在相应的时间所处工作面的具体位置；可反映采煤工作面各工序之间的相互关系。

绘制采煤工作面循环图习惯表示方法是以下端作为采煤工作面机头位置，把采煤工作面各工序按规定的符号表示在 h—m 循环图坐标系中。如图 4—1—2 所示，为一综采工作面循环作业图（采用规定符号一般可不再加图例说明）。该综采工作面长度 178 m，作业形式采用三采一准，每班安排 3 个循环，每日完成 9 个循环（相邻天各采煤班接班时的开工地点不同，循环方式同相邻的采煤班）。该工作面采煤机割煤方式采用双向割煤，进刀方式为端部割三角煤斜切进刀；液压支架的移架方式为及时支护方式。

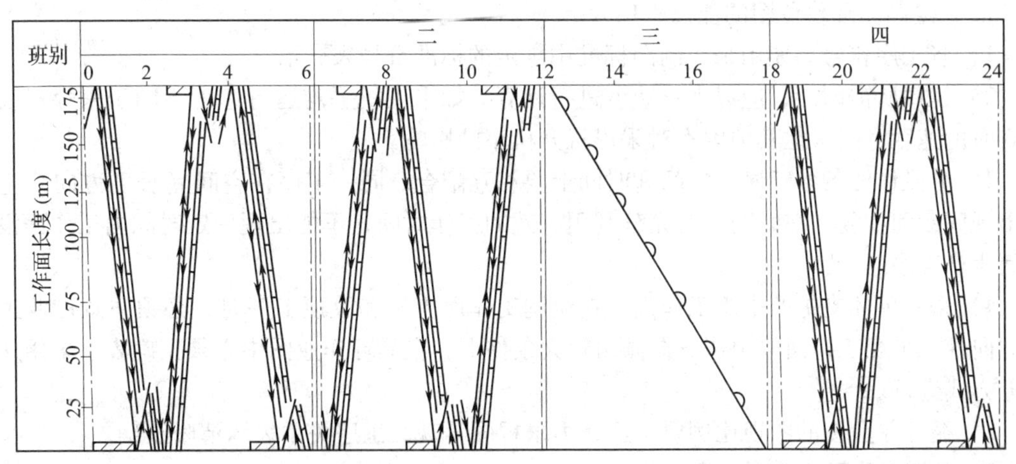

图 4—1—2　综采工作面循环作业图

采煤工作面循环作业图中各工序，要求采用采矿制图标准中规定的采煤工作面循环作业图表的标准符号表示。表 4—1—1 为采矿制图标准中采煤工作面主要工序的规定符号和一些常用符号。绘制采煤工作面循环作业图可参照选用。

表 4—1—1　　采煤工作面循环作业图常用符号

序号	工序名称	符号	备注	序号	工序名称	符号	备注
1	采煤机割煤		标准	8	打煤眼		标准
2	采煤机装煤		标准	9	放炮		标准
3	移运输机		标准	10	开缺口		标准
4	移支架		标准	11	铺金属网		标准
5	支柱		标准	12	挂梁		非标准
6	准备及检修		标准	13	临时支柱		非标准
7	回柱放顶		标准	14	煤壁注水		非标准

（2）采煤工作面循环作业图绘制的步骤

1）根据采煤工作面的主要参数与作业形式，首先建立循环作业图的 h—m 坐标系，划分各工作班的作业时间。

2）结合采煤工作面长度和主要开采工序平均运行速度，计算主要工序的工作时间；按主要生产工序运行方向，在循环作业图的 h—m 坐标系中以规定符号画出主要生产工序运行线（运行线的斜度，反映工序的运行速度）。

3）根据其他工序与主要工序滞后时间和相距的距离要求，按规定符号画出其他生产工序线。超前主要生产工序画在左侧，滞后主要生产工序画在右侧（循环图中两工序线在垂直方向的距离，表示两工序在工作面的滞后距离，两工序线在水平方向的距离，则反映两工序间的滞后时间）。

4）画出不与主要生产工序平行作业的其他工序，如开切口、工作面交接班等。

（3）绘制循环作业图的注意事项

1）各工序符号要使用采矿制图标准中规定的标准符号来表示。

2）工序所需时间，应以平均速度进行计算。如采煤机平均运行速度不同于采煤机实际割煤时的速度，要考虑其他因素对采煤机开机率的影响。

3）分段作业的各工序在空间和时间上要相互配合。同一工序在空间（长度方向）上不能出现间断和重复。在时间上要充分利用有效的工作时间，不能出现一定时间内工作面没有任何生产工序。

4）采用单体支护的采煤工作面，在绘制工作面支柱和放顶工序时，必须注意作业工序的方向性。采煤工作面放顶作业在倾角较大条件下，在循环作业图中必须正确表示采用从下向上方式进行。

5）循环作业图的图视比例要合适，力求视图美观，工序关系表示清晰正确。

2. 采煤工作面劳动组织表

劳动组织表是根据采煤工作面的作业形式与循环作业图中各工作班每个工种工作量和企业的劳动定额相关规定，计算确定各工种所需定员数目。计算方法主要分两大类，一是根据工作量和企业的劳动定额确定所需人员，二是以工作设备为单位按规定配备所需人员。其他的管理人员一般是按工人的比例进行配备。

（1）按工作量和劳动定额确定劳动定员

工种定员人数 = 工作班工种工作总量 ÷ 工种劳动定额 × 出勤系数

（2）以工作设备进行劳动定员

定员人数 = 设备数量 × 设备人员配备定额 × 出勤系数

其中，出勤系数是工人出勤率的倒数。

计算出采煤工作面各工作班的工种定员标准，最后列表表示工作面各工作班每个工种应配备人员数目以及管理人员，确定相应的工作时间；最后计算出采煤工作面各工作班及工作面总的定员人数。

3. 技术经济指标表

技术经济指标表是利用列表的方式简明表示采煤工作面基本工作条件，配备主要设备技术特征，工作面应达到的技术经济效果。该表主要内容包括：

1）采煤工作面技术条件：工作面长度、推进长度、开采煤层厚度、倾角等。

2）采煤工作面地质条件：煤层的基本特征，煤层顶底板岩石性质、顶底板的类级，主要地质构造基本特征，瓦斯赋存、涌出特征，煤尘性质、煤炭自燃状况，涌水影响情况，煤质的主要指标等。

3）循环作业组织概况：工作面的循环方式、作业形式、劳动组织等基本状况。

4）工作面主要经济指标：采煤工作面的各种材料消耗指标和消耗量，工作面的采出率、循环产量、日产、月产及工作面直接效率，吨煤电耗、吨煤直接成本等。

4．工作面支护布置图

采煤工作面支护布置图是作业规程中必需的插图，是按一定的比例绘制的采煤工作面坡面图（不能有效反映工作面的全部长度，可选适当位置采用断折线方式表示），主要反映采煤工作面在正常生产时工作面支护与开采设备的基本状况；工作面布置图要选择能够反映采煤工作面最大控顶距和最小控顶距断面特征的地点，绘制出采煤工作面的最大与最小控顶距的断面图。工作面布置图是反映采煤工作面支护特征、开采设备布置状况和工作面风量分配时进行风速验算的基础。

四、采煤工作面循环图表编制（开采设计）示例

以普通机械化开采工作面为例，说明循环作业图表编制过程。

该工作面采用走向长壁式开采，开采单一中厚煤层。

1．采煤工作面基本条件

（1）工作面技术条件

工作面长度 148 m，走向长度 986 m，煤层厚度 1.8 ~2.2 m，煤层倾角 14°。

（2）工作面的地质条件

煤质中硬 $f=1.6$，工作面顶板 2 Ⅱ类级，底板Ⅱ类，地质构造简单。

（3）工作面主要设备

1）采煤机：型号 MXP－240，液压无链牵引，采高 1.3 ~2.7 m，截深 0.5 m、0.6 m，滚筒直径 $\phi=1.25$ m，牵引速度 0 ~7 m/min，采煤机质量 13.75 t。

2）运输机：型号 SGW－150B，运输能力 $Q_K=320$ t/h，链速 $v=0.926$ m/s，电机功率 2×75 kW，出厂长度 200 m。

3）工作面支架：单体液压支柱，型号 DZ－22，额定工作阻力 $p_A=300$ kN；

铰接顶梁，型号 HDJA－1000。

2．采煤工作面开采设计

（1）工作面支护设计

工作面采用单体液压支柱配合铰接顶梁支护顶板。

1）工作面支柱规格选择

①支柱最大高度计算

$$\begin{aligned} H_{max} &= M_{max} - b_0 \\ &= 2.2 - 0.1 \\ &= 2.1(\text{m}) \end{aligned}$$

②支柱最小高度计算

$$\begin{aligned} H_{min} &= M_{min} - b_0 - \Delta S_x - a_0 \\ &= 1.8 - 0.1 - 0.2 - 0.05 \\ &= 1.45(\text{m}) \end{aligned}$$

式中 M_{max}——工作面开采范围内的煤层最大采高，m；

M_{min}——工作面开采范围内的煤层最小采高，m；

b_0——顶梁的厚度，$b_0=0.1$m；

ΔS_x——顶板下沉量，$\Delta S_x=\eta M_{min}L_1=0.025\times1.8\times4.4=0.198$（m），取 $\Delta S_x=0.2$ m；

η——顶板下沉系数，取 $\eta=0.025$；

L_1——工作面顶板最大控顶距，取 $L_1=4.4$ m；

a_0——工作面顶板备用下缩量，取 $a_0=0.05$ m。

工作面选择支柱型号规格 DZ－22，最大高度 2.2 m 大于计算所需高度 2.1 m；最小高度 1.4 m 小于计算最小高度 1.45 m。符合工作面使用的要求。

2）工作面支护参数确定

工作面顶板为 2Ⅱ类级，利用估算法确定工作面的支护阻力。

①工作面的支护强度

$$q_E=k\,h_m\gamma=7\times2\times25=350\ (\mathrm{kN/m^2})$$

（达到顶板分类方案要求的支护阻力下限值，符合要求）

②单体液压支柱的有效支撑能力

$$p_E=k_Ep_A=0.8\times300=240\ (\mathrm{kN})$$

③工作面所需支护密度

$$n=\frac{q_E}{p_E}=\frac{350}{240}=1.45(\text{根}/\mathrm{m^2})$$

④工作面支柱的柱距

$$b=\frac{1}{na}=\frac{1}{1.45\times1}=0.689(\mathrm{m})$$

根据工作面顶板类别，考虑工作面的顶板支护管理要求，选取工作面支柱柱距，$b=0.6$ m。

式中 k——工作面顶板支护阻力系数，工作面基本顶为Ⅱ级，取 $k=7$；

h_m——工作面的平均采高，取 $h_m=2$ m；

γ——工作面顶板岩石平均重度，取 $\gamma=25$ kN/m^3；

k_E——支柱有效支撑系数，单体液压支柱，取 $k_E=0.8$；

p_A——支柱的最大工作阻力，单体支柱最大工作阻力，取 $p_A=300$ kN；

a——工作面支柱排距，和工作面所选顶梁相等，取 $a=1$ m。

3）工作面所需支柱、顶梁数量

$$N=L_N\left(\frac{L}{b}+1\right)=4\times\left(\frac{148}{0.6}+1\right)=992(\text{根})$$

式中 L_N——最大控顶距时支柱的排数，取 $L_N=4$；

L——工作面的长度，取 $L=148$ m。

考虑工作面临时支护、加强支护与备用量的要求，工作面支柱须增加 10%～15%，顶梁须增加 2%～4%。

采煤工作面需要配备：

单体液压支柱：型号 DZ－22，额定工作阻力 $p_A=300$ kN，数量 1 100 根；

铰接顶梁：型号 HDJA－1000，数量 1 020 根。

（2）工作面支护方式

工作面采用浅截式割煤，割两次煤等于顶梁的长度。工作面的支护方式结合工作面顶板条件，根据有利于生产工序的合理安排和及时控制工作面顶板的原则，工作面支护方式采用错梁直线柱；错梁支护是工作面顶梁采用正、倒悬臂交替布置方式。支柱采用错拐式直线布置，错拐是从采煤工作面中间将工作面分为上、下两段，基本支柱相错半排（采煤机的截深）进行支护，可使工作面生产工序有效错开，提高工作面的工时利用率；工作面支护方式与设备布置方式如图 4—1—3 所示。

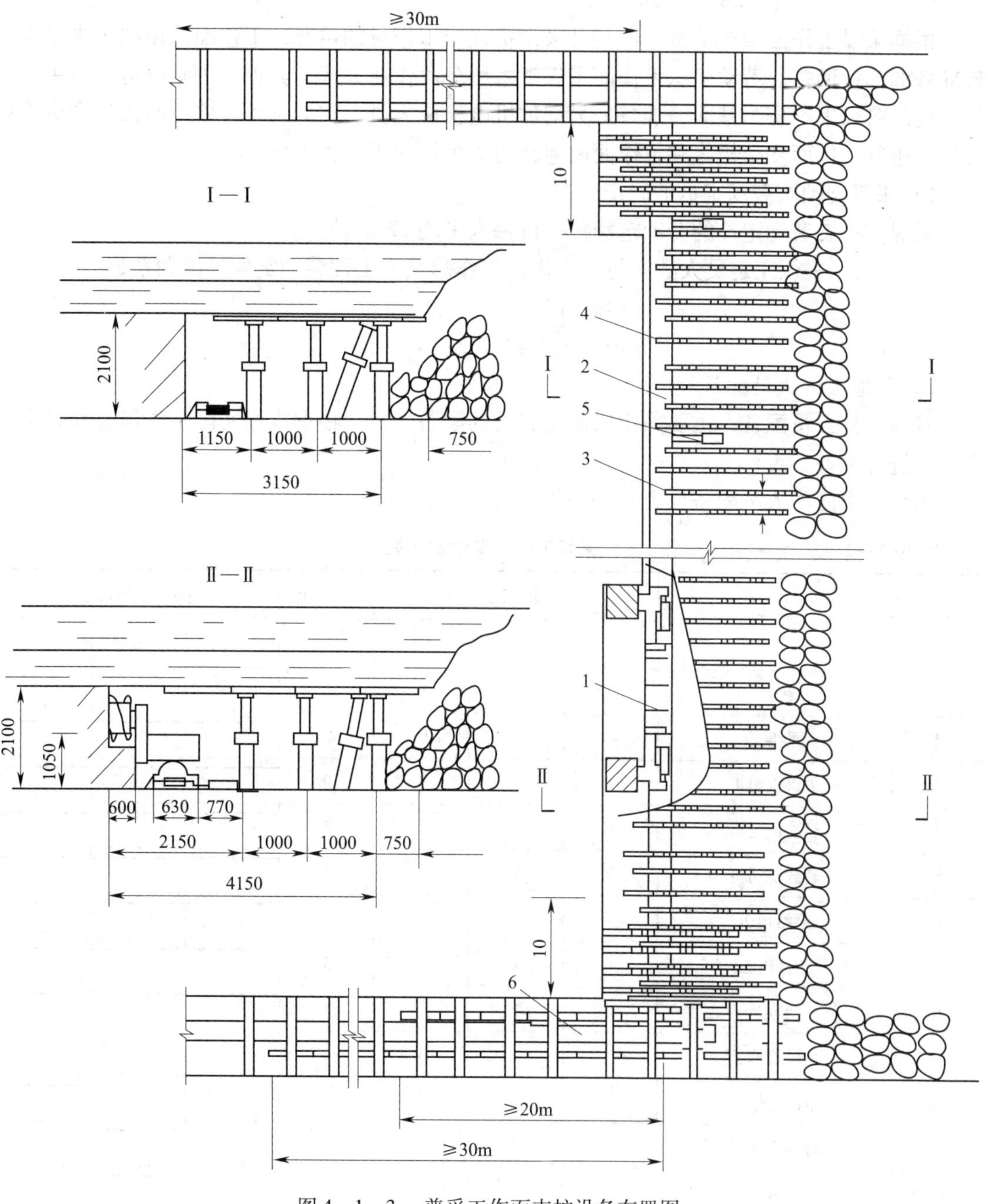

图 4—1—3　普采工作面支护设备布置图

1—采煤机　2—可弯曲刮板输送机　3—单体液压支柱

4—铰接顶梁　5—推移输送机千斤顶　6—运输巷转载机

（3）工作面割煤方式与循环进度

结合工作面的开采条件，该普采工作面选用双滚筒采煤机，采用双向割煤方式，往返割两刀为一个循环，循环进度为 1 m。工作面采煤机日割煤 8 刀，共计 4 个循环，每日进度为 4 m。

（4）工作面作业形式及劳动组织

根据采煤工作面生产基本条件和开采设备检修工作量的情况，工作面选用两班半采煤半班准备的作业形式。劳动组织工作面采煤工采用分段作业方式，其他工种则以追机为主。工作人员配备以生产班为基准、准备班另增加机电检修人员。在准备班检修时间内生产班作业人员可进行工作面支架检修和工作面两巷超前支护作业等准备工作。

1）采煤支护工劳动定员的确定

采煤支护工劳动定员的劳动定额按每班每人平均 12 m 计算。

$$
\begin{aligned}
\text{采煤工定员人数} &= \text{每班工作面工作总量} \div \text{工种劳动定额} \times \text{出勤系数} \\
&= 148 \div 12 \times 1.3 \\
&= 16\ (\text{人/班})
\end{aligned}
$$

2）其他工种人员配备

其他工种人员配备，主要采用以设备定员的配备方式，根据现场实际工作需要与安全生产要求进行配备。

采煤工作面的人员配备见表 4—1—2。

表 4—1—2　　采煤工作面劳动组织表

序号	工　种	班　次			合　计	各工种出勤时间		
		一	二	三		一	二	三
1	班长	2	2	2	6			
2	采煤工	16	16	16	48			
3	采煤机司机	3	3	3	9			
4	运输机司机	1	1	1	3			
5	转载机司机	1	1	1	3			
6	泵站司机	1	1	1	3			
7	维修电工	1	1	1	3			
8	验收员	1	1	1	3			
9	机械检修工			4	4			
10	电器检修工			2	2			
11	材料运输工		6		6			
12	材料员		2		2			
13	队管人员	1	1	2	4			
	合计	27	35	34	96			

（5）采煤工作面循环作业图

依据工作面为两班半采煤半班准备的作业形式，该工作面采煤作业时间 20 h，准备检修作业时间 4 h。结合采煤工作面劳动组织与开采设备状况和各工序的相互关系，绘制工作面循环作业图，如图 4—1—4 所示。

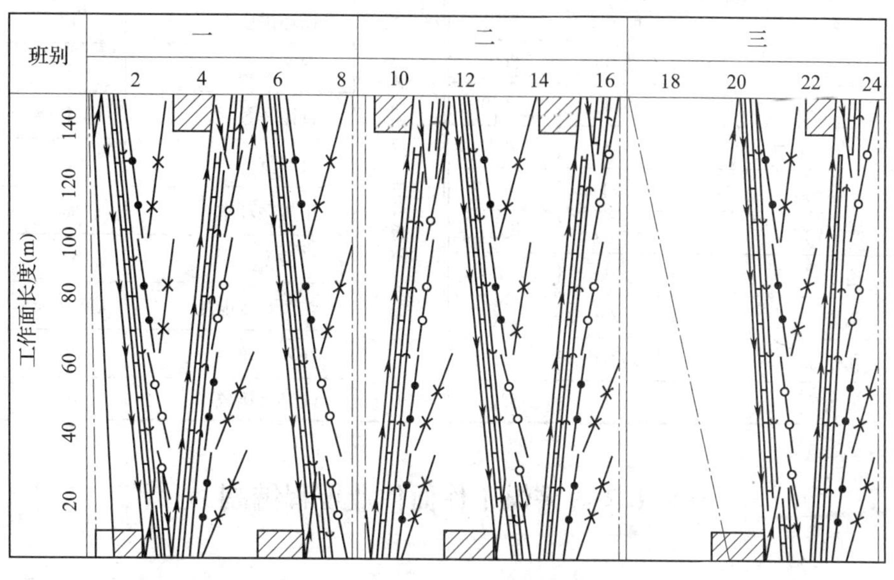

图 4—1—4　普采工作面循环作业图

（6）采煤工作面技术经济指标表

根据工作面的基本条件和具体布置参数，结合有关的规定要求，确定工作面材料消耗定额与消耗量，计算工作面的相关参数，编制采煤工作面的技术经济指标表，见表 4—1—3。

表 4—1—3　　　　采煤工作面的技术经济指标表

项目		单位	数量	项目		单位	数量
工作面基本参数	走向长度	m	986	工作面顶板与管理	顶板类级	2Ⅱ	
	倾斜长度	m	148		底板分级	Ⅱ	
	煤层厚度	m	1.8~2.2		支护方式	错梁直线柱	
	平均开采高度	m	2.0		支柱数量	根	1 100
	煤层倾角	(°)	15		顶梁数量	根	1 020
	回采面积	m^2	145 928		最大控顶距	m	4.4
	工业储量	kt	423		最小控顶距	m	3.4
	可采储量	kt	406		支柱排距	m	1
	采出率	%	96		支柱柱距	m	0.6
	煤实体密度	t/m^3	1.45		支护密度	根/m^2	1.67
					放顶步距	m	1
					回柱方法	人工回柱	
					顶板处理方法	全部垮落法	

续表

项目		单位	数量	项目		单位	数量
材料消耗指标	炸药	kg/kt	6.8	循环作业与技术指标	工作制度	三八工作制	
	雷管	个/kt	20		作业形式	两班半采煤半班准备	
	坑木	m^3/kt	0.30		循环进度	m	1
	竹笆	块/kt	800		循环产量	t	412
	木棍	根/kt	1 600		日循环数	个	4
	柱鞋	块/kt	700		日产量	t	1 650
	金属网	m^2/kt			正规循环率	%	92
	水平销	个/kt	4.2		月进度	m	110
	挡矸帘	个/kt	300		吨煤直接电耗	kW·h/t	14.6
	截齿	个/kt	1.6		回采工效	t/工	16.2
	乳化油	kg/kt	10		吨煤直接成本	元/t	63.6
	机油	kg/kt	5.2				

4.1.2 采煤工作面作业规程编制

技能点

1. 编制采煤工作面作业规程；
2. 采煤工作面作业规程贯彻与补充；
3. 特殊条件开采技术措施。

知识点

1. 作业规程的主要内容，作业规程编制；
2. 采煤工作面作业规程编制步骤与要求；
3. 作业规程的审批和贯彻有关规定。

采煤工作面作业规程是煤矿三大规程之一，每个采煤工作面在开工前都必须结合具体的地质条件和生产技术条件编制工作面作业规程。采煤工作面生产技术管理，主要是通过工作面作业规程体现，编制作业规程是采矿工程技术人员必备的关键技能。

采煤工作面作业规程是采矿工程技术人员结合工作面开采的基本条件和生产技术条件，参照煤矿安全生产管理的有关法律、法规编制的采煤工作面作业流程与安全管理规定与技术措施。是采煤工作面生产技术管理和安全管理的依据，每个采煤工作面进行生产的必备技术文件。编制采煤工作面作业规程是工作面技术管理的主要工作任务。

学习采煤工作面作业规程的主要内容，掌握采煤工作面作业规程编写方法和要求，结合采煤工艺设计中的相关参数和开采基本条件，进行采煤工作面作业规程编制实践。熟悉作业规程编制的技能与审批、贯彻的有关规定，为以后更好的适应煤矿现场生产技术管理工作需要创造条件。

《煤矿安全规程》第49条明确规定："采煤工作面在回采前必须编制作业规程。情况发生变化时，必须及时修改作业规程或补充安全措施。"现场工程技术管理人员，根据采煤工作面的具体地质条件和配备的采煤机械与电气设备状况，以及人员配备情况，参照煤矿安全生产管理的有关法律、法规制定切实可行的作业规程，是采煤工作面技术管理的关键。

一、采煤工作面作业规程主要内容

采煤工作面作业规程编写内容主要包括：采煤工作面开采基本条件、采煤方法设计、工作面主要生产系统、采煤工作面的循环作业图表、开采安全技术措施、工作面避灾路线等部分组成。目前煤炭行业对作业规程编写有明确的规定要求，各煤矿企业结合各自条件与特点已制定作业规程编写的基本模式。现场技术管理人员必须根据开采工作面的实际条件和编写规定要求在工作面投产以前完成作业规程编写任务。采煤工作面作业规程各部分主要内容如下：

1. 工作面概况

主要包括：采煤工作面在矿井中所处的位置和编号；开采范围及相关参数：工作面长度、沿走向或倾向推进长度、开采面积、工作面煤炭储量等；采煤工作面四周开采状况，开采深度，以及工作面与地表相对应位置及其地面建筑物的情况，开采对地表建筑物的影响状况；地面水体概括和上覆含水层对工作面开采的影响等。

2. 采煤工作面的地质状况

根据地质部门提供的采煤工作面地质资料，结合已开掘揭露和掌握的煤层地质情况，简要描述工作面的地质条件和煤层性质与基本特征。

（1）煤层性质：煤层的产状要素，赋存特征，煤体的强度，煤体实体密度、松散体的视密度，煤的内在灰分、挥发分、发热量、硫、磷含量以及煤的工业分类等。

（2）围岩性质：利用柱状图表示工作面顶底板的岩石性质，各类岩层的厚度，岩石的基本特征，顶底板岩石性质及顶板类级划分等。

（3）地质构造：开采范围内对开采影响较大的断层位置及产状要素，主要的褶皱构造、火成岩侵入体的位置特征及对开采的影响程度特征。

（4）瓦斯、煤尘及煤炭自燃状况：工作面煤层瓦斯的压力、含量、预计涌出量，煤尘爆炸危险性，煤的自燃倾向性、自燃发火期等。

（5）水文地质状况：开采期间地表水和含水层中水对开采的影响，预计采煤工作面的正常涌水量和最大涌水量。

（6）煤炭储量：工作面开采范围内煤层的工业设计储量与设计可采储量，预计采煤工作面开采期限等。

以上资料主要由地质部门提供，一般是按规定的图表方式表述。

3. 采煤方法

（1）采煤工作面的巷道布置系统图

绘制采煤工作面巷道布置示意图，区段主要巷道与工作面开切眼的断面设计图。

（2）采煤工艺设计

采煤工艺设计主要是结合确定的采煤工作面开采工艺方式和具体地质条件，进行开采设备配备设计及进行工作面支护设计和生产组织设计（根据不同开采工艺按要求进行相应的工艺设计）。

1）炮采工作面。主要进行工作面顶板支护设计，确定工作面的支护参数及支护材料数量；编制爆破设计说明书，确定工作面爆破材料消耗定额及绘制炮眼布置图；进行采煤工作面运输设备选型计算和进行采煤工作面的生产组织等。

2）普采工作面。进行工作面顶板支护设计，确定支护参数及支护材料数量；选择采煤机及配套的运输机及其他主要开采机械设备，表明其主要开采设备型号及参数，确定采煤机进刀方式和选择采煤机的割煤方式（绘制采煤机进刀示意图），对工作面运输设备进行选型设计及运输系统的能力进行校核，进行工作面的生产组织设计等。

3）综采工作面。主要进行工作面液压支架选型，确定工作面使用液压支架的型号，进行支架支护能力验算；进行采煤机械选型设计，进行运输机及运输系统选型与能力配套验算；选择乳化液泵站，表明各设备型号与参数；确定采煤工作面采煤机进刀方式和选择采煤机的割煤方式（绘制采煤机进刀示意图），进行采煤工作面的生产组织设计等。

4. 采煤工作面主要生产系统

一般在采煤工作面巷道布置示意图中标注并简述其系统经过路线。

（1）运输系统

简述工作面煤炭运输路线、主要运输设备性能、主要参数，运输能力相互匹配情况。

（2）通风系统

工作面的通风系统图，主要通风设施位置，进行采煤工作面所需风量计算，对工作面及主要巷道风速进行验算，确定采煤工作面需配备的风量。

（3）辅助运输系统

采煤工作面所需材料、设备的运输路线，牵引绞车布置情况，运输矿车级设备基本特征及运输安全要求，开采设备的回收路线与要求。

（4）供电系统

采煤工作面主要供电设备及电器配套选型计算，供电电缆的选型计算，控制、检测设备整定计算与配备，绘制工作面的供电系统图。

（5）供水降尘系统

工作面供水管道路线与喷洒水点的布置，供水管道管径选择，供水水压和水量的要求。

（6）安全监测系统

工作面回采系统中安全监测仪器设置的位置与要求，仪器的性能与整定值确定。

（7）瓦斯抽放系统

在有煤与瓦斯突出危险的采煤工作面要确定煤层瓦斯抽放方式，主要抽放参数，抽放系统及抽放管道管径设计与选择。瓦斯抽放系统主要安全设施设置的位置与管理维护要求等。

（8）照明系统

采煤工作面照明系统选用设备型号、布置方式、安全管理要求等。

（9）压风自救系统

压风管道系统，自救站设置的位置、数量与管理规定等。

5. 工作面的循环图表

根据采煤工作面开采工艺方式，确定工作面的循环方式、作业形式，进行主要工种劳动定员计算，编制工作面的劳动组织表和技术经济指标表，绘制采煤工作面的循环作业图与工作面的开采布置图。

6. 工作面安全管理制度措施

采煤工作面的安全管理制度主要包括以下几个方面：

（1）采煤工作面的交接班管理制度。

（2）采煤工作面工程质量管理制度。

（3）巷道超前支护与巷道维护管理措施。

（4）机械、电器设备安全管理措施。

（5）采煤工作面文明生产管理规定。

（6）主要工种安全操作管理规定。包括：采煤机司机、运输机司机、泵站工、机电检修工、端头工、支架工、巷道维修工、材料运输工等。

7. 安全技术措施

采煤工作面安全技术措施主要包括：

1）采煤工作面开采设备和支架安装方法以及安全技术措施。

2）采煤工作面液压支架、采煤机、运输设备运输时的安全技术措施。

3）采煤工作面初采初放和顶板初次来压时安全技术管理措施。

4）采煤工作面周期来压，破碎顶板条件开采防治顶板事故的安全技术措施。

5）采煤工作面防治支架与运输机上窜下滑的管理措施，调斜的方法与安全措施。

6）液压支架防倒、防滑技术措施，工作面倒架、死架处理方法和安全技术措施。

7）采煤工作面防治瓦斯、煤尘爆炸，预防水、火和顶板事故安全技术措施等。

8）工作面遇断层、过（跳）中间眼的方法与安全技术措施。需结合工作面具体条件有针对性地制定。

9）采煤工作面结束时的收尾技术措施和安全管理措施。一般可在采煤工作面结束时结合实际条件进行编制。

8. 灾害事故防治措施

针对工作面可能出现或遇到的重大灾害事故，制定具体的预防对策。制定工作面在不同灾害事故发生时的应急处置措施和工作人员的安全避灾路线图，对煤矿常见工伤事故的基本处置要求和伤员运送方法与注意事项等。

9. 煤质管理措施

采煤工作面加强煤质管理的基本要求；冒顶矸石、煤层夹矸处理的方法与要求；采煤工作面通过断层时保障煤质的措施；采煤机割煤、放炮时控制煤质的要求；巷道维修时冒落矸石的处理方法；工作面煤质管理奖励、处罚管理规定与要求等。

二、采煤工作面作业规程编制步骤

采煤工作面作业规程是在采煤工作面投产前由采煤（区）队工程技术管理人员负责编制，编制的一般步骤是：

1. 编制作业规程初稿

采煤（区）队工程技术管理人员首先根据地质、设计部门提供的采煤工作面设计说明书，深入井下现场调查熟悉工作面的基本情况。收集条件相似工作面生产技术管理资料；了解可提供使用的开采机械设备供应情况；掌握对采煤工作面生产技术、安全管理、产量、效率等方面的基本要求。按作业规程编制规范要求，在采煤副总工程师指导和相关部门的协助下，编制出采煤工作面作业规程的初稿。

2. 集体研讨定稿

由采煤（区）队主管负责人召集本单位生产管理人员和技术工人代表，对编制的作业规程初稿进行研讨，提出不足之处和修改意见。工程技术管理人员根据研讨意见，进行修改完善后，上报矿主管领导与技术主管部门进行审批。

3. 作业规程的审批

采煤队生产管理技术人员编制的作业规程必须在工作面投产前的10～15 d，由矿总工程师组织相关的生产、地质、设计、机电、运输、通风、安检、计划、物资供应、劳动工资等部门对作业规程进行会审。各部门结合各自管理要求，针对作业规程的有关条款进行审查，签署对作业规程执行中的注意事项、需要进一步完善的问题和审定意见。审批通过后由矿总工程师签字批准，并报上一级生产技术主管部门备案。

4. 作业规程的贯彻

经矿总工程师签批的作业规程，必须在工作面投产前7 d，由采煤（区）队长和主管技术员组织职工贯彻学习，矿安全检查部门要派专人到场，确保全体职工学习作业规程，熟悉采煤工作面生产的基本条件，开采技术措施，工作面主要开采设备操作和管理的基本要求，掌握各种灾害事故发生特点、危害性质及防治的基本措施，确保工作面高产高效安全生产。作业规程贯彻学习之后，要组织职工进行专门的考试，职工考试的成绩要集中归档。未参加作业规程学习和参加考核不合格者，不能下井上岗作业。

5. 作业规程的修改与补充

采煤工作面作业规程在执行过程中如遇采煤工作面条件发生变化和发现规程的不妥之处要及时编制补充技术措施和进行作业规程的修改。编制的补充措施必须重新由各有关部门与矿总工程师审批后执行。

三、作业规程编制的注意事项

1）作业规程必须结合工作面的具体条件进行编制，内容要具体翔实，措施须切实可行。严禁套用、沿用其他工作面的作业规程。

2）作业规程编制要严格执行《劳动法》《矿山安全法》的有关法律规定和《煤矿安全规程》《煤矿安全技术操作规程》《煤矿工业技术政策》的有关规定要求。

3）作业规程的编制要求文字简明易懂图表清晰准确，计算规范无误，措施齐全可行。

4）工作面作业规程必须选择合理的作业形式和劳动组织方式，劳动定员要科学合理，采煤工作面的各项技术经济指标要真实可靠并具有一定的先进性，力争使采煤工作面的生产技术管理达到该矿或该地区的先进水平。

5）遇到下列情况需要对作业规程进行修改与补充

①现场地质条件与提供的工作面地质说明书有较大的不符时。

②地质条件发生变化，采用与作业规程规定的开采工艺不同时。

③作业规程内容有遗漏，根据《煤矿安全规程》等规定需要进行修改与补充。

课题 4.2 工程质量管理与技术操作规程

工程质量直接关系着煤矿的安全生产和职工的人身安全，加强工程质量管理就是严格执行质量标准化标准进行管理，严格按照《煤矿工人技术操作规程》的规定操作施工，有效保障煤矿安全生产和提高煤矿经济效益。

4.2.1 采煤工作面工程质量管理

技能点

1. 具备采煤工作面工程质量标准化管理能力；
2. 能够编制采煤工作面工程质量标准化管理制度和技术措施；
3. 可进行采煤工作面工程质量管理，验收和工作面工程质量评比工作。

知识点

1. 采煤工作面工程质量标准化管理的质量标准体系；
2. 工作面工程质量标准等级评比方法与要求。

采煤工作面工程质量管理是工作面生产技术管理的主要任务。工程质量是工作面安全生产的根本保障，管理的重点是工作面的支护质量标准化管理。主要任务是学习掌握采煤工作面工程质量标准化管理的相关标准，掌握工作面工程质量管理、验收、检查的有关规定与要求，保证职工在生产过程中，严格按照工程质量标准化管理的规定进行规范管理，确保工程质量标准化，保障工作面的安全生产，防止出现伤亡事故，提高工作面的生产能力和开采效益。

采煤工作面工程质量管理是保障安全生产的基础。工程质量管理必须依据质量标准化规定的各项控制指标标准，进行规范化管理。采矿工程技术人员进行工程质量管理必须掌握工作面工程质量管理规定与质量标准评比方法，具备工程质量检查、验收管理的技能；制定切实可行的工程质量管理制度和管理措施，对采煤工作面施行工程质量规范化管理，确保工作面安全高效生产。

一、采煤工作面工程质量管理

采煤工作面工程质量管理是煤矿安全生产的基本保障，加强工作面工程质量管理，严格执行工作面工程质量管理规定与质量标准，加强检查验收管理，规范操作、标准化管理，有效地保障工作面的安全生产。

1. 采煤工作面工程质量管理标准

采煤工作面的工程质量管理标准，是采煤工作面生产技术和工程质量管理的依据。煤炭行业为加强采煤工作面的工程质量管理工作，组织采矿方面专家，结合现场管理经验，制订《采煤工作面工程质量标准及考核评比办法》（简称“质量标准”）。该质量标准对工作面工程质量从 10 个方面进行考核，前 5 项为主要项目，后 5 项为一般项目。各项又细分为不同小项，对每一小项都制定详细的量化考核标准与检查评分方法，使采煤工作面工程质量指标标准化，工程质量管理工作有据可依，有效的实现煤矿工程质量管理工作规范化。

2. 采煤工作面工程质量检查评比

依据质量标准规定，区队质量检查人员可随时检查工作面的工程质量，工作结束时对照质量标准进行验收；煤矿工程质量主管部门和上级有关部门定期或不定期对采煤工作面工程质量进行检查评比，通过检查评比促进工作面工程质量的提高。

根据（质量标准）对采煤工作面工程质量进行考核评比，考核结果分为3个等级。

优良品：10项中前5项最低得分90分以上，后5项最低得分80分以上。

合格品：10项中前5项最低得分70～90分，后5项最低得分60分以上。

不合格品：10项中前5项最低得分70分以下（含70分），后5项最低得分60分以下（含60分）。

煤矿企业则根据工作面工程质量评比的等级，确定工作面定额指标和进行经济奖惩。采煤工作面工程质量标准及检查评分方法见表4—2—1。

表4—2—1　　采煤工作面工程质量标准及检查评分方法表

项目	检查小项及质量标准	检查方法	评分标准
一、质量管理工作	1. 坚持支护质量和顶板动态监测（包括综采）并有健全的分析和处理责任制 2. 坚持开展对工作面工程质量和顶板管理及规程兑现情况的班评估工作 3. 开展工作面地质预报工作，每月至少有一次预报，并有材料向有关部门报告 4. 有合格的作业规程和管理制度 （1）作业规程能贯彻有关技术政策和先进技术，并能结合实际，指导现场工作 （2）从编制审批到贯彻有健全的管理制度，并有矿总工程师组织每月至少进行一次复查，并有复查意见 （3）作业规程中对支护设计有根据矿压观测及地质资料、顶板控制专家系统进行的科学计算，对支护方式、支护强度的选择要有科学依据 （4）工作面有初次放顶、收尾及过地质构造带专项措施，综采有切眼安装和撤面的顶板管理专项措施	各项全面检查，地面查作业规程和有关资料，并与井下对照检查	1、2、3、每项各为20分；第4项为40分，其中的4小项内容每项10分
二、顶板管理	1. 工作面控顶范围内，顶底板移近量按采高≤100 mm/m 2. 工作面顶板不出现台阶下沉，综采工作面支架接顶严密，无浮矸 3. 机道梁端至煤壁顶板冒落高度不大于200 mm，综采不大于300 mm	1、3小项工作面各均匀选5点和在各点间任选5点，共10点，机道和放顶处顶底板高差计算合格率，3点不合格为不合格，不合格品时该小项为零分；2小项全面检查，1处不合格该小项不得分。1架扣10分，超过4架40分全扣	1、3小项各为30分；2小项为40分
三、工作面支护	单体液压支柱支护： 1. 初设排支柱初撑力：单体液压支柱 ϕ80 mm≥60 kN，ϕ100 mm≥90 kN；金属摩擦支柱必须使用5 t液压升柱器 2. 支柱全部编号管理，牌号清晰，不缺梁、少柱 3. 工作面支柱要打成直线，其偏差不超过100 mm（局部变化地区可增加柱）；柱距偏差不大于100 mm，排距不超过±100 mm 4. 底板松软时，支柱要穿铁鞋，钻底<100 mm	1、3小项沿工作面各均匀选5点和在各点间任选5点，共10点，每点3根柱计算合格率，合格率低于70%得零分。检查直线性，拉线分段长度不小于50 m；2、4小项全面检查，1处不合格即为不合格品，该小项得零分	1小项为40分；2～4小项各为20分

续表

项目	检查小项及质量标准	检查方法	评分标准
三、工作面支护	液压支架： 1. 初撑力不低于规定值的 80%（立柱和平衡千斤顶有表显示） 2. 支架要排成一条直线，其偏差不得超过 ±50 mm；中心距按作业规程要求，偏差不超过 ±100 mm 3. 支架顶梁与顶板平行支设，其最大仰俯角 <7° 4. 支架间不能有明显错差（不超过顶梁侧护板高的 2/3），支架整齐、不咬、架间空隙不超过规定（<200 mm）	1 小项检查不少于 5 点。2、3 小项各均匀间隔选 5 点和在各点间任选 5 点，共选 10 点，检查计算合格率，小项低于 70%，该小项为不合格，该小项为零分；4 小项全面检查，1 ~ 2 处不合格扣 5 到 10 分，3 处不合格者该项不得分	1 小项为 40 分；2 ~ 4 小项各为 20 分
四、安全出口与端头支架	1. 工作面上、下机头处坚持正确使用好 4 对 8 根长钢梁支护，支柱初撑力：ϕ100 mm≥90 kN，ϕ80 mm≥60 kN。综采工作面要使用端头支架 2. 工作面上、下出口的两巷，超前支护必须用金属支柱和铰接梁（或长钢梁），距煤壁 10 m 范围内打双排柱，10 ~ 20 m 范围内打单排柱，换棚子时可用“十字”顶梁（保持“十字”梁下有柱） 3. 上、下工作面巷道自工作面煤壁超前 20 m 范围内支架完整无缺，高度不低于 1.6 m，综采不低于 1.8 m，有 0.7 m 宽人行道 4. 超前支柱初撑力≥50 kN	1 小项梁柱全面检查，1 处不合格扣 10 分，2 处不合格扣 20 分，3 处不合格该小项不得分；2 ~ 4 小项检查不少于 10 个点，有 3 点及以上不合格，该小项不得分	1 小项为 40 分；2 ~ 4 小项各为 20 分
五、回柱放顶	1. 控顶距符合作业规程要求，回风、运输巷道与工作面放顶线放齐（机头处可根据作业规程放宽 1 排） 2. 用全部陷落法管理顶板的工作面，采空区冒落高度普遍不小于 1.5 倍采高，局部悬顶和冒落高度不充分［<（2×5）m^2］，用丛柱加强支护，超过的要进行强制放顶。特殊条件下不能强制放顶时，要有强支可靠措施和矿压观测资料及检测手段 3. 切顶线支柱数量齐全，支柱有力，挡矸有效。特殊支护符合作业规程要求。放顶时按组配足水平楔（每组不少于 3 个） 4. 无空载支柱	各小项全面检查，1 处不合格该小项不合格，不合格小项不得分；工作面内空载支柱视为失效支柱	1、2 两项各为 30 分；3、4 两项各为 20 分
六、煤壁机道	1. 煤壁平直，与顶底板垂直。伞檐：伞檐长度超过 1 m 时，其最大突出部分，薄煤层不超过 150 mm，中厚以上煤层不超过 200 mm；伞檐长度在 1 m 以下时，伞檐最突出部分薄煤层不超过 200 mm；中厚以上煤层不超过 250 mm 2. 炮采工作面要及时挂梁，破碎顶板要掏窝挂梁，悬臂梁到位，端面距≤300 mm；普采工作面挂梁不得落后机组 10 m（停机要及时跟上），梁端要接顶，不得在无柱悬臂梁上再挂悬臂梁。综采要及时移架，端面距最大值≤340 mm，前梁接顶严密 3. 靠煤壁点柱按作业规程要求架设及时、齐全 4. 单一长壁工作面机道不准留顶煤 5. 机道内顶梁水平楔数量齐全（每梁一个），并用小链与梁联挂。有冲击地压工作面要选用防飞水平楔	1 小项各均匀选 5 点和在各点间任选 5 点，共 10 点，计算合格率，有 3 点不合格该小项不得分；2、3、4、5 小项全面检查	1 ~ 5 小项各为 20 分

续表

项目	检查小项及质量标准	检查方法	评分标准
七、两巷与文明生产	1. 巷道净高不低于1.8 m 2. 支柱完整无断梁折柱，拱形支架卡缆、螺栓、垫板齐全。无空帮空顶、刹杆摆放整齐、牢固。架间撑木（或拉杆）齐全 3. 文明生产：(1) 巷道里无积水（长5 m，深0.1 m）；(2) 无浮碴、杂物；(3) 材料、设备码放整齐并有标志牌 4. 行人侧宽度不小于0.7 m	1、2小项各均匀选5点和在各点间任选5点，共10点，计算合格率，有3点不合格该小项不得分；3、4、小项全面检查	1、2小项为25分；3小项为30分（3小项内各分项均为10分）；4小项为20分
八、假顶和煤炭回收	上、中分层假顶工作面： 1. 分层开采工作面铺设人工假顶符合作业规程要求，及时灌浆洒水 2. 分层工作面必须把分层煤厚和铺网情况及假顶上冒落大块岩石（$>2.0\ m^3$）记载在（1:500）图上 3. 分层采高按作业规程规定不得超过±100 mm 4. 不任意丢顶煤和留煤柱	1、2、4小项全面检查；3小项各均匀选5点和在各点间任选5点，共10点，计算合格率	1、2两项各为30分；3、4两项各为20分
	一次采全高和底分层工作面： 1. 回收率达到要求 2. 不丢顶底煤（在受支护设备所限时，只限留底不留顶煤） 3. 浮煤净（单一煤层和分层底层工作面在2 m内浮煤平均厚度不超过30 mm） 4. 不任意留煤柱	1、2、3、4小项全面检查，1处不合格，该小项为不合格，不得分	1、4小项各为30分；2、3两项各为20分
九、机电设备	1. 乳化液泵站和液压系统完好，不漏液，压力≥18 MPa（综采≥30 MPa）；乳化液浓度不低于2%~3%（综采3%~5%），有现场配比和检查手段 2. 工作面输送机必须与工作面巷道输送机搭接合理，底链不拉回头煤 3. 工作面巷道刮板输送机挡煤板和刮板、螺栓齐全完整。普采工作面输送机铲煤板齐全 4. 工作面巷道胶带输送机撑架、托滚齐全完好，胶带不跑偏。电缆悬挂、管子铺设符合规定，开关要上架，煤电钻电缆要盘好。闲置设备和材料要放在安全出口20 m以外的安全地方。电气设备上方有淋水，要有防水设施	1~4小项全面检查1处不合格该小项不得分	1小项为40分；2、3、4小项各为20分
十、安全管理	1. 工作面和工作面巷道输送机机头、机尾要有压（戗）柱。小绞车有牢固压戗柱或地锚。行人通过的工作面巷道输送机机尾处要加盖板。行人跨越输送机的地点要有过桥 2. 支柱（支架）高度与采高要相符，不得超高使用 3. 在用支柱完好、不漏液、不自动卸载，无外观缺损。达不到此要求的支柱全工作面不超过3根综采支架不漏液，不串液，不卸载	各小项全面检查，1处不合格该小项不得分；1~5小项各为20分	1~5小项各为20分

续表

项目	检查小项及质量标准	检查方法	评分标准
十、安全管理	4. 支柱迎山有劲，不出现连续3根以上支柱迎山角或退山角过大；综采支架要垂直顶底板，歪斜 ± <5°；采高大、倾角 >15°的工作面支柱，应有防倒措施；工作面倾角 >15°时，支架要设防倒防滑装置，有链牵引采煤机和刮板输送机要设防滑装置 5. 使用铰接顶梁工作面铰接率要 >90%	各小项全面检查，1处不合格该小项不得分；1~5小项各为20分	1~5小项各为20分

二、采煤工作面工程质量管理的技术措施

制定工作面质量管理标准是管理的基础，有效的管理制度与措施是工程质量管理的关键。必须结合煤矿实际制定工作面工程质量管理的技术措施。

1. 提高职工队伍素质、加强职工工程质量管理的意识

加强职工专业技术培训工作，有效提高职工队伍素质，是工程质量管理的关键。组织职工学习专业技术知识，掌握采煤工作面顶板类别与主要特征，工作面开采后围岩活动的基本规律，顶板来压时的特征及主要的控制措施，工作面工程质量管理的有关规定与工作面工程质量评比标准等。提高职工对工程质量与安全生产的关系重要性认识，树立生产必须安全，安全的保障是工程质量，工程质量与生命息息相关。在工作过程中自觉的养成注重工程质量，按质量标准进行操作施工的良好习惯。

2. 健全工作面安全管理体系

采煤工作面要建立由采煤（区）队长负责制的安全管理体制。建立“QC”小组，严格工程质量控制管理，严把工作面的工程质量关。各工作班要配备安全管理员，负责本班安全管理与工程质量检查验收工作；各工作小组要有安全监督员，对工作地点、工作设备、工作过程的不安全行为进行监督；安全监督员有权在危及人身安全的状况下停止作业、撤出工作人员。坚决执行不安全决不生产。在采煤工作面形成一个系统完善，保障齐全的安全管理体系，确保工作面工程质量达到质量标准要求，工作面在安全环境条件下进行生产。

3. 保证采煤工作面物料储备

采煤工作面工程质量管理必须有充足的物料储备作保障。工作面的支护设备、机械、电器设备必须保证其完好性，备品、配件要齐全；工作面支护材料需保持不少于3 d的日常消耗储备，并备有处理工作面顶板事故所需物料，按规定存放在距工作面一定距离的范围内，出现问题能够及时维护处理。单体支护工作面的支柱、顶梁需保证一定的备用量，确保损坏、失效的支柱、顶梁能及时地进行更换。

4. 严格质量事故追究制度

对工作面发生的工程质量事故和事故隐患必须采取“四不放过”措施：事故原因不查明不放过，隐患不除不放过，整改措施不落实不放过，责任人未受到教育不放过。通过事故追究制度使全体职工受到激励和教育，吸取事故的教训，杜绝和避免事故的再次发生。严格执行“四不生产”规定：工作地点不安全不生产，事故隐患不排除不生产，整改措施不落实不生产，工程质量不达标不生产。为保证安全生产对5种人严禁下井作业：请假准备回家或刚从老家回来的人，没有经过专业技术培训的人，身体有病的人，情绪不正

常的人，酗酒的人。井下有一个安全的工作环境，职工身心健康精力充沛，安全生产才能成为现实。

5. 采取激励机制搞好工作面的工程质量

搞好工作面的工程质量还须采取必要的激励机制。采煤（区）队对工作面工程质量进行检查要制度化。对工程质量做得好的班组和个人给予表彰和奖励；对不重视质量管理工作，工程质量差造成事故的责任人则给予处罚。上级主管部门对工作面进行工程质量检查评比，工作面工程质量为优良品给予奖励，不合格品的给予处罚。形成一个搞好工程质量可得到实惠，不抓工程质量经济受到损失的工作环境。每位职工都把工程质量当做头等大事，形成人人关注工程质量，人人严把工程质量，只有搞好工作面的工程质量，安全生产才可得到有效保障。

4.2.2 技术操作规程的执行

技能点

1. 掌握技术操作规程主要内容和有关规定；
2. 能够检查采煤各工种的技术操作规程执行情况。

知识点

1. 技术操作规程在煤矿生产过程中重要性；
2. 采煤主要工种的技术操作规程基本内容。

煤矿的三大规程是由《煤矿安全规程》《工作面作业规程》和《技术操作规程》组成，是煤矿安全生产的有效保障。严格执行三大规程是煤矿技术管理人员的主要任务。《技术操作规程》是煤矿企业对各工种工人在生产活动中应遵循基本准则，学习《技术操作规程》，掌握各工种操作的有关规定，操作程序和安全注意事项等，为以后从事现场工作更好地执行《技术操作规程》和搞好技术管理工作创造条件。

技术操作规程的内容主要由一般规定，操作前准备与检查、操作及注意事项和工作结束模式时的收尾工作要求组成。监督执行技术操作规程是煤矿技术人员的主要职责，检查技术操作规程执行情况是煤矿技术人员的主要任务。学习掌握主要工种《技术操作规程》主要内容和有关规定，在工作过程中严格执行《技术操作规程》的各项规定，规范管理、有序操作，确保煤矿安全生产，取得更好的经济效益。

一、技术操作规程

《技术操作规程》是行业主管部门根据安全生产规定和生产工艺要求对各工种应具备的基本条件，工作过程中操作准备、操作流程与注意事项和工作收尾要求制定的规范化要求。是煤矿工人进行生产活动时的操作规范和行为准则，是实现技术管理标准化、操作规范化、避免人身事故与设备和财产损失的规范性技术条例。《技术操作规程》对搞好技术培训和技术练兵，保障安全生产和工程质量，提高生产效率，杜绝违章作业提供了有效保障。

1. 技术操作规程学习考核

煤矿井下工作人员必须根据各自从事的工作岗位情况，认真学习本工种以及相关工种的技术操作规程，通过学习掌握各工种操作程序与安全注意事项，工作质量要求等，经考核通过取得合格证后，才可上岗工作。职工调换工种时还必须重新学习所调换工种操作规程，考核合格后才可从事新的岗位工作。

2. 技术操作规程的执行

煤矿工人在进行生产过程中必须严格执行《技术操作规程》的各项规定。对违反《技术操作规程》的行为，必须严格追查，坚决改正。只有规范操作行为才能确保煤矿的安全生产。

二、技术操作规程主要内容

《煤矿工人技术操作规程（采煤）》由原煤炭工业部负责制定。主要有总则和采煤各主要工种技术操作规程组成。

总则主要规定采煤工人上岗操作的基本条件，工作地点环境安全的有关规定，工人操作时的基本要求。并强调工人有权杜绝违章指挥，规定工作人员在遇到危险情况必须停止工作，撤到安全地点，经处理确认安全后，方可恢复生产。

各工种技术操作规程主要由 4 部分内容组成。

1. 一般规定

说明担任该工种的职工，上岗作业必须具备的基本条件，本工种操作应达到的质量标准，和与其他工种相互配合关系以及对操作环境的基本要求。

2. 操作前准备与检查

包括操作工具、配件、材料准备的基本要求，对操作设备进行检查的程序和检查的主要项目，以及发现问题时的处理程序与方法。

3. 操作及注意事项

阐明该工种主要的操作程序、工作方法与操作基本要求；在进行操作过程中的安全注意事项，以及遇到意外事故时应急处理的基本原则和方法等。

4. 收尾工作

主要规定各工种在工作结束时需达到的基本要求，设备应保持的基本状态，交接班的主要任务和要求以及安全注意事项。

《煤矿工人技术操作规程（采煤）》的详细内容可查阅相关资料。